智能建造与智慧交通系列教材
◎山东大学研究生核心课程教材

有限单元法基础与编程

王汉鹏　张　冰　李梦天　编著

山东大学出版社
SHANDONG UNIVERSITY PRESS
·济南·

图书在版编目(CIP)数据

有限单元法基础与编程/王汉鹏,张冰,李梦天编

著. -- 济南:山东大学出版社,2024.6--(智能建

造与智慧交通系列教材).-- ISBN 978-7-5607-8163-1

Ⅰ.O241.82-39

中国国家版本馆CIP数据核字第2024PA0105号

责任编辑　曲文蕾

封面设计　王秋忆

有限单元法基础与编程

YOUXIAN DANYUANFA JICHU YU BIANCHENG

出版发行	山东大学出版社
社　　址	山东省济南市山大南路20号
邮政编码	250100
发行热线	(0531)88363008
经　　销	新华书店
印　　刷	山东和平商务有限公司
规　　格	787毫米×1092毫米　1/16
	18印张　372千字
版　　次	2024年6月第1版
印　　次	2024年6月第1次印刷
定　　价	59.00元

内容简介

有限单元法是目前应用最广泛的主流数值模拟方法之一。本书基于基础理论与编程实践并重的理念,系统介绍了有限单元法相关知识、有限元弹性力学基础、平面三节点三角形单元有限元及编程、平面四边形等参单元有限元及编程、空间轴对称及三维问题有限元等内容,并介绍了有限元软件 ANSYS 及应用算例。

为便于读者自学,本书力求详细讲解基本原理,细化理论公式推导过程,各章节均设置有例题与课后习题,并有针对性地提供了弹性力学、矩阵计算、计算机编程等有限元理论和实践学习中会用到的相关知识,以利于读者真正掌握有限单元法基础理论与程序设计。同时,为落实"立德树人"根本任务,本书各章节均融入了课程思政元素。

本书可作为土木类、力学类、机械类等相关理工科专业的本科生、研究生教材,也可作为对有限单元法感兴趣的读者以及大专院校和科研院所的教师、工程师、实验师等人员自学和参考的书籍。

前　言

有限单元法是解决工程问题应用最广泛的数值计算方法,从国家重大复杂工程结构设计建造、高端装备制造、深空深海深地探索到各种高精尖技术的开发等,都离不开以有限单元法为核心的计算机辅助工程(CAE)软件的支持,它已经成为国家工程建设和现代科学研究的强有力工具。由于其强大的生命力,有限单元法已成为国内外理工科本科生、研究生的必(选)修课程内容。相关的有限元教材和书籍也已经出版了很多,有的侧重理论方法,有的侧重程序设计,有的侧重软件操作,还有的兼而有之,当然也涌现出了如辛凯维奇(O. C. Zienkiewicz)和泰勒(R. L. Taylor)合著的《有限单元法》(*The Finite Element Method*)等经典书籍。

随着新时代科技兴国、人才强国战略的实施,国家对复合型人才的需求更加迫切,产业升级和新兴产业离不开数字化、网络化、智能化,产品、工程等从研发设计到制(建)造运维离不开现代数值分析方法。相关人才应学习并熟练利用有限单元法解决实际工程问题,努力做到"知其然,知其所以然",才能在智能建造、数字孪生等未来智慧工程中发挥重要作用,才能适应建设新时代社会主义现代化强国的需要。

作者自2008年开始从事有限单元法的教学工作,先后为本科生开设了"有限元原理""有限元程序设计""有限元原理及软件应用""数值方法与软件"等课程,为研究生开设了"岩土工程软件""结构有限元""有限元原理及编程"等课程,同时承担了网络教育"有限元原理及应用"课程的教学。作者在多年的教学过程中发现,现有的有限元教材不乏经典且各有千秋,但"有限单元法"是一门综合性和应用性很强的课程,涉及弹性力学、矩阵分析、程序设计等多门基础知识,加之不少教材中的理论推导和论述过于简练,对初学者来说入门相对较难,姑且借用金庸小说中的武功秘籍《九阴真经》打个比方:有限元理论相当于其上卷内功基础,有限元软件相当于其下卷武功招式,只有二者兼修才能成为高手。作为教材,本书力求做到让学生"既习其理,又习其器",将有限元原理与编程实践相结合,让学生真正掌握有限元的精髓,这样学生们在将来应用有限元软件时才更加得心应手。

为贯彻落实高等学校"立德树人"根本任务,切实发挥教材培根铸魂的育人功能,作者以使用的自编讲义为基础,结合多年教学实践,不断扩展补充、修正完善,形成了这本《有限单元法基础与编程》。本书定位于帮助土木类、力学类、机械类等相关理工科专业的本科生和研究生学习有限单元法基本理论和编程方法,不但侧重于有限元基础理论的介绍,还注重对学生程序设计和软件应用能力的培养。本书具有如下特色:

(1)本书博采众家之长,详细讲解了有限元的基本原理,着重细化了理论公式推导过程,完善并增加了图示和例子,对于经典例子重新验算并按顺序穿插到小节中,如第三章所有例子都围绕一个算例,介绍了从单元分析到整体分析的完整流程,同时增加了部分扩充内容,如弹性力学一般原理和能量原理部分的例题,易于读者自学理解。

(2)本书除了讲解有限元基本理论外,还配备了有限元源程序。尽管有些教材也附有源程序,但基本沿用的是固定格式的旧版FORTRAN语言编写的程序,缺少详细注释,不利于读者将其与理论部分结合理解。考虑到编程语言特色、传承和与时俱进,本书中的源程序仍采用FORTRAN语言编写,但采用新的语法格式重新进行了改写,并配备了算例和结果可视化对比。

(3)为便于读者自学理解,本书有针对性地总结了弹性力学、矩阵分析、计算机编程等相关知识。除有限元基本理论与编程外,本书还详细介绍了大型有限元商用软件ANSYS的使用方法,并附有应用算例,以达到学以致用、知行并进的效果。

(4)为落实"立德树人"根本任务,本书深入挖掘每章所蕴含的思政元素,尽可能做到润物无声,将这些元素贯穿理论讲解的全过程。通过专业知识传授与价值引领的有机融合,本书形成了知识教学与思政教育的协同效应,为培养具有高度文化自信、符合新时代要求的全面发展的高水平人才夯实基础。

有限元理论博大精深,本书作为一本介绍有限元理论基础与编程的教材难以做到面面俱到。考虑到学生的基础和书籍篇幅限制,本书主要介绍弹性力学有限单元法的平面、轴对称和三维空间实体单元问题。本书获山东大学2022年度研究生核心课程教材出版专项资助,同时获批山东省研究生优质精品课程建设项目、山东大学研究生精品课程接续培育项目、"研·课程思政"建设工程项目(结题优秀)。在此感谢山东大学研究生院、齐鲁交通学院对本教材编写给予的大力支持,感谢课题组的科研助理、博士生和硕士生们在资料整理、图形绘制中做出的贡献。

希望通过阅读本书,读者能理解并掌握有限元这一实用数值模拟方法。由于作者水平有限,书中不当和疏漏之处在所难免,恳请读者批评指正。

王良鹏

2023年7月

目　录

第1章　有限单元法概述

【内容】
　　本章主要介绍有限单元法的基本思想、发展历史、商业软件、工程应用领域、特点与分析步骤。
【目的】
　　了解并掌握有限单元法的基本知识。

1.1　有限单元法的定义与基本思想

1.1.1　有限单元法的定义

有限单元法(finite element method,FEM)又称作有限元,是一种求解偏微分方程边值问题近似解的数值技术。 有限单元法运用离散的概念,将连续的求解区域划分为有限个具有特定形状的小区域,每一个小区域称为一个单元(element),每个单元采用节点(node)相连接,如图1.1所示。

　　这样可将原求解区域利用有限个单元的集合来近似,即将区域进行离散化,通过单元的节点位移可表示单元中的应变、应力、节点力。有限单元法将各个单元集合成离散化的结构模型再进行整体分析,这样可将求解偏微分方程边值问题近似归结为求解以节点位移为未知量的线性方程组。

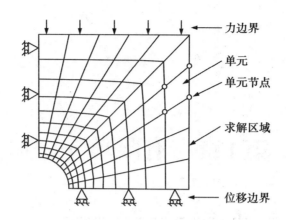

图 1.1　求解区域的单元离散图

通俗来讲,有限单元法就是将一个真实的系统用有限个单元来描述。有限单元法把求解区域看作由许多在节点处相互连接的小单元(子域)所构成的区域,由于单元(子域)可以被分割成各种特定形状和不同的尺寸,所以它能很好地适应复杂的几何形状、复杂的材料特性和复杂的边界条件。相比复杂结构,在特定形状的单元内,我们可以很容易地建立单元节点位移与节点力、应变、应力之间的关系,然后进行整体分析,求得结构的近似解。上述方法是求解各种复杂数学、物理问题的重要方法,是处理各种复杂工程问题的重要分析手段,也是进行科学研究的重要工具。

有限单元法是近似求解一般连续域问题的数值方法,在理论推导方面借助于矩阵方法,在实际计算中借助于计算机,其实质是用较简单的问题代替复杂问题后再求解。有限单元法可对每一个单元假定一个合适的(较简单的)近似解,然后推导出求解整个区域内总的需要满足的条件(如结构的平衡条件),从而得到问题的解。这个解不是准确解,而是近似解。大多数实际问题难以得到准确解,而有限单元法可以计算出精度较高的近似解,能适应各种复杂形状,因而成为行之有效的工程分析手段。

从物理方面看,有限单元法是用仅在单元节点上彼此相联系的单元集合来代替待分析的连续区域,即将待分析的连续区域划分成若干个单元(彼此相连接),通过单元的特性分析来求解连续区域的特性。

从数学方面看,有限单元法是使一个连续的无限自由度问题变成离散的有限自由度问题的方法,一经求解出单元未知量,就可以利用插值函数确定连续区域的场数。显然随着单元数的增加(即单元尺寸的变小),解的近似程度将不断提升。若单元是满足收敛要求的,则近似解将收敛于精确解。

有限单元法与其他求解边值问题近似方法的根本区别在于它的近似性仅限于相对小的子域。20 世纪 60 年代初首次提出结构力学计算有限元概念的克劳夫(R. W. Clough)教授形象地将其描绘为:有限单元法＝瑞利-里茨法(Rayleigh-Ritz method)＋分片函数,即有限单元法是瑞利-里茨法的一种局部化情况。不同于求解满足整个定义域边界条件的允许函数的瑞利-里茨法,有限单元法将函数定义在简单几何形状(如二维中的三角形或任意四边形)的单元域上(分片函数),且不考虑整个定义域的复杂边界条件。这是有限单元法优于其他近似方法的原因之一。

有限单元法的数学基础是变分原理和插值方法。人们熟知,方砖可以砌出圆井,直锯可以锯出弯板,把一根连续曲线分段,以曲代直而得到近似的折线,分割愈细逼真度愈高,这就是所谓的分割近似方法,或称分片插值方法。有限单元法就是在变分原理的基础上,运用插值近似的手段来形成解题方法的。它把复杂的结构整体分割为有限个基本单元,即点、线、面、体等单元,并将待解函数在每个单元中进行分区插值,通常是极简单的线性或低次的多项式插值。另外总体能量泛函可以合理地简化为单元能量的累加和,从而把无限个自由度的二次泛函的极值问题离散化为有限个自由度的普通多元二次函数的极值问题,后者又等价于线性代数方程组。总体而言,有限单元法的指导思想可以归纳为十六字诀"化整为零、裁弯取直、以简驭繁、变难为易",其中辩证因素是很灵活的。

1.1.2　有限单元法的产生原因

在科学技术领域内,对于许多数学问题和物理问题,人们已经得到了它们应遵循的基本方程(常微分方程或偏微分方程)和相应的定解条件,但能用解析方法求出精确解的问题只是少数方程比较简单、几何形状相对规则的问题。对于大多数问题,由于方程某些特征的非线性性质,或由于求解区域的几何形状比较复杂,不能得到准确的解析解。这类问题通常有两种解决途径:一种是引入简化假设,将方程和几何边界简化为能够处理的情况,从而得到问题在简化状态下的解。但是这种方法只在有限的情况下是可行的,因为过度简化可能导致误差很大甚至解答错误。因此人们多年来寻找和发展了另一种求解途径和方法——**数值分析方法**。特别是近三十多年来,随着电子计算机的飞速发展和广泛应用,数值分析方法已成为求解科学技术问题的主要工具。

图 1.2 列出了目前工程技术领域内常用的数值分析方法,分别为有限单元法、有限差分法、边界元法、离散单元法等,但最实用和应用最广泛的是有限单元法。近几十年来,数值分析方法在各行各业中发展迅猛,特别是有限单元法。理论方法虽然计算结果精确,但对于大多数复杂结构无法求得理论解;实验方法虽然能较好地测试产品的性能,但运行成本较高,且有时由于条件的限制而无法进行实验。有限单元法等数值分析方法恰好弥补了理论方法和实验方法的不足,能较好地求解复杂工程问题。有限单元法的仿真实验成本低,能够较真实地反映产品的性能,所以有限单元法在各领域中得到了广泛的应用。作为一种离散化的数值分析方法,有限单元法首先在结构分析领域中得到应用,然后又在其他领域中得到了广泛应用。

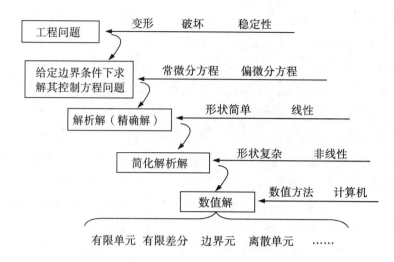

图1.2 工程技术领域内常用的数值分析方法

1.1.3 有限单元法的基本思想

有限单元法的基本思想是将表达结构的连续体离散为若干个子域(单元),单元之间通过其边界上的节点相连接形成组合体;用每个单元内所假设的近似函数分片地表示全求解域内待求的未知场变量;每个单元内的近似函数用未知场变量函数在单元各个节点上的数值和与其对应的插值函数表示。由于在连接相邻单元的节点上,场变量函数应具有相同的数值,因而将它们用作数值求解的基本未知量,将求解原函数的无穷多自由度问题转换为求解场变量函数节点值的有限自由度问题。通过与原问题数值模型(基本方程、边界条件)等效的变分原理或加权余量法,建立求解基本未知量(场变量函数的节点值)的代数方程组或常微分方程组,应用数值方法求解,从而得到问题的答案。

下面通过图1.3所示的圆面积的近似求解方法来说明有限单元法的基本思想。图1.3展示了早期数学上求解圆面积的近似方法,首先将连续的圆分割成多个三角形,求出每个三角形的面积;然后将每个小三角形的面积相加,即可得到圆面积的近似值。该方法前面是"分"的过程,后面是"合"的过程。之所以要分,是因为三角形面积更容易求得。这样简单的一分一合,就很容易求出圆面积的近似值,体现了有限单元法的基本思想,即"拆整为零,集零为整"。

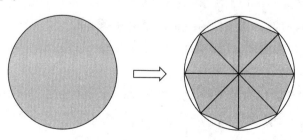

图1.3 圆面积的近似求解方法

"拆整为零"即"分"的过程,对应单元分析;"集零为整"即"合"的过程,对应整体分析。因此有限单元法的核心思想是离散化和数值近似。

【课程思政】

我国古代广大劳动人民在认识自然和改造自然的过程中,对圆周率的研究就体现了有限单元法的思想。魏晋时期的杰出数学家刘徽发现随着圆内接正多边形边数的增加,多边形的周长越来越接近圆的周长。他在求解圆面积和周长的过程中提出"割之弥细,所失弥少。割之又割,以至于不可割,则与圆周合体而无所失矣"的观点。也就是说,当分割的次数无限增加时,产生的正多边形的面积就无限接近于圆面积,从而发明了驰名中外的"割圆术"。可以说,刘徽是我国第一个把推求圆周率的方法提高到理论上来认识的数学家。

南北朝时期,伟大的数学家祖冲之继续推算圆周率值,取得了更加精确的结果。据《隋书·律历志》记载,祖冲之最后计算出的 π 值在3.1415926和3.1415927之间,这样就把圆周率值精确到小数点后七位,创造了当时世界上最精确的纪录,这个纪录保持了至少一千年。

1.1.3.1 数值近似

在每个单元内假定近似场函数(如位移函数),并将单元内的近似场函数由该单元各个节点的数值通过函数插值表示。这样,就可以通过构建单元内的近似场函数,由有限个单元节点的位移值得到单元内任意节点的值,从而使一个连续的无限自由度问题变成离散的有限自由度问题。

在进行单元分析的时候,形函数插值(shape function interpolation)和高斯数值积分(Gaussian quadrature)被用来近似表达单元内部任意一点的变化,这就是有限元数值近似的重要体现。**一般来说,形函数阶数越高,近似精度也就越高**,但其要求的单元控制点数量和高斯积分点数量也越多。另外,**单元划分得越精细,其近似结果也越精确**。但是,以上两种提高有限元精度的方法的代价就是计算量呈几何倍数增加。

基于子域上的分段展开形式,假设不同的插值函数,建立单元模型来"近似"复杂的原函数,这种逼近方式即为有限元思想,其中的分段即为"单元"的概念。设有一维函数 $f(x)$,$x \in [x_0, x_L]$,采用线性函数来近似,两种不同的插值函数如图1.4所示。以插值函数 $f_1(x)$ 为例,则有

$$f_1(x) = \sum_{i=0}^{n} \left\{ a_i + b_i x \left(x \in [x_i, x_{i+1}] \right) \right\} \tag{1.1}$$

式中,$a_i + b_i x \left(x \in [x_i, x_{i+1}] \right)$ 为定义在子域 $[x_i, x_{i+1}]$ 上的线性函数;a_i, b_i 为展开系数。

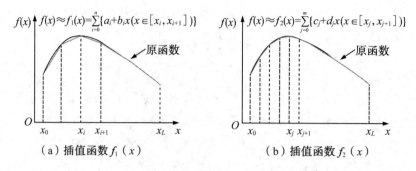

（a）插值函数 $f_1(x)$ 　　　　　　　　（b）插值函数 $f_2(x)$

图 1.4 不同插值函数的离散方式

插值函数通过定义在子域上的线性函数组合出全局区域 $[x_0, x_L]$，但线性函数的连续性阶次较低，需要使用较多的分段才能得到较好的逼近效果。可以看出，插值函数 $f_2(x)$ 的分段更加精细，其近似结果也较插值函数 $f_1(x)$ 更加精确。

基于分段函数的描述将原函数的复杂性"化繁为简"，这种"化繁为简"的方法使得求解复杂问题成为可能；所采用的简单函数可以人工选择，因此可以选择简单的线性函数，或选择从低阶到高阶的多项式函数，可以将原始的微分方程变为线性代数方程。但分段的做法可能会带来一些问题，例如采用简单函数的描述能力和效率都较低时，必然需要划分数量更多的分段来进行弥补，因此带来较大的工作量。综合分段函数描述的优势和问题，只要采用功能完善的软件以及能够进行高速处理的计算机，就可以完全发挥"化繁为简"策略的优势。

1.1.3.2　离散化

离散化是将连续的求解区域离散为有限个单元的集合，并认为各单元只通过有限个节点连接起来。如图 1.5 所示，可假想连续体由许多小部分组成，这些规则或不规则的小部分称为"单元"。单元之间只通过有限个点连接起来，如图 1.5(c) 所示，单元①与单元②只有点 1、点 2 两个点相连，这些连接点称为"节点"。这一过程即为有限元离散化过程。

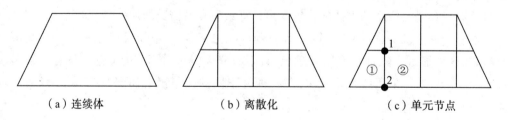

（a）连续体 　　　　　　　　（b）离散化 　　　　　　　　（c）单元节点

图 1.5 将连续体假想为有限个单元的组合体

离散化和相应单元特性、收敛研究是有限单元法中一个重要的研究领域。总的来说，根据分析问题的类型，结构有限元模型单元主要分为 1-D 单元（1-D element）、2-D 单元（2-D element）、3-D 单元（3-D element），具体分类及单元形状如图 1.6 所示。

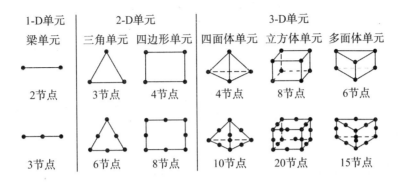

图1.6　结构分类和单元形状

例1.1　悬臂梁离散化

下面以悬臂梁模型为例,说明采用平面应力模型进行有限元计算时离散化的过程和步骤,如图1.7所示。该悬臂梁长为l,高为h,厚度为t,左边固定约束,右上角受到垂直向下的集中力F作用,其力学模型如图1.7(a)所示。

悬臂梁离散化的具体步骤如下:建立坐标系→选择单元类型→划分网格→对单元和节点编号→给出节点坐标→给出单元节点信息→给出位移约束与荷载条件。

根据力学模型生成悬臂梁离散有限元模型,建立坐标系,选择平面三节点三角形单元,将模型划分为由两个单元构成的网格并对单元节点进行编号,左下角为单元①,右上角为单元②,如图1.7(b)所示。

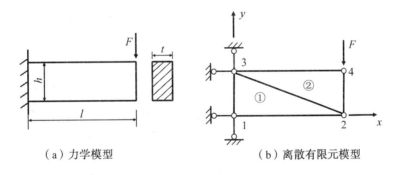

（a）力学模型　　　　　　　　　　　　　（b）离散有限元模型

图1.7　悬臂梁离散化案例

节点坐标如表1.1所示,单元节点信息如表1.2所示,位移约束与荷载条件如表1.3所示。节点2既不受力也不受约束,因此不在表1.3中。

表1.1　节点坐标

节点号	x坐标	y坐标
1	0	0

续表

节点号	x坐标	y坐标
2	l	0
3	0	h
4	l	h

表1.2 单元节点信息

单元号	节点编号(内部编号对应的整体编号)		
	i	j	m
①	1	2	3
②	4	3	2

注:i,j,m代表单元节点内部编号,数字1,2,3,4代表整体节点编号。

表1.3 位移约束及荷载条件

节点号	自由度号	位移约束	荷载
1	1	0	
	2	0	
3	5	0	
	6	0	
4	8		$-F$

1.2 有限单元法的发展及软件应用

1.2.1 有限单元法的发展历史

大约300年前,牛顿和莱布尼茨发明了积分法,证明了积分运算具有整体对局部的可加性。虽然积分运算与有限单元法对定义域的划分是不同的,前者进行无限划分而后者进行有限划分,但积分运算为有限单元法的实现打下了理论基础。

在牛顿之后的约100年,著名数学家高斯提出了加权余值法及线性代数方程组的解法。加权余值法被用来将微分方程改写为积分表达式,线性代数方程组的解法被用来求解有限单元法所得出的代数方程组。另一位数学家拉格朗日提出的泛函分析是将偏微分方程改写为积分表达式的另一种途径。18世纪,欧拉就曾经使用与现代有限单元法相同的方法计算过杆在轴力作用下的平衡问题,这是有限单元法的思想萌芽。

1870年,英国科学家瑞利(L. Rayleigh)采用假想的"试函数"来求解复杂的微分方程。1909年,里兹(W. Ritz)将其发展为完善的数值近似方法,为现代有限单元法的建立打下了坚实的基础。1915年,数学家伽辽金(B. Galerkin)提出了选择展开函数中形函数的伽辽金法,后来该方法被广泛地用于有限单元法。1941年,赫伦尼科夫(A. Hrennikoff)首次提出了用构架方法求解弹性力学问题的方法,该方法被称为"离散元素法"。1943年,柯朗(R. Courant)在求解扭转问题时将截面分成若干三角形区域,第一次提出了可在定义域内分片使用展开函数来表达其上未知函数的方法,这是对里兹法的推广,也是有限单元法的基本思想。

到这时为止,实现有限单元法的第二个理论基础也已确立。

1943年,柯朗发表的数学论文《平衡和振动问题的变分解法》和阿吉里斯(J. H. Argyris)在工程学中取得的重大突破,标志着有限单元法的诞生。但由于当时没有计算机这一工具,有限单元法没能用来分析实际工程问题,因而未得到重视和发展。后来过了约10年才再次有人使用离散化的概念。

1954—1955年,阿吉里斯发表了一系列有关结构分析矩阵方法的论文,并于1960年出版了《能量原理与结构分析》一书。该书对弹性结构的能量原理进行了综合和推广,并发展了实际的分析方法,成为结构分析矩阵位移法的经典著作之一,为后续的有限单元法研究奠定了重要的基础。

1956年,美国科学家特纳(M. J. Turner)等人在分析飞机结构时,将刚架位移法推广到解决弹性力学平面问题,第一次给出用三角形单元求平面应力问题的正确解答,这是现代有限单元法第一个成功的尝试。

1960年,克劳夫(R. W. Clough)进一步处理了平面问题,并第一次提出"有限单元法"的名称,为把连续体力学问题化作离散的力学模型开拓了广阔的途径。有限单元法的物理实质是:把一个连续体近似地用有限个在节点处相连接的单元组成的组合体来代替,从而把连续体的分析转化为单元分析和对这些单元组合的分析问题。

有限单元法在工程中应用的巨大成就引起了数学界的注意。20世纪60年代至70年代,数学工作者对于有限元离散化误差、解的收敛性和稳定性等方面进行了卓有成效的研究,从而巩固了有限单元法的数学基础。1963—1964年,贝尔塞林(J. F. Besseling)、梅洛什(R. J. Melosh)和琼斯(R. E. Jones)等人研究了有限单元法的数学原理,证明了有限单元法是基于变分原理的里兹法的另一种形式,从而使里兹法分析的所有理论基础都适用于有限单元法,确认了有限单元法是处理连续介质问题的普遍方法。1965年,辛克维奇(O. C. Zienkiewicz)和张佑启(Y. K. Cheung)发现,对于所有的场问题,只要能将其转换为相应的变分公式,即可以用与固体力学有限单元法相同的过程求解,并于1967年出版了第一本有关有限元分析的专著。1969年,萨博(B. A. Szabo)和李(G. C. Lee)指出可以用加权余量法,特别是伽辽金法导出标准的有限元过程来求解非结构问题。20世纪70年代,有限单元法发展异常迅速,从"位移法"发展成内容十分广泛的计算力学学科。有限单元法开始应用于处理非线性和大变形问题,特别是大型通用有限元分析软件出现后,由于其功能强大、计算可靠、工作效率高,逐步成为分析计算中不可替代的工具。

在1999年于慕尼黑召开的欧洲计算力学会议上,《有限单元法》(*The Finite Element Method*)的作者之一泰勒(R. L. Taylor)教授在主题报告中,形象生动地用三角形单元的3个顶点来形容有限单元法的3位奠基人——克劳夫、阿吉里斯、辛克维奇。

电子计算机对有限单元法的发展有着决定性的影响。有限单元法要求解计算大规模的联立代数方程,未知数的个数多,没有高速度、大容量的计算机是很难实现的。所以有限单元法到20世纪50年代中期,由于电子计算机的发展,才开始大量应用和发展。60多年来,有限单元法的理论逐渐完善,其应用也得到了迅速发展,几乎遍及所有的工程技术领域。

有限单元法和计算机的结合,产生了巨大的威力,应用范围很快从简单的杆、板结构推广到复杂的空间组合结构,由静力平衡问题扩展到稳定问题、动力问题和波动问题;分析的对象从弹性材料扩展到塑性、黏弹性、黏塑性和复合材料等;应用领域从固体力学扩展到流体力学、传热学等连续介质力学领域。有限单元法使过去不可能进行的一些大型复杂结构的静力分析变成了常规的计算,固体力学中的动力问题和各种非线性问题也有了各种相应的解决途径。

有限单元法在工程分析中的作用也从计算校核扩展到优化设计,并实现了与计算机辅助设计(CAD)技术相结合。随着现代力学、计算数学和计算机技术等学科的发展,有限单元法作为一个具有稳固理论基础和广泛应用效力的数值分析工具,必将在国民经济建设和科学技术发展中发挥更大的作用,其自身亦将得到进一步的发展和完善。

【课程思政】

我国力学工作者也为有限单元法的发展做出了突出的贡献。胡海昌于1954年提出了广义变分原理;钱伟长最先研究了拉格朗日乘子法与广义变分原理之间的关系;20世纪50年代,钱令希研究了力学分析的余能原理;冯康在1965年发表了基于变分原理的差分格式,与西方科学家几乎同时独立建立了有限单元法的理论基础。但由于我国计算机工业发展较迟,计算力学的发展与应用受到了一定的影响,直到20世纪70年代初有限单元法才开始在国内得到应用与推广。我国最早系统地开展有限单元法研究和应用的是已故院士徐芝纶教授,他领导的科研组于1971年开始开展有限单元法的研究、推广及普及工作,1972年结合生产需要完成了风滩空腹重力拱坝的温度场与温度应力的有限元计算分析工作,这是我国最早的有限单元法应用成果。1974年,他编著出版了我国第一部关于有限单元法的专著《弹性力学问题的有限单元法》,为我国推广、普及有限单元法做了开创性的工作。随后有限单元法在航空工业、造船工业、机械工业、水利工程、建筑工程、石油化工等领域都得到了广泛应用与发展。20世纪80年代，北京大学袁明武教授根据我国当时计算机容量小的情况，在力求用小型计算机解大题目方面做了不少研究工作，取得了卓越的成就，推出了SAP84，为有限单元法的普及和实际应用做出了重要贡献。在应用新的单元方面，有的单位也进行了探索，取得了一些成果。近几年来，研究人员在动态和非线性、流体力学与电磁场方面，细观力学、生物力学等方面也开展了不少研究工作，取得了很好的成绩。

1.2.2 商业有限元软件

有限单元法具有通用性，因此产生了一批非常成熟的通用和专业有限元软件，它已成为解决各种问题的强有力和灵活通用的工具。比较常用的商业有限元软件有ANSYS、ABAQUS、ADINA、NASTRAN、Patran、SAP、PERA SIM、Simright、FEPG、中望、Simdroid等。

ANSYS软件是美国ANSYS公司研制的大型通用有限元分析软件，集结构、热、流体、电磁场、声场和耦合场分析于一体，包含多数计算机辅助设计软件接口，可实现数据的共享和交换。ANSYS在核工业、铁道、石油化工、航空航天、机械制造、能源、汽车交通、国防军工、电子、土木工程、造船、生物医学、轻工、地矿、水利、日用家电等领域有着广泛的应用。

ABAQUS是一套功能强大的工程模拟有限元软件，由以西比特(D. Hibbitt)教授为首的研究团队开发研制。ABAQUS包括一个丰富的、可模拟任意几何形状的单元库，并拥有各种类型的材料模型库，包括金属、橡胶、高分子材料、复合材料、钢筋混凝土、可压缩超弹性泡沫材料以及土壤和岩石等地质材料。作为通用的模拟工具，ABAQUS除了能解决大量结构(应力/位移)问题，还可以模拟其他工程领域的许多问题，例如热传导、质量扩散、热电耦合分析、声学分析、岩土力学分析(流体渗透/应力耦合分析)及压电介质分析。

ADINA是一种自动动力增量非线性分析有限元程序，由美国麻省理工学院机械工程系研制，用于进行固体、结构、流体以及结构相互作用的流体流动的复杂有限元分析。

NASTRAN是1966年美国国家航空航天局(NASA)为了满足当时航空航天工业对结构分析的迫切需求而主持开发的大型应用有限元软件，其功能包括热应力分析、瞬态荷载与随机激振的动态响应分析、实特征值与复特征值计算以及稳定性分析，还有一定的非线性分析功能，可用于各种计算机系统。

Patran是有限元分析前/后处理软件，可为多个解算器提供实体建模、网格划分、分析设置及后处理，其中包括MSC Nastran、Marc、ABAQUS、LS-DYNA、ANSYS及Pam-Crash等。

SAP 由美国加州大学伯克利分校土木工程系教授威尔森(E. L. Wilson)开发,该软件可处理空间桁架、刚架、平面应力、平面应变、轴对称、等参单元、薄板、薄壳、三维固体、厚壳、管单元等问题,其功能有信息处理、静力分析、动力分析、绘图、带宽优化、计算几何刚度等。

PERA SIM 是安世亚太科技股份有限公司推出的自主开发的大型通用仿真软件,提供通用物理场(结构、热、流体、电磁)及耦合场分析功能,以及能同时适用于结构、流体、电磁三个学科的通用前/后处理器。

Simright 是云端计算机辅助工程(CAE)服务平台,可提供前处理工具(WebMesher)、CAE仿真工具(Simulator)、拓扑优化工具(Toptimizer)、CAE模型格式转换工具(CAE Converter)、CAD/CAE模型显示工具(Viewer)。

FEPG 为有限元分析和计算机辅助工程分析软件平台。FEPG突破了目前通用有限元软件只用于特定领域和特定问题的限制,广泛应用于石油化工、机械制造、能源、汽车交通、铁道、国防军工、电子、土木工程、造船、生物医学、轻工、地矿、水利、航空航天、日用家电等领域,尤其适用于各类学科的科学研究,也非常适合高校进行有限元教学。

中望是广州中望龙腾软件股份有限公司开发的软件,提供了 all-in-one cax(CAD/CAE/CAM)解决方案,建立了以自主二维CAD、三维CAD/CAM、电磁/结构等多学科仿真为主的核心技术与产品矩阵,广泛应用于机械、电子、汽车、建筑、交通、能源等制造业和工程建设领域。

Simdroid 采用"仿真平台+仿真App"的第三代仿真软件系统架构,将专家经验、行业知识和仿真流程固化为仿真App,供无任何仿真经验的产品设计工程师直接使用,大幅降低了仿真技术的应用门槛。Simdroid具备完善的图形交互式仿真开发环境,仿真App开发工程师通过简单的鼠标拖拽即可便捷开发仿真App,实现了仿真技术的定制化、轻量化和自动化,大幅降低了仿真App的开发门槛。

【课程思政】

自2017年以来,美国持续加大对中国信息技术产业的制裁力度,先后将华为等数百家中国高科技企业列入出口管制实体企业名单。信息技术基础设施引发的安全问题也层出不穷,例如"棱镜门"信息安全事件。与此同时,随着逆全球化发展思潮的兴起,"科技有国界"这一说法被推上了风口浪尖。面对与日俱增的各种安全风险,在芯片、操作系统、数据库、软件等"卡脖子"的关键信息技术领域实现自主、安全、可控,成了我国信息技术产业发展和科技创新的当务之急。

在这样的背景下,国产有限元软件开发人员迎难而上。1983年,梁国平教授于中国科学院数学与系统科学研究院开始研究FEPG软件;2000年,FEPG网络版正式发布。该软件是目前唯一的开放源码国产有限元软件,获得了国家科学技术进步奖二等奖。FEPG软件得以广泛应用的背后,是梁教授团队对软件及核心技术的不断打磨。可以说,在信息化发展上升到国家战略层面的今天,国内软件科研人员与开发人员没有辜负期望,在"百年未有之大变局"的今天凭借硬核实力逐步崛起了!

1.2.3 有限单元法的工程应用范围

有限单元法以其独有的计算优势得到了广泛的发展和多领域应用。有限单元法发展至今,其解决问题的能力和适用范围都有了极大的发展,已广泛地应用于各个学科门类,成为工程师和科研人员解决实际工程问题和进行科学研究不可或缺的有力工具。有限单元法的应用范围(见图1.8)不断扩大,在航空航天、材料与机械制造、生物医学、土木/岩土工程、地质工程、水利/水电工程、矿业工程等领域都有着广泛的应用。

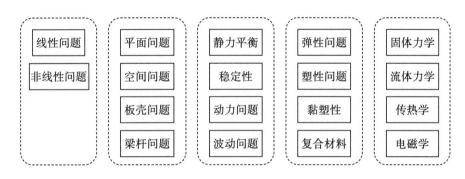

图1.8　有限单元法的应用范围

1.2.3.1 航空航天

有限单元法已成为航空航天结构分析中的重要基础技术。通过有限单元法,研究人员可在设计阶段进行结构性能分析与优化,避免了传统设计中只能在加工出样件后才可进行试验测试等问题,大大缩短了研制周期。

不少专家针对飞行器、发动机涡轮叶片、飞行过程分别开展了静载、冲击以及流固耦合等仿真模拟,其结果可为优化航空航天器的结构设计等提供数据参考,如图1.9所示。

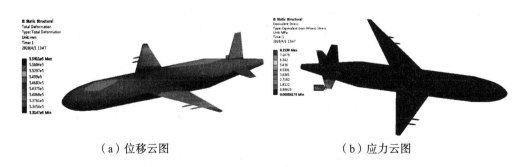

（a）位移云图　　　　　　　　　　　（b）应力云图

图1.9　飞行器受力模拟

1.2.3.2 材料与机械制造

有限元模拟能够较好地模拟不同材料和复杂结构在荷载或荷载与环境联合作用下的变形、损伤与断裂过程,并可将材料变形过程中的应力、应变、变形速度等变量以云图、等高线等形式呈现,还可以动态连续展示变形、断裂等过程。

传统的机械设计往往是利用现有资料对新产品进行开发设计,而随着计算机技术的快速发展,有限单元法被广泛应用于机械设计、制造和运行全生命周期的模拟。程计栋等人在车身工艺同步工程阶段,通过有限元仿真方法对车身制造过程中预装零件的不同产品设计方案进行了虚拟评估分析,根据分析结果指导零件设计优化,如图1.10所示。

 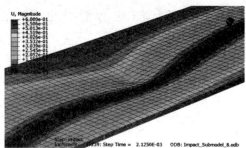

(a)汽车有限元模拟云图　　　　　　(b)复合材料结构冲击有限元仿真

图1.10　车身后端板预装模拟(单位为mm)

1.2.3.3 生物医学

随着临床影像技术等生物医学技术的发展,基于有限单元法的计算机生物力学建模与仿真在人体发育、生长和疾病发病机制以及个体化防治等领域中发挥着越来越重要的作用,将生物医学基础研究与力学数值模拟的定量化研究有机结合,可以解决很多在医学应用上难以解决的复杂问题,为医学研究及临床治疗提供理论指导和科学依据。

任东等人通过建立有限元模型,分别在肋骨的背部区域、侧身区域、前侧区域施加不同面积的均布矫形力,在椎体上选取参考点记录不同工况下的位移及旋转角度,其应力分析如图1.11所示。人们可通过有限元模拟足的受力,以提高运动员的成绩。

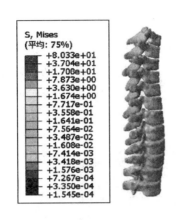 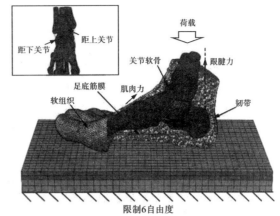

（a）背部区域小面积加载 60 N 外力　　　　（b）有限元模拟足的受力

图 1.11　椎体不同区域在小面积加载下的应力分析

1.2.3.4　土木/岩土工程

在土木工程或岩土工程实践中,人们利用有限单元法可以分析计算出如楼房、桥梁、隧道等地面或地下结构在各种外力的作用下发生的变形,以及在变形区应力、应变的分布,并根据分析结果来设计和优化结构,选择适当的支护材料和结构,如混凝土及配筋等,为防止工程结构在施工建造过程中产生大变形、失稳破坏甚至损伤坍塌等提供了有力的工具。

例如,符锴等人以武汉儿童医院西院结构设计为例,对采用的开大孔钢管混凝土柱-钢筋混凝土梁结构体系进行了有限元分析,减少了结构预制构件的数量,降低了结构成本,如图 1.12(a)所示。本书作者等开展了某隧道工程上下台阶法施工过程的数值模拟,给出了隧道开挖后围岩的位移、应力云图和损伤区分布,并提取了关键点的结果进行了分析,为优化隧道开挖过程提供了参考,其垂直位移云图如图 1.12(b)所示。

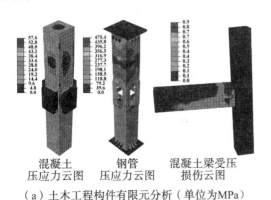 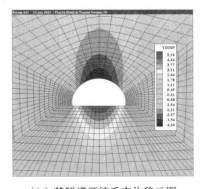

混凝土压应力云图　钢管压应力云图　混凝土梁受压损伤云图

（a）土木工程构件有限元分析（单位为 MPa）　　　（b）某隧道开挖垂直位移云图

图 1.12　土木工程有限元模拟

1.2.3.5 地质工程

近年来,有限单元法在地质学上的应用越来越广泛,已应用到造山带、俯冲带、盆地、褶皱、断层以及边坡的模拟等方面,为地质研究提供了重要手段。例如,郑颖人院士等学者提出了基于有限单元法的强度折减法,采用平面应变模型模拟,按有限元极限分析法了解岩石的破坏过程,某岩石边坡有限元计算如图1.13所示。

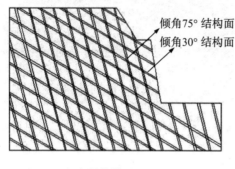
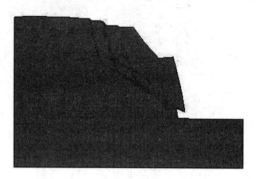

（a）计算模型　　　　　　　　　　　（b）岩石边坡的滑动面破坏过程

图1.13　某岩石边坡有限元计算

1.2.3.6 水利、水电工程

在水利、水电工程设计中,有限单元法分析的问题包括结构问题、流体力学问题、耦合问题等,对应力应变分析、地基抗滑稳定分析、渗流分析、抗震稳定分析等数值模拟分析具有突出的作用,对保障水利、水电工程的安全,以及节约资金、缩短工程时间等具有极大的帮助。

吴俊杰等人对某坝体水利工程的混凝土防渗墙坝体进行了有限元渗流计算分析,坝体绕坝渗流孔隙压力如图1.14(a)所示。本书作者等也采用弹塑性损伤有限元开展了猴子岩水电站的地下洞室群开挖过程和稳定性分析,为施工过程优化和支护措施设计提供了重要参考,地下水电站洞室群损伤区如图1.14(b)所示。

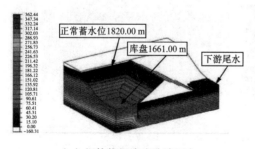
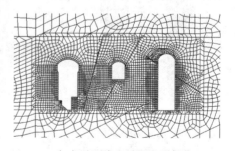

（a）坝体绕坝渗流孔隙压力　　　　　（b）地下水电站洞室群损伤区

图1.14　水利、水电工程有限元分析

1.2.3.7　矿业工程

有限单元法已成为研究煤炭、石油、天然气等能源开采和金属矿、非金属矿等资源开采过程采场矿压规律及变形破坏的重要手段和有力工具。

王花平采用三维弹塑性有限单元法分析研究了某矿山充填开采稳定性问题,模拟了某铁矿原石崩落开采及拟采用的充填法开采的过程,并得出了优化的采场结构参数,矿山充填开采稳定性模拟如图1.15(a)所示。本书作者采用ANSYS分析了矿山水泵房洞室群的稳定性,矿山水泵房洞室群模拟如图1.15(b)所示。

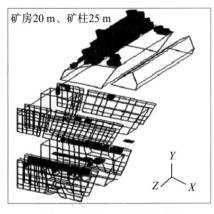
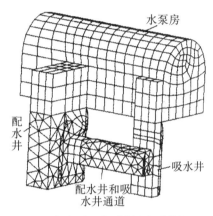

（a）矿山充填开采稳定性模拟　　　　　　　　（b）矿山水泵房洞室群模拟

图1.15　矿业工程有限元模拟

1.3　有限单元法的优点与分析步骤

1.3.1　有限单元法的优点

有限单元法能够迅速发展成为现代工业化技术不可或缺的一个重要组成部分,除了依赖于现代工业化技术发展需要的大环境之外,其本身具有的许多优点也很重要,具体有以下几方面。

(1)**可靠性建立在严格的理论基础上**。用于建立有限元方程的变分原理或加权余量法在数学上已被证明是微分方程和边界条件的等效积分形式。只要原问题的数学模型是正确的,则随着单元或者单元自由度的数目增加及插值函数阶次的提高,有限元解的近似程度将不断被提高,最终收敛于原数学模型的精确解。

(2)**应用范围极广泛**。由于用单元内近似函数分片地表示全求解域的未知场函数,并未限制场函数所满足的方程形式,也未限制各个单元所对应的方程必须是相同的形式,因此有限单元法很快发展到多个领域,如热传导、流体力学、电磁场等领域的各类线性、非线性问题。

(3)**适应各种复杂的问题。**在有限单元法中,单元可以是一维、二维或三维的,每一种单元可以有不同的形状,同时单元之间的连接方式也可以灵活多样。工程实际中遇到的各种复杂结构或构造在理论上都可以离散为由单元组合体表示的有限元模型。

(4)**便于计算机求解。**有限单元法采用矢量、矩阵的表达形式,便于编写计算机程序,不仅可以充分利用高速计算机所提供的便利,而且可以使求解问题的方法规范化、软件商业化,为有限单元法的推广和应用奠定了良好的基础。

1.3.2　有限单元法的分析步骤

对于不同类型的问题,有限单元法的基本分析步骤是相同的,大致可以分为三个阶段,如图1.16所示。

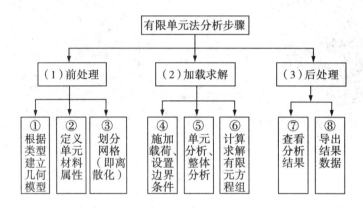

图1.16　有限单元法的分析流程

1.3.2.1　前处理

前处理阶段主要包括根据类型建立几何模型、定义单元材料属性、划分网格(即离散化)。

(1)**根据类型建立几何模型**:根据实际工程问题确定分析问题的类型,如是静力问题还是动力问题,是单场问题还是多场耦合问题,是平面问题、空间问题、梁杆问题还是板壳问题等。在此基础上建立求解域合理有效的几何模型,建立的几何模型要尽可能做到几何近似和物理近似,当然可以做适当的简化。

(2)**定义单元材料属性**:几何模型建立后,要确定单元的类型,例如采用图1.6中的某一种单元,假设采用3节点三角形单元;然后给单元赋材料属性,例如该单元为弹性材料,其所需力学参数为弹性模量和泊松比。

(3)**划分网格(即离散化)**:接下来就是对建立的几何模型划分网格,即离散化。也就是将求解域采用选定的单元类型划分为具有不同有限大小和形状且彼此相连的有限个单元组成的离散域,单元间通过节点相连,并给出单元节点信息,包括节点的编号和坐标、单元的编号和内部节点编号等,这一过程习惯上被称为有限元网格划分。

显然,单元越小(网格越细),离散域的近似程度越好,计算结果也越精确,但计算量也将增大。如何划分一个理想的兼顾计算精度和效率的网格是有限单元法的重要技术。离散化要注意以下问题:①避免出现形状不好的单元,对于三角形单元,不应出现过大的钝角或过小的锐角。②任意一个单元的节点必须同时也是相邻单元的节点,而不能是相邻单元边上的内点。③如果求解区域具有不同的厚度或者由两种以上的材料组成时,不要把厚度不同或材料不同的区域划分在一个单元中。④一般情况下,应在外载的作用点或在分布荷载有突变处安置节点。

1.3.2.2　加载求解

加载求解主要包括施加荷载、设置边界条件,单元分析、整体分析,计算求解有限元方程组。

(1)**施加荷载、设置边界条件**:首先对模型施加荷载,包括作用在边界上的面力、作用在内部的体力和作用在某一点上的集中力等;然后设置边界条件,如位移约束边界等。

(2)**单元分析、整体分析**:单元分析是指计算每一个单元的应变矩阵、应力矩阵,进而计算单元刚度矩阵,并根据边界条件计算单元的等效荷载列阵,形成单元的有限元方程;整体分析是指将单元总装形成离散域的整体刚度矩阵(即总刚矩阵)、整体荷载列阵,最终给出有限元方程组

$$K_{n \times n} \delta_n = F_n \qquad (1.2)$$

式中,$K_{n \times n}$ 为整体刚度矩阵;δ_n 为整体位移列阵(待求);F_n 为整体荷载列阵;n 为有限元方程组个数,与整体节点数和每个节点的自由度数有关。

(3)**计算求解有限元方程组**:引入边界条件后可以求解有限元方程组,可用直接法、迭代法和随机法,求解后即可得到节点位移。

1.3.2.3　后处理

后处理阶段主要包括查看分析结果、导出结果数据。

(1)**查看分析结果**:有限元计算完成后,可查看分析结果。成熟的商用有限元软件提供了功能强大的后处理程序,如 ANSYS 中包含了专门的后处理器,可以进行各种物理量的图形及动画显示,例如位移、应力云图和矢量图等。

(2)**导出结果数据**:后处理还可以将有限元模型关键点的分析结果导出,例如可将圆洞顶部关键点的应力、位移等数据导出,以便在 Excel、WPS 等第三方软件中进行直观的分析。

课后习题

1.1　有限单元法的基本思想是什么？

1.2　有限单元法的优点有哪些？

1.3　有限单元法的分析步骤有哪些？

第2章 有限元弹性力学基础

【内容】

本章主要讲述弹性力学的基本假设与基本变量、基本方程及其矩阵表示、平面问题和轴对称问题的弹性力学方程及其矩阵表示、弹性力学的一般原理与能量原理等基本知识。

【目的】

掌握弹性力学基本公式及其矩阵表示,为有限元方法的理论学习和公式推导奠定理论基础。

2.1 弹性力学的基本假设与基本变量

2.1.1 弹性力学的基本假设

弹性力学是研究弹性体在约束和外荷载作用下应力和变形分布规律的一门基础力学理论,是近代工程技术的必要基础之一。在现代工程结构分析中,广泛应用了弹性力学的基本公式和理论。

弹性力学的基本假设是讨论弹性力学问题的基础。超出基本假设的问题将由固体力学的其他分支来讨论,如非线性弹性力学、塑性力学、复合材料力学等。弹性力学的基本假设如下:

(1)**完全弹性假设**:完全弹性分为线性弹性和非线性弹性,弹性力学研究限于线性的应力与应变关系。也就是说,弹性力学问题研究是在胡克定律成立的条件下进行的。完全弹性假设使得弹性力学研究对象的材料弹性常数不随应力或应变的变化而改变。

(2)**连续性假设**:假设所研究的整个弹性体内部完全由组成物体的介质所充满,各个质点之间不存在任何空隙,根据这一假设,物体的所有物理量,如位移、应变和应力等,均成为物体所占空间的连续函数。

(3)**均匀性假设**:假设弹性物体是由同一类型的均匀材料组成的,则物体各个部分的物理性质都是相同的,不随坐标位置的变化而改变,也可认为物体的弹性性质处处都是相同的。

(4)**各向同性假设**:假定物体在各个不同的方向上具有相同的物理性质,这就是说物体的弹性常数将不随坐标方向的改变而变化。宏观上,材料性能是各向同性的。

(5)**小变形假设**:假设在外力或者其他外界因素(如温度等)的影响下,物体的变形与物体自身几何尺寸相比属于高阶小量。采用这一假设,可以在基本方程推导中略去位移、应变和应力分量的高阶小量,使基本方程成为线性的偏微分方程组。

完全弹性假设、连续性假设、均匀性假设和各向同性假设是理想弹性体的前提,小变形假设则是建立几何方程的前提。

2.1.2 弹性力学的基本变量

弹性力学中的基本变量包括外力、应力、应变、主应力、主应变、位移,它们各自的定义如下。

2.1.2.1 外力

作用于物体的外力可以分为两种类型,分别为体力和面力。体力是指分布在物体整个体积内部各个质点上的力,又称为"质量力",例如物体的重力、惯性力、电磁力等。面力是指分布在物体表面上的力,可以是分布力,也可以是集中力,例如风力、静水压力、物体之间的接触力等。

(1)**体力矢量**:为了表明物体在 $O\text{-}xyz$ 坐标系内任意一点 M 处所受体力的大小和方向,在 M 点的邻域取一个微元体,其体积为 ΔV,如图 2.1 所示。

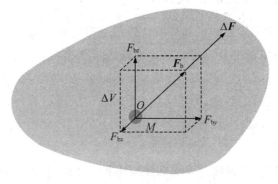

图 2.1 体力示意图

设微元体的体力合力为 ΔF,令 ΔV 趋近于 0,则可以定义点 M 的体力为

$$F_{\mathrm{b}} = \lim_{\Delta V \to 0} \frac{\Delta F}{\Delta V} \tag{2.1}$$

一般来讲,物体内部各点处的体力是不相同的。物体内任意一点的体力矢量用F_{b}表示,其方向由该点的体力合力方向确定。体力沿三个坐标轴的分量用$F_{\mathrm{b}i}(i=1,2,3)$或者$F_{\mathrm{b}x}$,$F_{\mathrm{b}y}$,$F_{\mathrm{b}z}$表示,称为"体力分量"。规定体力分量的方向与坐标轴方向一致为正,反之为负。注意:在弹性力学中,体力是指单位体积的力。

(2)**面力矢量**:类似于体力,可以给出面力的定义。对于物体表面上的任一点M,在M点的邻域取一个包含M点的微元面,其面积为ΔS,如图2.2所示。

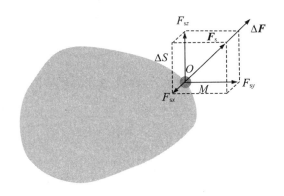

图2.2　面力示意图

设微元面上的面力合力为ΔF,则M点的面力矢量为

$$F_{\mathrm{s}} = \lim_{\Delta S \to 0} \frac{\Delta F}{\Delta S} \tag{2.2}$$

面力矢量是单位面积上的作用力,面力是弹性体表面坐标的函数。一般条件下,面力边界条件是弹性力学问题求解的主要条件。面力矢量用F_{s}表示,其分量用$F_{\mathrm{s}i}(i=1,2,3)$或者$F_{\mathrm{s}x}$,$F_{\mathrm{s}y}$,$F_{\mathrm{s}z}$表示。规定面力的方向与坐标轴方向一致为正,反之为负。注意:在弹性力学中,面力均定义为单位面积的力。

2.1.2.2　应力

在外界因素作用下,例如外力、温度变化等,物体内部各个部分之间将产生相互作用,这种物体内某一部分与相邻部分之间的作用力称为"内力"。物体内某一点的内力就是应力。假设用通过物体内任意一点M的一个截面S将物体分为Ⅰ、Ⅱ两部分,如图2.3所示。将部分Ⅱ撤开,根据力的平衡原则,部分Ⅱ将在截面S上作用一定的内力。在S截面上取包含M点的微元面积ΔS,作用于ΔS上的内力为ΔF。

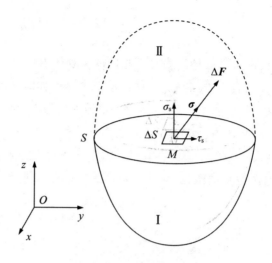

图2.3　应力示意图

令ΔS无限减小而趋于M点时,ΔF的极限σ就是物体在M点的应力,即

$$\sigma = \lim_{\Delta S \to 0} \frac{\Delta F}{\Delta S} \tag{2.3}$$

式中,σ为物体在截面S上的M点所受的应力,是一个矢量。

显然,点M在不同截面上的应力是不同的。应力σ并非均匀地分布在截面S上,应力矢量不仅随点M的位置改变而变化,而且即使在同一点,也随截面法线方向的改变而变化,这种性质称为"应力状态"。因此凡是应力均必须说明是物体内哪一点,通过该点哪一个微元面的应力。某一点所有截面的应力矢量的集合即为该点的应力状态。应力状态对于研究物体的强度是十分重要的。人们不可能也不必要写出某一点所有截面的应力。为了准确、明了地描述某一点的应力状态,必须使用合理的应力参数。

应力矢量的一种分解方法是将应力矢量σ在给定的坐标系下沿三个坐标轴方向分解,如用$\sigma_x,\sigma_y,\sigma_z$表示其分量大小,则

$$\sigma = \sigma_x \boldsymbol{i} + \sigma_y \boldsymbol{j} + \sigma_z \boldsymbol{k} \tag{2.4}$$

式中,$\boldsymbol{i},\boldsymbol{j},\boldsymbol{k}$分别为$x$轴、$y$轴、$z$轴的单位矢量。

这种形式的分解并没有实际工程应用价值,它的主要用途在于作为工具来推导弹性力学基本方程。

另一种分解方法是将应力矢量σ沿ΔS的法线和切线方向分解。应力矢量σ在其作用截面上的法向分量称为"正应力"(法向应力),用σ_s表示;在作用截面上的切向分量称为"切应力"(剪应力),用τ_s表示。

工程结构分析中经常使用应力分解形式,弹性体的应力可分为正应力和切应力。由于微元面法线方向只有一个,因此确定了截面方位就确定了正应力σ_s的方向,但平行于微元面的方向有无穷多个,因此切应力τ_s不仅需要确定截面方位,还必须指明方向。

为了表达弹性体内部任意一点 M 的应力状态,即通过 M 点的各个截面上的应力的大小和方向,在 M 点取出一个平行六面体,六面体的各棱边平行于坐标轴,如图 2.4 所示。将平行六面体每个面上的应力分解为一个正应力和两个切应力,分别与三个坐标轴平行。用六面体表面的应力分量来表示 M 点的应力状态。

应力分量的下标约定:切应力的第一个下标表示应力的作用面,第二个下标表示应力的作用方向,如图 2.4 所示。例如,τ_{xy} 的第一个下标表示切应力作用在垂直于 x 轴的平面上,第二个下标表示切应力指向 y 轴方向。由于正应力的作用面与作用方向垂直,因此只用一个下标表示。例如,σ_x 表示正应力作用在垂直于 x 轴的平面上,指向 x 轴方向。

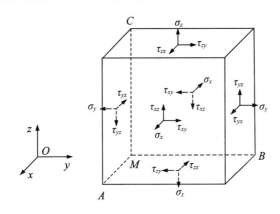

图 2.4　物体的应力分量

应力分量的方向定义:如果某截面上的外法线是沿坐标轴的正方向的,则这个截面上的应力分量以沿坐标轴正方向为正;如果某截面上的外法线是沿坐标轴的负方向的,则这个截面上的应力分量以沿坐标轴负方向为正。注意:应力分量是应力矢量在坐标轴上的投影,因此是标量。

根据平行六面体的平衡条件,作用在两个互相垂直的面上并且垂直于该两面交线的切应力是互等的(大小相等,正负号也相同),即

$$\tau_{xy} = \tau_{yx}, \quad \tau_{yz} = \tau_{zy}, \quad \tau_{zx} = \tau_{xz} \tag{2.5}$$

物体内任意一点的应力状态可以用六个独立的应力分量 σ_x、σ_y、σ_z、τ_{xy}、τ_{yz}、τ_{zx} 来表示。物体的某一点的应力状态可以通过应力分量表示为应力张量 σ_{ij},即

$$\sigma_{ij} = \begin{bmatrix} \sigma_x & \tau_{xy} & \tau_{xz} \\ \tau_{yx} & \sigma_y & \tau_{yz} \\ \tau_{zx} & \tau_{zy} & \sigma_z \end{bmatrix} = \begin{bmatrix} \sigma_{11} & \sigma_{12} & \sigma_{13} \\ \sigma_{21} & \sigma_{22} & \sigma_{23} \\ \sigma_{31} & \sigma_{32} & \sigma_{33} \end{bmatrix} \tag{2.6}$$

也可以写成矩阵的形式,即

$$\sigma = \begin{bmatrix} \sigma_x & \sigma_y & \sigma_z & \tau_{xy} & \tau_{yz} & \tau_{zx} \end{bmatrix}^{\mathrm{T}} \tag{2.7}$$

如果物体的某一点的九个应力分量能够完全确定该点的应力状态,则其必须能够表

达通过该点的任意斜截面上的应力矢量。为了说明这一问题,在 O 点用三个坐标面和一个任意斜截面截取一个微分四面体,如图 2.5 所示。

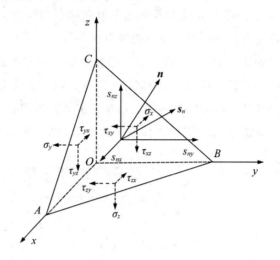

图 2.5　微分四面体的受力示意图

假设斜截面的法向矢量为 n,它的三个方向余弦分别为 l,m,n,则

$$\cos(n,x)=l,\quad \cos(n,y)=m,\quad \cos(n,z)=n \tag{2.8}$$

任一斜截面上的应力矢量 s_n 由三个应力分量 s_{nx},s_{ny},s_{nz} 所确定,它们可以由该微分四面体各正截面上的应力分量确定,即

$$\begin{cases} s_{nx}=\sigma_x l+\tau_{xy}m+\tau_{xz}n \\ s_{ny}=\tau_{yx}l+\sigma_y m+\tau_{yz}n \\ s_{nz}=\tau_{zx}l+\tau_{zy}m+\sigma_z n \end{cases} \tag{2.9}$$

2.1.2.3　应变

物体在受到外力和温度的作用时将发生形变,物体的形变可以归结为长度和角度的改变。为研究物体内部任意一点 M 的形变情况,从 M 处取一个微分平行六面体。由于 $\mathrm{d}x,\mathrm{d}y,\mathrm{d}z$ 三条棱的边长为无穷小量,所以在物体变形后,仍然是直边,但三条边的长度和边与边之间的夹角将发生变化。各边单位长度出现伸长或缩短,称为"正应变"(线应变),用 ε 表示;边与边之间的夹角发生改变,称为"切应变"(剪应变),用 γ 表示。微分平行六面体的正应变和切应变如图 2.6 所示。

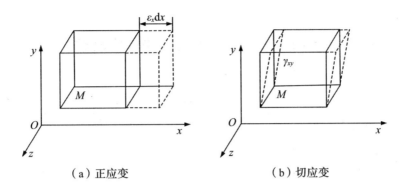

（a）正应变　　　　　　　　　　（b）切应变

图2.6　微分平行六面体的正应变和切应变

一个点的变形可以由 $\mathrm{d}x,\mathrm{d}y,\mathrm{d}z$ 三条边的正应变 ε_x，ε_y，ε_z 以及三条边之间夹角的切应变 $\gamma_{xy},\gamma_{yz},\gamma_{zx}$ 来描述。应变的正负号与应力的正负号相对应,应变伸长时为正,缩短时为负;切应变是以两个沿坐标轴正方向的线段组成的直角变小为正,反之为负。应变无量纲。

在进行数值计算时,常把某一点的六个应变分量用矩阵来表示,即

$$\varepsilon = \begin{bmatrix} \varepsilon_x & \varepsilon_y & \varepsilon_z & \gamma_{xy} & \gamma_{yz} & \gamma_{zx} \end{bmatrix}^{\mathrm{T}} \tag{2.10}$$

或以二阶应变张量表示,即

$$\varepsilon_{ij} = \begin{bmatrix} \varepsilon_x & \varepsilon_{xy} & \varepsilon_{xz} \\ \varepsilon_{yx} & \varepsilon_y & \varepsilon_{yz} \\ \varepsilon_{zx} & \varepsilon_{zy} & \varepsilon_z \end{bmatrix} = \begin{bmatrix} \varepsilon_x & \dfrac{1}{2}\gamma_{xy} & \dfrac{1}{2}\gamma_{xz} \\ \dfrac{1}{2}\gamma_{yx} & \varepsilon_y & \dfrac{1}{2}\gamma_{yz} \\ \dfrac{1}{2}\gamma_{zx} & \dfrac{1}{2}\gamma_{zy} & \varepsilon_z \end{bmatrix} \tag{2.11}$$

2.1.2.4　位移

物体在受力之后或其他作用（如温度改变）下,其内部各点发生的位置变化称为“位移”。一个微元体的位置变化由两部分组成:一部分是周围介质的位移使它产生刚性位移,另一部分是自身变形产生的位移。位移是一个矢量。物体内任意一点的位移在 x,y,z 三个坐标轴上的投影用 u,v,w 来表示,这三个量统称为该点的位移分量,它们以沿坐标轴正方向为正,反之为负。

在一般情况下,弹性体内任意一点的体力分量、面力分量、应力分量、应变分量及位移分量随该点的位置变化而变化,因而它们都是该点位置坐标的连续函数。

2.2　弹性力学的基本方程及其矩阵表示

在弹性力学中针对微元体建立基本方程,可以把形状复杂的弹性体的受力和变形分析问题归结为偏微分方程组的边值问题。弹性力学的基本方程包括平衡方程、几何方程、物理方程。

2.2.1　平衡方程

物体在外力作用下产生变形,最后达到平衡位置,则不仅整个物体是平衡的,而且弹性体的任何部分也都是平衡的。

为了考察弹性体内部的平衡,下面借助微分平行六面体单元讨论任意一点M的平衡。在物体内,对任意一点M用三组与坐标轴平行的平面截取一个正六面体单元,正六面体单元的棱边分别与x,y,z轴平行,边长分别为$\mathrm{d}x,\mathrm{d}y,\mathrm{d}z$,如图2.7所示。

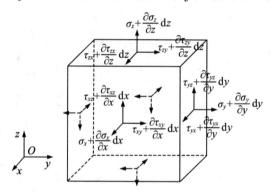

图2.7　微分平行六面体单元的平衡分析

在x方向上有应力分量$\sigma_x,\tau_{xy},\tau_{xz}$;在$x+\mathrm{d}x$方向上,应力分量相对$x$截面有一个增量,取一阶增量,即$\sigma_x+\dfrac{\partial\sigma_x}{\partial x}\mathrm{d}x,\ \tau_{xy}+\dfrac{\partial\tau_{xy}}{\partial x}\mathrm{d}x,\ \tau_{xz}+\dfrac{\partial\tau_{xz}}{\partial x}\mathrm{d}x$。对$y,z$方向的应力分量进行同样的处理。

根据微元体在x方向上平衡,体力的x方向分量(F_{bx})满足$\sum F_x=0$,则

$$\left(\sigma_x+\frac{\partial\sigma_x}{\partial x}\mathrm{d}x\right)\mathrm{d}y\mathrm{d}z-\sigma_x\mathrm{d}y\mathrm{d}z+\left(\tau_{yx}+\frac{\partial\tau_{yx}}{\partial y}\mathrm{d}y\right)\mathrm{d}x\mathrm{d}z-\tau_{yx}\mathrm{d}x\mathrm{d}z$$

$$+\left(\tau_{zx}+\frac{\partial\tau_{zx}}{\partial z}\mathrm{d}z\right)\mathrm{d}x\mathrm{d}y-\tau_{zx}\mathrm{d}x\mathrm{d}y+F_{bx}\mathrm{d}x\mathrm{d}y\mathrm{d}z=0 \tag{2.12}$$

简化并且略去高阶小量,可得

$$\frac{\partial \sigma_x}{\partial x} + \frac{\partial \tau_{yx}}{\partial y} + \frac{\partial \tau_{zx}}{\partial z} + F_{bx} = 0 \tag{2.13}$$

同理考虑 y,z 方向,有

$$\frac{\partial \tau_{xy}}{\partial x} + \frac{\partial \sigma_y}{\partial y} + \frac{\partial \tau_{zy}}{\partial z} + F_{by} = 0 \tag{2.14}$$

$$\frac{\partial \tau_{xz}}{\partial x} + \frac{\partial \tau_{yz}}{\partial y} + \frac{\partial \sigma_z}{\partial z} + F_{bz} = 0 \tag{2.15}$$

上述公式给出了应力和体力之间的平衡关系,称为"平衡微分方程",又称"纳维方程",用张量形式表示,可以写作

$$\sigma_{ij,i} + F_{bj} = 0 \tag{2.16}$$

其中,$\sigma_{ij,i}$ 表示 σ_{ij} 对 i 求偏导。

如果考虑微元体的力矩平衡,则可以得到

$$\tau_{xy} = \tau_{yx}, \quad \tau_{yz} = \tau_{zy}, \quad \tau_{zx} = \tau_{xz} \tag{2.17}$$

由此可见,切应力是成对出现的,9 个应力分量中仅有 6 个是独立的。上述关系式就是切应力互等定理,用应力张量形式表示,可以写作

$$\sigma_{ij} = \sigma_{ji} \tag{2.18}$$

由于荷载作用或者温度变化等外界因素的影响,物体内各点在空间的位置将发生变化,即产生位移。在这个变化过程中,弹性体可能同时发生两种位移变化。第一种位移是位置的变化,物体内部各个点仍然保持初始状态的相对位置不变,这种位移是物体在空间做刚体运动引起的,因此称之为"**刚体位移**"。第二种位移是形状的变化,位移发生时不仅改变了物体的绝对位置,而且改变了物体内部各个点的相对位置,这是物体形状变化引起的位移,称为"**变形**"。

2.2.2　几何方程

一般来说,刚体位移和变形是同时出现的。当然,对于弹性力学,人们主要研究变形,因为变形和弹性体的应力有着直接的关系。

根据连续性假设,弹性体在变形前和变形后均为连续体。那么弹性体中某点在变形过程中由 $M(x,y,z)$ 移动至 $M'(x',y',z')$,这一过程也将是连续的,如图 2.8 所示。在数学上,x',y',z' 必为 x,y,z 的单值连续函数。设 $\overrightarrow{MM'} = L$ 为位移矢量,u,v,w 为位移分量,则

$$\begin{aligned} u(x,y,z) &= x' - x \\ v(x,y,z) &= y' - y \\ w(x,y,z) &= z' - z \end{aligned} \tag{2.19}$$

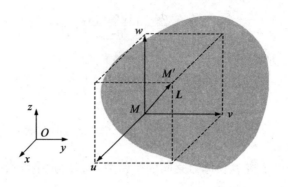

图 2.8　弹性体中某点变形示意图

显然,位移分量 u,v,w 也是 x,y,z 的单值连续函数。以后的分析将进一步假设位移函数具有三阶连续导数。

为进一步研究弹性体的变形情况,假设从弹性体中分割出一个微分平行六面体单元,其六个面分别与三个坐标轴垂直。对于微分六面体单元的变形,将分为两个部分讨论:一是微分平行六面体棱边的伸长和缩短,二是棱边之间夹角的变化。弹性力学分别使用正应变和切应变表示这两种变形。

对于微分平行六面体单元,设其变形前与 x,y,z 轴平行的棱边分别为 MA,MB,MC,变形后分别变为 $M'A',M'B',M'C'$,如图 2.9 所示。

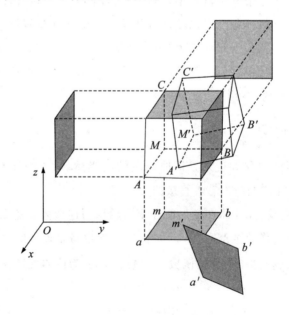

图 2.9　微分平行六面体单元的变形示意图

假设分别用 $\varepsilon_x,\varepsilon_y,\varepsilon_z$ 表示 x,y,z 轴方向棱边的相对伸长量,即正应变;分别用 $\gamma_{xy},\gamma_{yz},$ γ_{zx} 表示 x 和 y,y 和 z,z 和 x 轴之间的夹角变化,即切应变。

$$\varepsilon_x = \frac{M'A' - MA}{MA}, \quad \varepsilon_y = \frac{M'B' - MB}{MB}, \quad \varepsilon_z = \frac{M'C' - MC}{MC}$$

$$\gamma_{xy} = \frac{\pi}{2} - \angle A'M'B', \quad \gamma_{yz} = \frac{\pi}{2} - \angle B'M'C', \quad \gamma_{zx} = \frac{\pi}{2} - \angle C'M'A' \tag{2.20}$$

对于小变形问题,为了简化分析,将微元体分别投影到 xOy 平面、yOz 平面、zOx 平面来讨论。显然,微元体变形前各棱边是与坐标面平行的,变形后棱边将有相应的转动。但这里讨论的是小变形问题,这种变动所带来的影响较小。假设各点的位移仅由自身的大小和形状的变化所确定,这种微元线段转动的误差是十分微小的,不会导致微元体的变形有明显的变化。

微元体的棱边长为 dx, dy, dz,M 点的坐标为 (x, y, z),其对应的位移分量分别为 u, v, w。

首先,讨论 xOy 平面上投影的变形,如图 2.10 所示。

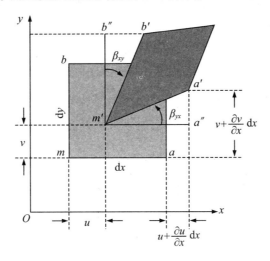

图 2.10　xOy 平面上投影的变形

设 ma, mb 分别为 MA, MB 的投影,$m'a', m'b'$ 分别为 $M'A', M'B'$ 的投影,即变形后的 MA, MB 的投影。由于 A 点比 M 点多一个 dx 坐标增量,因而 A 点的位移为 $u(x + dx, y, z), v(x + dx, y, z)$。同理,$B$ 点的位移为 $u(x, y + dy, z), v(x, y + dy, z)$。按泰勒级数将 A, B 两点的位移展开,并且略去二阶以上的小量,则 A 点的位移为 $u + \frac{\partial u}{\partial x} dx, v + \frac{\partial v}{\partial x} dx$,$B$ 点的位移为 $u + \frac{\partial u}{\partial y} dy, v + \frac{\partial v}{\partial y} dy$。

因为

$$M'A' \approx m'a' = dx + u + \frac{\partial u}{\partial x} dx - u = dx + \frac{\partial u}{\partial x} dx \tag{2.21}$$

所以

$$\varepsilon_x = \frac{M'A' - MA}{MA} \approx \frac{\mathrm{d}x + \dfrac{\partial u}{\partial x}\mathrm{d}x - \mathrm{d}x}{\mathrm{d}x} = \frac{\partial u}{\partial x} \tag{2.22}$$

同理可得

$$\varepsilon_y = \frac{\partial v}{\partial y}, \quad \varepsilon_z = \frac{\partial w}{\partial z} \tag{2.23}$$

由此可以得到弹性体内任意一点微元线段的长度变化,即正应变。显然,当微元线段伸长时,则正应变 $\varepsilon_x, \varepsilon_y, \varepsilon_z$ 大于零,反之则小于零。

下面讨论切应变表达关系。

假设 β_{yx} 为与 x 轴平行的微元线段 ma 向 y 轴转过的角度,β_{xy} 为与 y 轴平行的微元线段 mb 向 x 轴转过的角度,则切应变为

$$\gamma_{xy} = \frac{\pi}{2} - \angle B'M'A' = \frac{\pi}{2} - \angle b'm'a' = \beta_{yx} + \beta_{xy} \tag{2.24}$$

由于转角很小,则有

$$\beta_{yx} \approx \tan \beta_{yx} = \frac{a'a''}{m'a''} = \frac{v + \dfrac{\partial v}{\partial x}\mathrm{d}x - v}{\mathrm{d}x + \dfrac{\partial u}{\partial x}\mathrm{d}x} = \frac{\dfrac{\partial v}{\partial x}}{1 + \dfrac{\partial u}{\partial x}} = \frac{\partial v}{\partial x} \tag{2.25}$$

上式的推导中利用了小变形条件下位移的导数是高阶小量的结论。同理可得

$$\beta_{xy} = \frac{\partial u}{\partial y} \tag{2.26}$$

β_{yx} 和 β_{xy} 可为正,也可为负。例如,β_{yx} 为正,表示位移 v 随坐标 x 而增加,即 x 方向的微元线段正向向 y 轴旋转。将式(2.25)和式(2.26)代入切应变表达式,则

$$\gamma_{xy} = \frac{\partial v}{\partial x} + \frac{\partial u}{\partial y} \tag{2.27}$$

同理可得

$$\gamma_{yz} = \frac{\partial w}{\partial y} + \frac{\partial v}{\partial z}, \quad \gamma_{zx} = \frac{\partial u}{\partial z} + \frac{\partial w}{\partial x} \tag{2.28}$$

切应变分量大于零表示微元线段的夹角缩小,反之则增大。

综上所述,应变分量与位移分量之间的关系为

$$
\begin{cases}
\varepsilon_x = \dfrac{\partial u}{\partial x} \\[2mm]
\varepsilon_y = \dfrac{\partial v}{\partial y} \\[2mm]
\varepsilon_z = \dfrac{\partial w}{\partial z} \\[2mm]
\gamma_{xy} = \dfrac{\partial v}{\partial x} + \dfrac{\partial u}{\partial y} = \gamma_{yx} \\[2mm]
\gamma_{yz} = \dfrac{\partial w}{\partial y} + \dfrac{\partial v}{\partial z} = \gamma_{zy} \\[2mm]
\gamma_{zx} = \dfrac{\partial u}{\partial z} + \dfrac{\partial w}{\partial x} = \gamma_{xz}
\end{cases}
\tag{2.29}
$$

式(2.29)称为"几何方程",又称"柯西方程"。

柯西方程给出了位移分量和应变分量之间的关系。如果已知位移,由位移函数的偏导数即可求得应变。但是,如果已知应变,由于六个应变分量对应三个位移分量,则求解位移将相对复杂。

对于平面问题,几何方程可以简写为

$$
\boldsymbol{\varepsilon} =
\begin{bmatrix}
\varepsilon_x \\
\varepsilon_y \\
\gamma_{xy}
\end{bmatrix}
=
\begin{bmatrix}
\dfrac{\partial u}{\partial x} \\[2mm]
\dfrac{\partial v}{\partial y} \\[2mm]
\dfrac{\partial v}{\partial x} + \dfrac{\partial u}{\partial y}
\end{bmatrix}
=
\begin{bmatrix}
\dfrac{\partial}{\partial x} & 0 \\[2mm]
0 & \dfrac{\partial}{\partial y} \\[2mm]
\dfrac{\partial}{\partial y} & \dfrac{\partial}{\partial x}
\end{bmatrix}
\begin{bmatrix} u \\ v \end{bmatrix}
= \boldsymbol{L}\boldsymbol{u}
\tag{2.30}
$$

式(2.30)定义了一个微分算子矩阵,即

$$
L =
\begin{bmatrix}
\dfrac{\partial}{\partial x} & 0 \\[2mm]
0 & \dfrac{\partial}{\partial y} \\[2mm]
\dfrac{\partial}{\partial y} & \dfrac{\partial}{\partial x}
\end{bmatrix}
$$

利用这个矩阵,平衡微分方程式(2.16)可改写为

$$
L^{\mathrm{T}} \boldsymbol{\sigma} + F_{\mathrm{b}} = 0
\tag{2.31}
$$

2.2.3　物理方程

物理方程描述的是应力与应变之间的关系,对于线弹性材料,应力-应变关系服从广义胡克定律。对于各向同性材料,仅需要两个参数描述胡克定律,即弹性模量 E 和泊松比 μ。

对于三维线弹性问题,广义胡克定律可用以下公式表示:

$$\begin{cases} \varepsilon_x = \dfrac{\sigma_x}{E} - \mu\dfrac{\sigma_y}{E} - \mu\dfrac{\sigma_z}{E} \\[2mm] \varepsilon_y = -\mu\dfrac{\sigma_x}{E} + \dfrac{\sigma_y}{E} - \mu\dfrac{\sigma_z}{E} \\[2mm] \varepsilon_z = -\mu\dfrac{\sigma_x}{E} - \mu\dfrac{\sigma_y}{E} + \dfrac{\sigma_z}{E} \\[2mm] \gamma_{xy} = \dfrac{\partial \tau_{xy}}{G} \\[2mm] \gamma_{yz} = \dfrac{\partial \tau_{yz}}{G} \\[2mm] \gamma_{zx} = \dfrac{\partial \tau_{zx}}{G} \end{cases} \tag{2.32}$$

式中，G 为剪切模量。

$$G = \frac{E}{2(1+\mu)} \tag{2.33}$$

将式(2.33)写成逆矩阵的形式，则

$$\sigma = D \cdot \varepsilon \tag{2.34}$$

式中，D 为弹性矩阵，它完全取决于弹性体材料的弹性模量 E 和泊松比 μ。

$$D = \frac{E(1-\mu)}{(1+\mu)(1-2\mu)} \begin{bmatrix} 1 & \dfrac{\mu}{1-\mu} & \dfrac{\mu}{1-\mu} & 0 & 0 & 0 \\[2mm] \dfrac{\mu}{1-\mu} & 1 & \dfrac{\mu}{1-\mu} & 0 & 0 & 0 \\[2mm] \dfrac{\mu}{1-\mu} & \dfrac{\mu}{1-\mu} & 1 & 0 & 0 & 0 \\[2mm] 0 & 0 & 0 & \dfrac{1-2\mu}{2(1-\mu)} & 0 & 0 \\[2mm] 0 & 0 & 0 & 0 & \dfrac{1-2\mu}{2(1-\mu)} & 0 \\[2mm] 0 & 0 & 0 & 0 & 0 & \dfrac{1-2\mu}{2(1-\mu)} \end{bmatrix}$$

$$\tag{2.35}$$

2.2.4　边界条件

任何力学问题的求解都需要有边界条件。在弹性力学分析中，将弹性表面的边界分为以下三类控制条件：一是在三个垂直方向上都存在给定的位移；二是在三个垂直方向上都存在给定的外力；三是在三个垂直方向上给定一个或两个位移，其他方向给定外力。假设在弹性体 V 域上的全部边界为 S，则全部边界由给定力的边界和给定位移的边界两部分组成。给定力的边界记作 S_σ，此边界上作用的表面力 $F_s = \left[F_{sx}, F_{sy}, F_{sz} \right]^T$。给定位移的边界记作 S_u，此边界上弹性体的位移 $\overline{u}, \overline{v}, \overline{w}$ 已知，则

$$S = S_\sigma + S_u \tag{2.36}$$

在边界 S_σ 上，应力分量和给定的表面力之间的关系可由边界上的微元体的平衡方程得出。弹性体力的边界条件为

$$\begin{cases} F_{sx} = \sigma_x l + \tau_{xy} m + \tau_{xz} n \\ F_{sy} = \tau_{yx} l + \sigma_y m + \tau_{yz} n \quad (\text{在} S_\sigma \text{上}) \\ F_{sz} = \tau_{zx} l + \tau_{zy} m + \sigma_z n \end{cases} \tag{2.37}$$

作为基本方程解的位移分量 u, v, w，当代入边界坐标时，必须等于该点的给定位移，即弹性体位移的边界条件为

$$u = \overline{u}, \; v = \overline{v}, \; w = \overline{w} \quad (\text{在} S_u \text{上}) \tag{2.38}$$

2.3　平面问题和轴对称问题的弹性力学方程及其矩阵表示

弹性体在满足一定条件时，其变形和应力的分布规律可以用某一平面内的变形和应力的分布规律来代替，这类问题称为"平面问题"。

2.3.1　平面问题的弹性力学方程及其矩阵表示

平面问题可以分为平面应力问题和平面应变问题。

2.3.1.1　平面应力问题

设有一个很薄的等厚薄板（某一方向的尺寸较另外两个方向的尺寸小很多），只在板边上受到平行于板面且不沿厚度变化的面力，体力也平行于板面且不沿厚度变化，如图 2.11 所示。

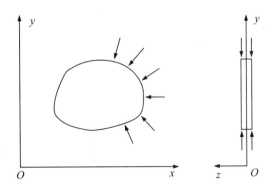

图 2.11　等厚薄板示意图

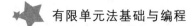

当结构满足以下两个条件时,认为是平面应力问题:

(1)几何条件:厚度尺寸远远小于截面尺寸,即结构形状呈薄板形。

(2)荷载条件:荷载平行于板平面且沿厚度方向均匀分布,板面不受任何外力作用。

设板的厚度为 t,在板面上的应力分量为

$$(\sigma_z)_{z=\pm\frac{t}{2}}=0, \quad (\tau_{zx})_{z=\pm\frac{t}{2}}=0, \quad (\tau_{zy})_{z=\pm\frac{t}{2}}=0 \tag{2.39}$$

由于平板很薄,外力不沿厚度变化,因此在整块板上的应力分量为

$$\sigma_z=0, \quad \tau_{zx}=0, \quad \tau_{zy}=0 \tag{2.40}$$

并且板上所有力学变量都是关于 x,y 的函数,不随 z 变化,即

$$\gamma_{zx}=0, \quad \gamma_{zy}=0, \quad \varepsilon_z \neq 0 \tag{2.41}$$

剩下平行于 xOy 平面的三个应力分量 $\sigma_x,\sigma_y,\tau_{xy}$ 是未知的。

2.3.1.2　平面应变问题

设有一个很长的柱形体(长度远大于它的横向尺寸),支撑情况不沿长度变化,在柱面上受到平行于横截面(垂直于 z 轴)而且不沿长度变化的面力,其上体力也如此分布,如图 2.12 所示。

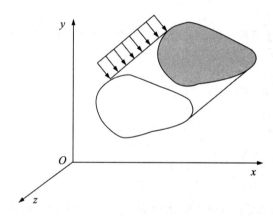

图 2.12　柱形体示意图

凡满足以下两个条件的结构可视为平面应变问题:

(1)几何条件:沿厚度方向的截面形状和大小相同,厚度尺寸远远大于截面尺寸,即结构呈等截面的细长形。

(2)荷载条件:荷载垂直于厚度方向(平行于横截面)且沿厚度方向均匀分布,两个端面不受力。

以柱体的任一横截面为 xOy 平面,任一纵线为 z 轴。假定该柱体为无限长,则任一截面都可以看作对称面。由对称性可知,位移分量都不沿 z 轴方向变化,则

$$w = 0, \quad \varepsilon_z = 0, \quad \gamma_{zx} = 0, \quad \gamma_{zy} = 0 \tag{2.42}$$

所有变量都是关于 x, y 的函数,不随 z 变化,对原三维问题进行简化,有

$$\tau_{zx} = 0, \quad \tau_{zy} = 0, \quad \sigma_z \neq 0 \tag{2.43}$$

未知量为平行于 xOy 平面的三个应力分量 $\sigma_x, \sigma_y, \tau_{xy}$,物体在 z 方向处于自平衡状态。

(1)**平衡方程**:在弹性力学中,从物体中取出一个微元体建立平衡方程,平衡方程代表了力的平衡关系,建立了应力分量和体力分量之间的关系。

对于平面问题,在物体内的任意一点有

$$\begin{cases} \dfrac{\partial \sigma_x}{\partial x} + \dfrac{\partial \tau_{yx}}{\partial y} + F_{bx} = 0 \\[3mm] \dfrac{\partial \sigma_y}{\partial y} + \dfrac{\partial \tau_{xy}}{\partial x} + F_{by} = 0 \end{cases} \tag{2.44}$$

(2)**几何方程**:由几何方程可以得到位移和变形之间的关系。对于平面问题,在物体内的任意一点有

$$\begin{cases} \varepsilon_x = \dfrac{\partial u}{\partial x} \\[3mm] \varepsilon_y = \dfrac{\partial v}{\partial y} \\[3mm] \gamma_{xy} = \dfrac{\partial u}{\partial y} + \dfrac{\partial v}{\partial x} \end{cases} \tag{2.45}$$

$$\begin{bmatrix} \varepsilon_x \\ \varepsilon_y \\ \varepsilon_z \end{bmatrix} = \begin{bmatrix} \dfrac{\partial}{\partial x} & 0 \\[3mm] 0 & \dfrac{\partial}{\partial y} \\[3mm] \dfrac{\partial}{\partial x} & \dfrac{\partial}{\partial y} \end{bmatrix}$$

【思考题】　刚体位移

由位移 $u = 0, v = 0$ 可以得到应变分量为零,反过来,应变分量为零则位移分量不一定为零。应变分量为零时的位移即为刚体位移。刚体位移代表了物体在平面内的移动和转动。

三个应变分量均为零,即

$$\varepsilon_x = \frac{\partial u}{\partial x} = 0, \quad \varepsilon_y = \frac{\partial v}{\partial y} = 0, \quad \gamma_{xy} = \frac{\partial u}{\partial y} + \frac{\partial v}{\partial x} = 0 \tag{2.46}$$

可得

$$u = f_1(y), \quad v = f_2(x), \quad \frac{\mathrm{d}f_1(y)}{\mathrm{d}y} + \frac{\mathrm{d}f_2(x)}{\mathrm{d}x} = 0 \tag{2.47}$$

令

$$-\frac{\mathrm{d}f_1(y)}{\mathrm{d}y}=\frac{\mathrm{d}f_2(x)}{\mathrm{d}x}=c \tag{2.48}$$

式中，c 为常数。

对式(2.47)进行积分，可以将刚体位移转化为以下形式：

$$\begin{cases} u=u_0-cx \\ v=v_0+cy \end{cases} \tag{2.49}$$

当 $u_0\neq0$，$v_0=0$，$c=0$ 时，物体内任意一点都沿 x 轴方向移动相同的距离，可见 u_0 代表物体在 x 轴方向上的刚体平移。

当 $u_0=0$，$v_0\neq0$，$c=0$ 时，物体内任意一点都沿 y 轴方向移动相同的距离，可见 v_0 代表物体在 y 轴方向上的刚体平移。

当 $u_0=0$，$v_0=0$，$c\neq0$ 时，可以假定 $c>0$，此时物体内任意一点 $M(x,y)$ 的位移分量为

$$u=-cy,\quad v=cx \tag{2.50}$$

设 M 点位移与 y 轴的夹角为 α，径向线 MO 与 x 轴的夹角为 θ，刚体位移示意图如图2.13所示。

$$\tan\alpha=\frac{cy}{cx}=\frac{y}{x}=\tan\theta \tag{2.51}$$

M 点合成位移为

$$\sqrt{u^2+v^2}=\sqrt{(-cy)^2+(cx)^2}=c\sqrt{x^2+y^2}=cr \tag{2.52}$$

式中，r 为 M 点到原点的距离，可见 c 代表物体绕 z 轴的刚体转动。

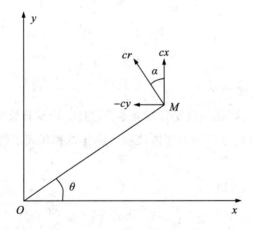

图2.13　刚体位移示意图

刚体位移在实际工程中是常见的，比如滑坡体的部分岩土体只有刚体位移。

（3）**物理方程**：对于平面应力问题，胡克定律可表示为

$$\begin{cases} \varepsilon_x = \dfrac{1}{E}(\sigma_x - \mu\sigma_y) \\[2mm] \varepsilon_y = \dfrac{1}{E}(\sigma_y - \mu\sigma_x) \\[2mm] \gamma_{xy} = \dfrac{2(1+\mu)}{E}\tau_{xy} \end{cases} \tag{2.53}$$

写成逆矩阵的形式为

$$\begin{bmatrix} \sigma_x \\ \sigma_y \\ \tau_{xy} \end{bmatrix} = \boldsymbol{\sigma} = \boldsymbol{D} \cdot \boldsymbol{\varepsilon} = \boldsymbol{D} \begin{bmatrix} \varepsilon_x \\ \varepsilon_y \\ \gamma_{xy} \end{bmatrix} = \frac{E}{1-\mu^2} \begin{bmatrix} 1 & \mu & 0 \\ \mu & 1 & 0 \\ 0 & 0 & \dfrac{1-\mu}{2} \end{bmatrix} \begin{bmatrix} \varepsilon_x \\ \varepsilon_y \\ \gamma_{xy} \end{bmatrix} \tag{2.54}$$

平面应力问题有

$$\sigma_z = 0, \quad \varepsilon_z = -\frac{\mu}{E}(\sigma_x + \sigma_y) \tag{2.55}$$

对于平面应变问题,其应力-应变关系为

$$\begin{cases} \varepsilon_x = \dfrac{1-\mu^2}{E}\left(\sigma_x - \dfrac{\mu}{1-\mu}\sigma_y\right) \\[3mm] \varepsilon_y = \dfrac{1-\mu^2}{E}\left(\sigma_y - \dfrac{\mu}{1-\mu}\sigma_x\right) \\[3mm] \gamma_{xy} = \dfrac{2(1+\mu)}{E}\tau_{xy} \end{cases} \tag{2.56}$$

写成逆矩阵的形式为

$$\begin{bmatrix} \sigma_x \\ \sigma_y \\ \tau_{xy} \end{bmatrix} = \boldsymbol{\sigma} = \boldsymbol{D} \cdot \boldsymbol{\varepsilon} = \frac{E(1-\mu)}{(1+\mu)(1-2\mu)} \begin{bmatrix} 1 & \dfrac{\mu}{1-\mu} & 0 \\ \dfrac{\mu}{1-\mu} & 1 & 0 \\ 0 & 0 & \dfrac{1-2\mu}{2(1-\mu)} \end{bmatrix} \begin{bmatrix} \varepsilon_x \\ \varepsilon_y \\ \gamma_{xy} \end{bmatrix} \tag{2.57}$$

平面应变问题有

$$\varepsilon_z = 0, \quad \sigma_z = \mu(\sigma_x + \sigma_y) \tag{2.58}$$

在平面应力问题的物理方程中,将 E 替换为 $\dfrac{E}{1-\mu^2}$,μ 替换为 $\dfrac{\mu}{1-\mu}$,可以得到平面应变问题的物理方程;在平面应变问题的物理方程中,将 E 替换为 $\dfrac{E(1+2\mu)}{(1+\mu)^2}$,$\mu$ 替换为 $\dfrac{\mu}{1+\mu}$,可以得到平面应力问题的物理方程。式(2.59a)和式(2.59b)为平面应力和平面应变的弹性矩阵。

平面应力的弹性矩阵为

$$D = \frac{E}{1-\mu^2}\begin{bmatrix} 1 & \mu & 0 \\ \mu & 1 & 0 \\ 0 & 0 & \dfrac{1-\mu}{2} \end{bmatrix} \tag{2.59a}$$

平面应变的弹性矩阵为

$$D = \frac{E(1-\mu)}{(1+\mu)(1-2\mu)}\begin{bmatrix} 1 & \dfrac{\mu}{1-\mu} & 0 \\ \dfrac{\mu}{1-\mu} & 1 & 0 \\ 0 & 0 & \dfrac{1-2\mu}{2(1-\mu)} \end{bmatrix} \tag{2.59b}$$

弹性力学平面问题可以归结为在任意形状的平面区域 Ω 内已知控制方程、在位移边界 S_u 上已知约束、在应力边界 S_σ 上已知受力条件的边值问题,然后以应力分量为基本未知量进行求解,或以位移为基本未知量进行求解,如图2.14所示。

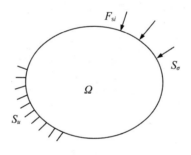

图2.14 弹性力学平面问题

如果将位移作为未知量进行求解,求出位移后,由几何方程可以计算出应变分量,得到物体的变形情况;再由物理方程计算出应力分量,得到物体的内力分布,这样就完成了对弹性力学平面问题的分析。

2.3.2 轴对称问题的弹性力学方程及其矩阵表示

2.3.2.1 柱坐标系

轴对称物体可以看作是平面图形绕平面某一轴旋转而形成的回转体。分析轴对称问题采用柱坐标系比采用直角坐标系更加方便。

设柱坐标系的空间变量是 r,θ,z,如图2.15所示,其与笛卡尔直角坐标的关系为

$$\begin{bmatrix} x \\ y \\ z \end{bmatrix} = \begin{bmatrix} r\cos\theta \\ r\sin\theta \\ z \end{bmatrix}$$

　　柱坐标系是一种正交曲线坐标系。过任意一点($r=0$的极轴上的点除外)的三个坐标面(r为常数,θ为常数,z为常数)都是彼此正交的。过一点的三个坐标面两两相交,形成三条坐标曲线,在坐标曲线上沿坐标值增长方向的单位长度的切向矢量r,θ,z称为坐标系在该点的"坐标基矢量"。显然,r垂直于r为常数的柱面,θ垂直于θ为常数的半平面(即子午面),z垂直于z为常数的平面。r与θ的方向随点的不同而不同,z的方向对各点是相同的。

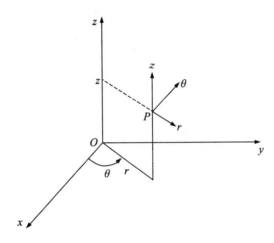

图2.15　柱坐标中P点的坐标及坐标基矢量

2.3.2.2　轴对称空间问题的变量

　　当把轴对称问题中的对称轴取为柱坐标系中的z轴时,由于轴对称的性质,一切场变量都仅与r,z有关,与θ无关。这样空间的三维问题就转化为平面的二维问题,即定义在空间域回转体的物理量简化为定义在回转体的某个子午面平面域上的物理量,如图2.16、图2.17、图2.18所示。

　　物体发生轴对称变形,各点均无环向(θ向)位移矢量,只能沿着子午面转动,即场变量只能有两个分量,则

$$\boldsymbol{u} = \begin{bmatrix} u \\ w \end{bmatrix} \text{或} \boldsymbol{u} = \begin{bmatrix} u_r \\ u_z \end{bmatrix} \tag{2.60}$$

　　物体各点的应变可以用四个分量描述(其余两个分量为零),则

$$\boldsymbol{\varepsilon} = \begin{bmatrix} \varepsilon_r & \varepsilon_\theta & \varepsilon_z & \gamma_{rz} \end{bmatrix}^{\mathrm{T}} \tag{2.61}$$

式中,$\varepsilon_r,\varepsilon_z,\gamma_{rz}$的含义类似于平面问题中的$\varepsilon_x,\varepsilon_y,\gamma_{xy}$;$\varepsilon_\theta$为环向($\theta$方向)的线应变,或者说表示过该点的圆周($r,z$不变,$\theta$为$0\sim2\pi$)的相对伸长。

　　应力也用四个分量描述(其余两个分量为零),即

$$\boldsymbol{\sigma} = \begin{bmatrix} \sigma_r & \sigma_\theta & \sigma_z & \tau_{rz} \end{bmatrix}^{\mathrm{T}} \tag{2.62}$$

式中，$\sigma_r, \sigma_z, \tau_{rz}$ 类似于平面问题中的 $\sigma_x, \sigma_y, \tau_{xy}$；$\sigma_\theta$ 为作用在子午面上垂直于子午面的正应力分量。

以上 10 个分量都只与 r, z 有关，与 θ 无关。由于各分量在每个子午面上都是一样的，分析这样的问题只要考虑一个子午面即可。因此，有限元的离散化也只需在一个子午面上进行。但应当注意，这样划分出来的单元实质上是一个环状体，而子午面上的节点实质上是一个圆周。

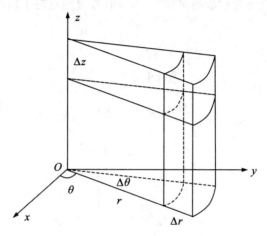

图 2.16　圆柱面空间轴对称示意图

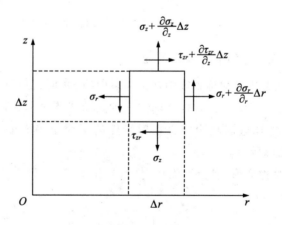

图 2.17　rOz 平面示意图

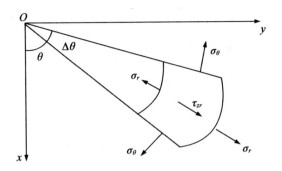

图 2.18　xOy 平面示意图

2.3.2.3　几何方程

轴对称情况下位移与应变的关系如下：

$$\boldsymbol{\varepsilon} = \begin{bmatrix} \varepsilon_r \\ \varepsilon_\theta \\ \varepsilon_z \\ \gamma_{rz} \end{bmatrix} = \begin{bmatrix} \dfrac{\partial u}{\partial r} \\[2mm] \dfrac{u}{r} \\[2mm] \dfrac{\partial w}{\partial z} \\[2mm] \dfrac{\partial u}{\partial z} + \dfrac{\partial w}{\partial r} \end{bmatrix} = \begin{bmatrix} \dfrac{\partial}{\partial r} & 0 \\[2mm] \dfrac{1}{r} & 0 \\[2mm] 0 & \dfrac{\partial}{\partial z} \\[2mm] \dfrac{\partial}{\partial z} & \dfrac{\partial}{\partial r} \end{bmatrix} \begin{bmatrix} u \\ w \end{bmatrix} \tag{2.63}$$

容易看出与平面问题相比，轴对称情况下位移与应变的关系多了一项 $\varepsilon_\theta = \dfrac{u}{r}$，即轴对称的径向位移会引起环向应变。

2.3.2.4　物理方程

根据广义胡克定律，各向同性体轴对称问题物理方程的弹性矩阵可写作

$$\boldsymbol{\sigma} = \boldsymbol{D}\boldsymbol{\varepsilon} \tag{2.64a}$$

$$\boldsymbol{D} = \frac{E(1-\mu)}{(1+\mu)(1-2\mu)} \begin{bmatrix} 1 & \dfrac{\mu}{1-\mu} & \dfrac{\mu}{1-\mu} & 0 \\[2mm] \dfrac{\mu}{1-\mu} & 1 & \dfrac{\mu}{1-\mu} & 0 \\[2mm] \dfrac{\mu}{1-\mu} & \dfrac{\mu}{1-\mu} & 1 & 0 \\[2mm] 0 & 0 & 0 & \dfrac{1-2\mu}{2(1-\mu)} \end{bmatrix} = A_3 \begin{bmatrix} 1 & A_1 & A_1 & 0 \\ A_1 & 1 & A_1 & 0 \\ A_1 & A_1 & 1 & 0 \\ 0 & 0 & 0 & A_2 \end{bmatrix}$$

$$\tag{2.64b}$$

$$A_1 = \frac{\mu}{1-\mu}, \quad A_2 = \frac{1-2\mu}{2(1-\mu)}, \quad A_3 = \frac{E(1-\mu)}{(1+\mu)(1-2\mu)} \tag{2.65}$$

式中,E 为弹性模量;μ 为泊松比;A_1,A_2,A_3 为常数。

2.3.2.5　平衡微分方程

平衡微分方程为

$$\begin{cases} \dfrac{\partial \sigma_r}{\partial r} + \dfrac{\partial \tau_{zr}}{\partial z} + \dfrac{\sigma_r - \sigma_\theta}{r} + F_{br} = 0 \\[3mm] \dfrac{\partial \tau_{rz}}{\partial r} + \dfrac{\partial \sigma_z}{\partial z} + \dfrac{\tau_{rz}}{r} + F_{bz} = 0 \end{cases} \tag{2.66}$$

式中,F_{br},F_{bz} 为体力集度分别在 r,z 方向的分量。

由切应力互等定理可知 $\tau_{zr} = \tau_{rz}$。

式(2.63)、式(2.64a)、式(2.66)共包含10个方程,即10个未知函数在域内的控制方程。当以位移 u 和 w 为基本未知量时,可以用代入法使问题归结为用位移 u 和 w 表示的两个平衡微分方程。

2.3.2.6　边界条件

轴对称物体的边界是曲面,但边界曲面在子午面上转化的边界为曲线 s。与平面问题相同,边界的每一点必须提供两个边界条件。

已知位移的点称为位移边界点,则

$$\boldsymbol{u}|_{s^u} = \begin{bmatrix} \overline{u} \\ \overline{w} \end{bmatrix}_{s^u} \tag{2.67}$$

式中,s^u 为位移边界点的集合。

已知面力矢量的点称为"力边界点"。在这些点上,应力分量与已知的面力分量 F_{sr},F_{sz} 间有如下关系:

$$\begin{bmatrix} l & 0 & 0 & n \\ 0 & 0 & n & l \end{bmatrix} \boldsymbol{\sigma} = \begin{bmatrix} F_{sr} \\ F_{sz} \end{bmatrix} \tag{2.68}$$

2.4　弹性力学的一般原理与能量原理

2.4.1　弹性力学的一般原理

弹性力学还有解的唯一性原理、叠加原理、圣维南原理(局部性原理)三个重要的基本原理。

2.4.1.1　解的唯一性原理

在满足弹性力学基本假设的基础上,对于同一个问题,弹性力学的解是唯一的。该原理表明,只要是正确的解答,其结果与采用的方法和解答的过程无关。

例 2.1　以应力边界条件为例,设有一个弹性体,所受体力为 F_b,边界上所受面力为 F_s,边界的单位法向矢量为 n,求解该弹性体的应力分布。

设该弹性力学问题有两组解答,应力分量分别为 $\sigma_{ij}^{(1)}$ 和 $\sigma_{ij}^{(2)}$。根据弹性力学原理,两组应力应分别满足平衡方程和边界条件,于是可得

$$
\begin{aligned}
\frac{\partial \sigma_{ij}^{(1)}}{\partial x_i} + F_{bj} = 0, \quad \sigma_{ij}^{(1)} n_j = F_{si} \\
\frac{\partial \sigma_{ij}^{(2)}}{\partial x_i} + F_{bj} = 0, \quad \sigma_{ij}^{(2)} n_j = F_{si}
\end{aligned}
\tag{2.69}
$$

将式(2.69)分别对应相减,可得

$$
\frac{\partial\left[\sigma_{ij}^{(1)} - \sigma_{ij}^{(2)}\right]}{\partial x_i} = 0, \quad \left[\sigma_{ij}^{(1)} - \sigma_{ij}^{(2)}\right] n_j = 0
\tag{2.70}
$$

令 $\sigma_{ij}^{(1)} - \sigma_{ij}^{(2)} = \sigma_{ij}^*$,则 σ_{ij}^* 对应于一个弹性体在一个无体力、面力作用下的应力。

根据弹性力学假设,在无体力、面力作用下,弹性体内应力为零,即

$$
\sigma_{ij}^{(1)} - \sigma_{ij}^{(2)} = \sigma_{ij}^* = 0
\tag{2.71}
$$

故 $\sigma_{ij}^{(1)} = \sigma_{ij}^{(2)}$,则两组解答是一致的。换言之,弹性力学问题的解是唯一的。

2.4.1.2　叠加原理

线弹性体在小变形情况下,多组外力同时作用所产生的应力、应变和位移等于每组外力分别作用所产生的应力、应变和位移的总和。显然,叠加原理成立的条件为小变形、线弹性的材料。

利用叠加原理,可以对受复杂外力作用的物体进行求解,即将复杂受力分解为几组简单受力情况,然后分别计算求出各组受力问题的解之后进行叠加,最终得到复杂受力问题的解。

例 2.2　以应力边界条件为例,设有一个弹性体,若施加体力 $F_b^{(1)}$、面力 $F_s^{(1)}$,弹性体内应力为 $\sigma_{ij}^{(1)}$;若施加体力 $F_b^{(2)}$、面力 $F_s^{(2)}$,弹性体内应力为 $\sigma_{ij}^{(2)}$,边界的单位法向矢量为 n。求解施加体力 $F_b^{(1)} + F_b^{(2)}$、面力 $F_s^{(1)} + F_s^{(2)}$ 后弹性体的应力分布。

根据弹性力学原理,两组应力应分别满足平衡方程和边界条件,于是可得

$$
\begin{aligned}
\frac{\partial \sigma_{ij}^{(1)}}{\partial x_i} + F_{bj}^{(1)} = 0, \quad \sigma_{ij}^{(1)} n_j = F_{si}^{(1)} \\
\frac{\partial \sigma_{ij}^{(2)}}{\partial x_i} + F_{bj}^{(2)} = 0, \quad \sigma_{ij}^{(2)} n_j = F_{si}^{(2)}
\end{aligned}
\tag{2.72}
$$

式中,n_j 为法向矢量 n 与 x,y,z 方向夹角的余弦。

将式(2.72)分别对应相加,可得

$$
\frac{\partial\left[\sigma_{ij}^{(1)} + \sigma_{ij}^{(2)}\right]}{\partial x_i} + \left[F_{bj}^{(1)} + F_{bj}^{(2)}\right] = 0, \quad \left[\sigma_{ij}^{(1)} + \sigma_{ij}^{(2)}\right] n_j = \left[F_{si}^{(1)} + F_{si}^{(2)}\right]
\tag{2.73}
$$

因此，$\left[\sigma_{ij}^{(1)}+\sigma_{ij}^{(2)}\right]$ 对应于一个弹性体在体力 $F_{\mathrm{b}}^{(1)}+F_{\mathrm{b}}^{(2)}$、面力 $F_{\mathrm{s}}^{(1)}+F_{\mathrm{s}}^{(2)}$ 作用下的应力。此即为弹性力学解的叠加原理。

2.4.1.3 圣维南原理(局部性原理)

圣维南原理是弹性力学中一个说明局部效应的原理，是法国力学家圣维南(Saint Venan)于1855年提出的，其内容是：**分布于弹性体上一小块面积(或体积)内的荷载所引起的物体中的应力，在离荷载作用区稍远的地方，基本上只同荷载的合力和合力矩有关；荷载的具体分布只影响荷载作用区附近的应力分布。**还有一种等价的说法：如果作用在弹性体某一小块面积(或体积)上的荷载的合力和合力矩都等于零，则在远离荷载作用区的地方，应力就小得几乎等于零。不少学者研究过圣维南原理的正确性，结果发现，它在大部分实际问题中成立。

圣维南原理在实际应用和理论上都有重要意义，其主要作用为简化边界条件。应力、位移等未知函数必须满足求解域内的基本方程和边界上的边界条件，但数学上往往难以满足边界条件，而圣维南原理可以用于简化小边界上的应力边界条件；如果把物体的一小部分边界上的面力变换为分布不同但静力等效的面力(主矢量相同，对同一点的主矩也相同)，那么，近处的应力分量将有显著的改变，但远处的应力分量所受影响可以忽略不计。

例2.3 设悬臂梁自由端有集中力 F 作用，梁高 $2h$，厚度为 δ，跨度为 l，如图2.19所示。梁自由端无轴向应力，顶部和底部没有荷载作用，请写出边界条件。

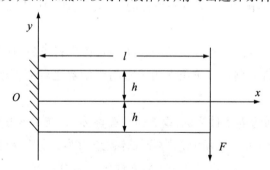

图2.19 物体受力示意图

主要边界上(即上、下表面)，严格满足边界条件

$$(\sigma_y)_{y=\pm h}=l, \quad (\tau_{xy})_{y=\pm h}=0$$

次要边界上(即左侧)，根据圣维南原理，主矢量相同、主矩相同，即

$$(\sigma_x)_{x=l}=0$$

$$F=-\int_{-h}^{h}\tau_{xy}\delta\mathrm{d}y$$

因此，该问题的边界条件如下：

$$\begin{cases} (\sigma_x)_{x=0} = 0 \\ (\tau_{xy})_{y=\pm h} = 0 \\ (\sigma_y)_{y=\pm h} = 0 \\ F = -\int_{-h}^{h} \tau_{xy}\delta\mathrm{d}y \end{cases} \tag{2.74}$$

2.4.2 弹性力学的能量原理

能量法是把弹性力学基本方程的定解问题变为求泛函的极值(或驻值)问题的方法。在求问题的近似解时,泛函的极值(或驻值)问题又进而变成函数的极值(或驻值)问题,从而把问题归结为求解线性方程组。这是有限元等数值计算方法和半解析法的理论基础。

弹性问题中的**自然能量包括两类:外力功和应变能**,分别对应外部施加的能量和弹性体内储存的弹性能量。

2.4.2.1 弹性体的虚功原理

满足式(2.75)的应力分量称为"静力可能的应力"。为了区别真实的应力,用 σ_{ij}^* 表示静力可能的应力。静力可能的应力未必是真实的应力,因为真实的应力在弹性体内须满足以应力表示的应变协调方程,而对应的位移还须满足位移边界 S_u 上的位移边界条件。但反之,真实的应力必然是静力可能的应力。

$$\begin{cases} \sigma_{ij,j}^* + F_{bi} = 0 \quad (\text{在体内}) \\ F_{si} = \sigma_{ij}^* n_j \quad (\text{在已知应力边界} S_\sigma \text{上}) \end{cases} \tag{2.75}$$

满足式(2.76)的位移分量称为"几何可能的位移"。为了区别真实的位移,用 u_i^* 表示几何可能的位移,相应的应变记作 ε_{ij}^*。几何可能的位移未必是真实的位移,因为真实的位移在体内须满足以位移表示的平衡微分方程,在面力已知的应力边界 S_σ 上,须满足以位移表示的应力边界条件。但反之,真实的位移必然是几何可能的位移。

$$\begin{cases} \varepsilon_{ij}^* = \dfrac{1}{2}(u_{i,j}^* + u_{j,i}^*) \quad (\text{在体内}) \\ u_i^* = \bar{u}_i \quad (\text{在已知位移边界} S_u \text{上}) \end{cases} \tag{2.76}$$

对于上述的静力可能的应力 σ_{ij}^* 和几何可能的位移 u_i^* 及其对应的应变 ε_{ij}^*,不难证明,有以下恒等式:

$$\int_V F_{bi} u_i^* \mathrm{d}V + \int_S F_{si} u_i^* \mathrm{d}S = \int_V \sigma_{ij}^* \varepsilon_{ij}^* \mathrm{d}V \tag{2.77}$$

式(2.77)揭示的功能关系称为弹性体的"虚功原理"。它可表述为:在弹性体上,外力在任意一组几何可能位移上所做的功,等于任意一组静力可能的应力在与上述几何可能位移所对应的应变上所做的功。

下面证明上述虚功原理。

证明 $\sigma_{ij}^*\varepsilon_{ij}^* = \dfrac{1}{2}\sigma_{ij}^*(u_{i,j}^*+u_{j,i}^*) = \dfrac{1}{2}\sigma_{ij}^*u_{i,j}^* + \dfrac{1}{2}\sigma_{ji}^*u_{j,i}^* = \sigma_{ij}^*u_{i,j}^* = (\sigma_{ij}^*u_i^*)_{,j} - u_i^*\sigma_{ij,j}^*$ （2.78）

$$\int_V \sigma_{ij}^*\varepsilon_{ij}^* \mathrm{d}V = \int_V (\sigma_{ij}^*u_i^*)_{,j}\mathrm{d}V - \int_V u_i^*\sigma_{ij,j}^*\mathrm{d}V$$

$$= \int_S u_i^*\sigma_{ij}^*n_j\mathrm{d}S - \int_V u_i^*\sigma_{ij,j}^*\mathrm{d}V \qquad (2.79)$$

$$= \int_S F_{si}u_i^*\mathrm{d}S + \int_V F_{bi}u_i^*\mathrm{d}V$$

需要指出的是：

（1）在小变形的前提下，虚功原理适用于任何材料。

（2）式（2.78）和式（2.79）从平衡微分方程、应力边界条件、几何方程和位移边界条件出发，证明了虚功原理的成立；反之，也可利用虚功原理推导出平衡微分方程、应力边界条件、几何方程和位移边界条件，其步骤与上述步骤相反。

（3）虚功原理中的静力可能的应力 σ_{ij}^* 和几何可能的位移 u_i^* 及其对应的应变 ε_{ij}^*，可以是同一弹性体的两种不同的受力状态和变形状态，二者彼此独立而无任何的关系。但当静力可能的应力 σ_{ij}^* 和几何可能的应变 ε_{ij}^* 服从物理方程时，为真实的应力、应变和位移，即 $\sigma_{ij}^*=\sigma_{ij},\varepsilon_{ij}^*=\varepsilon_{ij},u_i^*=u_i$。此时，虚功原理变为

$$\int_V F_{bi}u_i^*\mathrm{d}V + \int_S F_{si}u_i^*\mathrm{d}S = \int_V \sigma_{ij}^*\varepsilon_{ij}^*\mathrm{d}V \qquad (2.80)$$

$$\int_V F_{bi}u_i\mathrm{d}V + \int_{S_s}\overline{F}_{si}u_i\mathrm{d}S + \int_{S_u}\sigma_{ij}n_j\overline{u}_i\mathrm{d}S = \int_V \sigma_{ij}\varepsilon_{ij}\mathrm{d}V \qquad (2.81)$$

虚功原理是弹性力学中的一个普遍的能量原理，由此可以推导出弹性力学的两个重要的变分原理：最小势能原理和最小余能原理。

2.4.2.2 功的互等定理

设同一弹性体在两种不同受力和变形状态下，体力、面力、应力、应变和位移分别为：

$$第一状态 \quad F_{bi}^{(1)} \quad F_{si}^{(1)} \quad \overline{u}_i^{(1)} \quad \sigma_{ij}^{(1)} \quad \varepsilon_{ij}^{(1)} \quad u_i^{(1)}$$
$$第二状态 \quad F_{bi}^{(2)} \quad F_{si}^{(2)} \quad \overline{u}_i^{(2)} \quad \sigma_{ij}^{(2)} \quad \varepsilon_{ij}^{(2)} \quad u_i^{(2)}$$

由于两种状态的应力、应变、位移都是真实解，因此，它们分别为静力可能的和几何可能的。

现在把第一状态的应力取为静力可能的应力，把第二状态的位移和应变取为几何可能的位移和应变，于是由虚功原理得

$$\int_V F_{bi}^{(1)}u_i^{(2)}\mathrm{d}V + \int_S F_{si}^{(1)}u_i^{(2)}\mathrm{d}S = \int_V \sigma_{ij}^{(1)}\varepsilon_{ij}^{(2)}\mathrm{d}V \qquad (2.82)$$

同理，把第二状态的应力取为静力可能的应力，把第一状态的位移和应变取为几何可能的位移和应变，于是由虚功原理得

$$\int_V F_{bi}^{(2)} u_i^{(1)} \mathrm{d}V + \int_S F_{si}^{(2)} u_i^{(1)} \mathrm{d}S = \int_V \sigma_{ij}^{(2)} \varepsilon_{ij}^{(1)} \mathrm{d}V \tag{2.83}$$

由

$$\sigma_{ij} = \lambda \varepsilon_{kk} \delta_{ij} + 2G \varepsilon_{ij} \tag{2.84}$$

$$\begin{aligned}
\int_V \sigma_{ij}^{(2)} \varepsilon_{ij}^{(1)} \mathrm{d}V &= \int_V (\lambda \varepsilon_{kk}^{(2)} \delta_{ij} + 2G \varepsilon_{ij}^{(2)}) \varepsilon_{ij}^{(1)} \mathrm{d}V \\
&= \int_V (\lambda \varepsilon_{kk}^{(2)} \varepsilon_{ss}^{(1)} + 2G \varepsilon_{ij}^{(2)} \varepsilon_{ij}^{(1)}) \mathrm{d}V
\end{aligned} \tag{2.85}$$

$$\begin{aligned}
\int_V \sigma_{ij}^{(1)} \varepsilon_{ij}^{(2)} \mathrm{d}V &= \int_V (\lambda \varepsilon_{kk}^{(1)} \delta_{ij} + 2G \varepsilon_{ij}^{(1)}) \varepsilon_{ij}^{(2)} \mathrm{d}V \\
&= \int_V (\lambda \varepsilon_{kk}^{(1)} \varepsilon_{ss}^{(2)} + 2G \varepsilon_{ij}^{(1)} \varepsilon_{ij}^{(2)}) \mathrm{d}V
\end{aligned} \tag{2.86}$$

式中,G 为剪切模量。

可以看出,式(2.85)和式(2.86)等式右侧相等,即

$$\int_V \sigma_{ij}^{(1)} \varepsilon_{ij}^{(2)} \mathrm{d}V = \int_V \sigma_{ij}^{(2)} \varepsilon_{ij}^{(1)} \mathrm{d}V \tag{2.87}$$

将式(2.87)代入式(2.82)、式(2.83),可得

$$\int_V F_{bi}^{(1)} u_i^{(2)} \mathrm{d}V + \int_S F_{si}^{(1)} u_i^{(2)} \mathrm{d}S = \int_V F_{bi}^{(2)} u_i^{(1)} \mathrm{d}V + \int_S F_{si}^{(2)} u_i^{(1)} \mathrm{d}S \tag{2.88}$$

这就是功的互等定理(贝蒂互换定理),可具体表述为:作用在弹性体上第一状态的外力在第二状态位移上所做的功,等于第二状态的外力在第一状态位移上所做的功。

2.4.2.3　位移变分方程(最小势能原理)(※选修内容)

在虚功原理中,如果取真实的应力为静力可能的应力,则可得到弹性体的虚位移原理。

设几何可能的位移为

$$u_i^* = u_i + \delta u_i \tag{2.89}$$

式中,u_i 为真实位移;δu_i 表示与真实位移邻近的位移的微小改变量,称为"虚位移"。

因为真实位移 u_i 满足位移边界条件,所以要求 u_i^* 位移边界条件,必须有

$$\delta u_i = 0 \quad (在位移边界 S_u 上) \tag{2.90}$$

将式(2.89)几何可能的位移代入几何方程,有

$$\varepsilon_{ij}^* = \frac{1}{2}(u_{i,j}^* + u_{j,i}^*) = \frac{1}{2}(u_{i,j} + u_{j,i}) + \frac{1}{2}(\delta u_{i,j} + \delta u_{j,i}) \tag{2.91}$$

式(2.91)等号右边第一项即为真实的应变 ε_{ij},而第二项表示由虚位移所产生的虚应变 $\delta \varepsilon_{ij}$,即

$$\varepsilon_{ij}^* = \varepsilon_{ij} + \delta \varepsilon_{ij} \tag{2.92}$$

取真实的应力作为静力可能的应力 $\sigma_{ij}^* = \sigma_{ij}$,则有

$$\int_V F_{bi} u_i^* \mathrm{d}V + \int_S F_{si} u_i^* \mathrm{d}S = \int_V \sigma_{ij}^* \varepsilon_{ij}^* \mathrm{d}V \tag{2.93}$$

$$\int_V F_{bi}(u_i + \delta u_i)\mathrm{d}V + \int_{S_s} F_{si}(u_i + \delta u_i)\mathrm{d}S + \int_{S_u} \sigma_{ij} n_j \overline{u}_i \mathrm{d}S = \int_V \sigma_{ij}(\varepsilon_{ij} + \delta \varepsilon_{ij})\mathrm{d}V \tag{2.94}$$

$$\int_V F_{bi} u_i \mathrm{d}V + \int_{S_s} F_{si} u_i \mathrm{d}S + \int_{S_u} \sigma_{ij} n_j \overline{u}_i \mathrm{d}S = \int_V \sigma_{ij} \varepsilon_{ij} \mathrm{d}V \tag{2.95}$$

将式(2.94)、式(2.95)相减得

$$\int_V F_{bi} \delta u_i \mathrm{d}V + \int_{S_s} F_{si} \delta u_i \mathrm{d}S = \int_V \sigma_{ij} \delta \varepsilon_{ij} \mathrm{d}V \tag{2.96}$$

式(2.96)称为"位移变分方程",又称"虚位移方程",它表示外力在虚位移上做的虚功,等于弹性体的真实内力在相应虚位移上做的虚功。从位移变分方程出发可以推导最小势能原理。

由格林公式

$$\sigma_{ij} = \frac{\partial v_\varepsilon}{\partial \varepsilon_{ij}} \tag{2.97}$$

得

$$\sigma_{ij}\delta \varepsilon_{ij} = \frac{\partial v_\varepsilon}{\partial \varepsilon_{ij}} \delta \varepsilon_{ij} = \delta v_\varepsilon \tag{2.98}$$

$$\int_V F_{bi} \delta u_i \mathrm{d}V + \int_{S_s} F_{si} \delta u_i \mathrm{d}S = \int_V \delta v_\varepsilon \mathrm{d}V \tag{2.99}$$

式中,v_ε 为应变能密度。

因为几何可能的位移与真实应力无关,因此,可认为在产生虚位移过程中外力保持不变,并且变分和积分两种运算可交换次序,于是式(2.99)又可写为

$$\delta\left(\int_V v_\varepsilon \mathrm{d}V - \int_V F_{bi} u_i \mathrm{d}V - \int_{S_s} F_{si} u_i \mathrm{d}S\right) = 0 \tag{2.100}$$

令

$$E_p = \int_V v_\varepsilon \mathrm{d}V - \int_V F_{bi} u_i \mathrm{d}V - \int_{S_s} F_{si} u_i \mathrm{d}S \tag{2.101}$$

得

$$\delta E_p = 0 \tag{2.102}$$

E_p 称为"总势能",它是应变分量和位移分量的泛函。因应变分量能通过几何方程用位移表示,所以它又是位移分量的泛函。式(2.102)表明,当位移从真实的位移 u_i 变化到几何可能的位移 $u_i + \delta u_i$ 时,总势能的一阶变分为零,可见真实位移使总势能取驻值。事实上,对于稳定平衡状态,总势能实际上取最小值。

可以证明,对于稳定平衡状态,总势能取最小值,即有关系式

$$E_p(\varepsilon_{ij}^*) > E_p(\varepsilon_{ij}) \tag{2.103}$$

这就是最小势能原理,可具体表述为:在所有几何可能的位移中,真实的位移使总势

能取最小值。最小势能原理等价于以位移表示的平衡微分方程和以位移表示的应力边界条件。

对于一些按实际情况简化了的弹性力学问题,可以通过最小势能原理导出其必须适合的微分方程和边界条件。

例2.4 图2.20为直梁的简化力学模型,其横截面有一铅直的对称轴,分布荷载$q(x)$就作用在包含该轴的铅直平面内。在直梁两端施加适当的约束,使直梁不能产生整体的刚性位移,或者作用适当的剪力和弯矩,使直梁保持平衡。图中,M_0,M_L为两端点处的弯矩,F_{s0},F_{sL}为两端点所受的剪力。现在,利用最小势能原理推导用梁的挠度表示的平衡微分方程和应力边界条件。

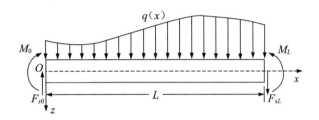

图2.20　直梁的简化力学模型

根据平截面假设,直梁的任意一个横截面x上与中性层相聚为z的点的位移u为

$$u = -z\frac{\mathrm{d}w}{\mathrm{d}x}, \quad w = w(x) \tag{2.104}$$

式中,$w(x)$为梁的轴线的挠度。

由几何方程,可得

$$\varepsilon_x = \frac{\partial u}{\partial x} = -z\frac{\mathrm{d}^2 w}{\mathrm{d}x^2} \tag{2.105}$$

再由直梁的纵向纤维间无挤压的假设,可认为直梁处于单向应力状态,于是应变能密度v_ε为

$$v_\varepsilon = \frac{1}{2}\sigma_x \varepsilon_x = \frac{1}{2}E\varepsilon_x^2 = \frac{1}{2}Ez^2\left(\frac{\mathrm{d}^2 w}{\mathrm{d}x^2}\right)^2 \tag{2.106}$$

对直梁整体进行积分,得直梁的总应变能V_ε为

$$V_\varepsilon = \iiint v_\varepsilon \mathrm{d}x\mathrm{d}y\mathrm{d}z = \frac{1}{2}\int_0^L\left[\iint_R Ez^2\left(\frac{\mathrm{d}^2 w}{\mathrm{d}x^2}\right)^2 \mathrm{d}y\mathrm{d}z\right]\mathrm{d}x = \frac{1}{2}\int_0^L EI_y\left(\frac{\mathrm{d}^2 w}{\mathrm{d}x^2}\right)^2 \mathrm{d}x \tag{2.107}$$

式中,R为梁横截面组成的区域;I_y为横截面对中性轴y的惯性矩,即

$$I_y = \iint_R z^2 \mathrm{d}y\mathrm{d}z \tag{2.108}$$

本问题的面力边界条件为梁的上下表面和两端部,若作用在其上的荷载方向如图2.20所示,则这些荷载所做的功为

$$W = \int_0^L qw\mathrm{d}x - F_{s0}w_0 + M_0\left(\frac{\mathrm{d}w}{\mathrm{d}x}\right)_0 + F_{sL}w_L - M_L\left(\frac{\mathrm{d}w}{\mathrm{d}x}\right)_L \tag{2.109}$$

式中,w_0 和 w_L 为梁的轴线两端点的挠度。

梁的总势能为

$$E_p = V_\varepsilon - W$$

$$= \frac{1}{2}\int_0^L EI_y\left(\frac{\mathrm{d}^2 w}{\mathrm{d}x^2}\right)^2\mathrm{d}x - \int_0^L qw\mathrm{d}x + F_{s0}w_0 - M_0\left(\frac{\mathrm{d}w}{\mathrm{d}x}\right)_0 - F_{sL}w_L + M_L\left(\frac{\mathrm{d}w}{\mathrm{d}x}\right)_L \tag{2.110}$$

对总势能求变分,并令它等于零,得

$$\delta E_p = \frac{1}{2}\int_0^L EI_y\delta\left(\frac{\mathrm{d}^2 w}{\mathrm{d}x^2}\right)^2\mathrm{d}x - \int_0^L q\delta w\mathrm{d}x + F_{s0}\delta w_0 - M_0\delta\left(\frac{\mathrm{d}w}{\mathrm{d}x}\right)_0$$

$$- F_{sL}\delta w_L + M_L\delta\left(\frac{\mathrm{d}w}{\mathrm{d}x}\right)_L \tag{2.111}$$

$$= \frac{1}{2}\int_0^L EI_y\delta\left(\frac{\mathrm{d}^2 w}{\mathrm{d}x^2}\right)^2\mathrm{d}x - \int_0^L q\delta w\mathrm{d}x + \left[M\delta\left(\frac{\mathrm{d}w}{\mathrm{d}x}\right)\right]_0^L - \left(F_s\delta w\right)_0^L$$

$$= 0$$

计算式(2.111)的第一个积分,得

$$\frac{1}{2}\int_0^L EI_y\delta\left(\frac{\mathrm{d}^2 w}{\mathrm{d}x^2}\right)^2\mathrm{d}x = \int_0^L EI_y\frac{\mathrm{d}^2 w}{\mathrm{d}x^2}\delta\left(\frac{\mathrm{d}^2 w}{\mathrm{d}x^2}\right)\mathrm{d}x$$

$$= \int_0^L EI_y\frac{\mathrm{d}^2 w}{\mathrm{d}x^2}\mathrm{d}\left[\delta\left(\frac{\mathrm{d}w}{\mathrm{d}x}\right)\right]$$

$$= \left[EI_y\frac{\mathrm{d}^2 w}{\mathrm{d}x^2}\delta\left(\frac{\mathrm{d}w}{\mathrm{d}x}\right)\right]_0^L - \int_0^L \frac{\mathrm{d}}{\mathrm{d}x}\left(EI_y\frac{\mathrm{d}^2 w}{\mathrm{d}x^2}\right)\mathrm{d}(\delta w) \tag{2.112}$$

$$= \left[EI_y\frac{\mathrm{d}^2 w}{\mathrm{d}x^2}\delta\left(\frac{\mathrm{d}w}{\mathrm{d}x}\right)\right]_0^L - \left[\delta w\frac{\mathrm{d}}{\mathrm{d}x}\left(EI_y\frac{\mathrm{d}^2 w}{\mathrm{d}x^2}\right)\right]_0^L$$

$$+ \int_0^L\left[\frac{\mathrm{d}^2}{\mathrm{d}x^2}\left(EI_y\frac{\mathrm{d}^2 w}{\mathrm{d}x^2}\right)\right]\delta w\mathrm{d}x$$

将式(2.112)代入式(2.111)得

$$\int_0^L\left[\frac{\mathrm{d}^2}{\mathrm{d}x^2}\left(EI_y\frac{\mathrm{d}^2 w}{\mathrm{d}x^2}\right) - q\right]\delta w\mathrm{d}x + \left[\left(EI_y\frac{\mathrm{d}^2 w}{\mathrm{d}x^2} + M\right)\delta\left(\frac{\mathrm{d}w}{\mathrm{d}x}\right)\right]_0^L - \left\{\left[\frac{\mathrm{d}}{\mathrm{d}x}\left(EI_y\frac{\mathrm{d}^2 w}{\mathrm{d}x^2}\right) + F_s\right]\delta w\right\}_0^L = 0 \tag{2.113}$$

由于梁的长度 L 是完全任意的,故式(2.113)成立的条件为

$$\frac{\mathrm{d}^2}{\mathrm{d}x^2}\left(EI_y\frac{\mathrm{d}^2 w}{\mathrm{d}x^2}\right) = q \quad (0 \leqslant x \leqslant L) \tag{2.114a}$$

$$\left.\begin{array}{l}\left(EI_y\dfrac{\mathrm{d}^2w}{\mathrm{d}x^2}+M\right)\delta\left(\dfrac{\mathrm{d}w}{\mathrm{d}x}\right)=0 \\[4mm] \left[\dfrac{\mathrm{d}}{\mathrm{d}x}\left(EI_y\dfrac{\mathrm{d}^2w}{\mathrm{d}x^2}\right)+F_s\right]\delta w=0\end{array}\right\}\quad(x=0,L)\qquad(2.114\mathrm{b})$$

式(2.114a)即为挠曲线的微分方程,式(2.114b)即为位移形式的边界条件。

下面由位移形式的边界条件导出以挠度表示的梁的各种支承的力的边界条件。

(1)固定端:$w=\dfrac{\mathrm{d}w}{\mathrm{d}x}=0$,因此位移边界条件自然满足。

(2)简支端:由 $w=0\Rightarrow\delta w=0$,$\delta\left(\dfrac{\mathrm{d}w}{\mathrm{d}x}\right)\neq0$,得

$$EI_y\frac{\mathrm{d}^2w}{\mathrm{d}x^2}=-M\qquad(2.115)$$

式(2.115)表示梁的简支端受弯矩作用的力的边界条件。如果没有弯矩作用,则式(2.115)可简化为

$$\frac{\mathrm{d}^2w}{\mathrm{d}x^2}=0\qquad(2.116)$$

(3)自由端:由 $\delta w\neq0$,$\delta\left(\dfrac{\mathrm{d}w}{\mathrm{d}x}\right)\neq0$,得

$$EI_y\frac{\mathrm{d}^2w}{\mathrm{d}x^2}=-M$$
$$\frac{\mathrm{d}}{\mathrm{d}x}\left(EI_y\frac{\mathrm{d}^2w}{\mathrm{d}x^2}\right)=-F_s\qquad(2.117)$$

式(2.117)表示梁的自由端受弯矩和剪力作用的力的边界条件,其中 M 为梁所受弯矩。如果没有弯矩或剪力,或者弯矩和剪力全为零作用,则可进行相应的简化。

2.4.2.4　瑞利-里茨法和伽辽金法(※选修内容)

(1)瑞利-里茨法(位移边界条件):

根据最小势能原理,只要能够列出所有可能的位移(满足位移边界条件),则其中使总势能取最小值的那组位移分量就是所要求的真实位移。实际上要列出所有可能位移非常困难,甚至是不可能的。

在求解实际问题时,只能凭经验和直觉来缩小寻找的范围,在缩小范围的一簇位移中,可能挑到一组位移分量使总势能取最小值。这样一组位移可能不是真实的,但它是缩小范围后的一簇位移中与真实位移最接近的一组,因此可以作为问题的近似解。

基于以上思想,可将位移分量选择如下:

$$\begin{cases} u = u_0(x,y,z) + \sum_{m=1}^{n} A_m u_m(x,y,z) \\[2mm] v = v_0(x,y,z) + \sum_{m=1}^{n} B_m v_m(x,y,z) \quad (m=1,2,\cdots,n) \\[2mm] w = w_0(x,y,z) + \sum_{m=1}^{n} C_m w_m(x,y,z) \end{cases} \tag{2.118}$$

式中，u_0，v_0，w_0 和 u_m，v_m，w_m 都是坐标 x，y，z 的已知函数；A_m，B_m，C_m 为任意常数，并且在边界上有

$$u_0 = \overline{u}, \quad v_0 = \overline{v}, \quad w_0 = \overline{w}$$
$$u_m = 0, \quad v_m = 0, \quad w_m = 0 \tag{2.119}$$

这样，按上述模式给出的位移，不论 A_m，B_m，C_m 取何值，它们总是满足位移边界条件的。

为了适当选取 A_m，B_m，C_m，使总势能在上述位移模式中取最小值，先将上述位移分量代入几何方程求应变分量，再代入总势能的表达式可得

$$E_p = E_p(A_m, B_m, C_m) \tag{2.120}$$

这样就可以把求泛函的极值问题变成求函数的极值问题。总势能取极值的条件为

$$\frac{\partial E_p}{\partial A_m} = 0, \quad \frac{\partial E_p}{\partial B_m} = 0, \quad \frac{\partial E_p}{\partial C_m} = 0 \tag{2.121}$$

式（2.121）是一组以 A_m，B_m，C_m 为未知数的线性非齐次代数方程组，解出了系数 A_m，B_m，C_m 后，代入位移模式中，就得到了位移的近似解答，这种方法被称为"瑞利-里茨法"。

（2）伽辽金法（位移边界条件和面力边界条件）：

式（2.96）等式右侧为

$$\begin{aligned} \int_V \sigma_{ij}\delta\varepsilon_{ij}\mathrm{d}V &= \int_V \sigma_{ij}\frac{1}{2}\left(\delta u_{i,j} + \delta u_{j,i}\right)\mathrm{d}V \\ &= \int_V \sigma_{ij}\delta u_{i,j}\mathrm{d}V \\ &= \int_V (\sigma_{ij}\delta u_i)_{,j}\mathrm{d}V - \int_V \sigma_{ij,j}\delta u_i\mathrm{d}V \\ &= \int_{S_\sigma} \sigma_{ij}n_j\delta u_i\mathrm{d}S - \int_V \sigma_{ij,j}\delta u_i\mathrm{d}V \end{aligned} \tag{2.122}$$

将式（2.122）代入式（2.96）得

$$\int_V (\sigma_{ij,j} + F_{bi})\delta u_i\mathrm{d}V + \int_{S_\sigma} (F_{si} - \sigma_{ij}n_j)\delta u_i\mathrm{d}S = 0 \tag{2.123}$$

如果选择的位移函数式（2.118）不仅满足 S_u 上的位移边界条件，而且还满足 S_σ 上的应力边界条件，则

$$\int_V (\sigma_{ij,j} + F_{bi})\delta u_i \mathrm{d}V = 0 \tag{2.124}$$

$$\iiint_V \left[\left(\frac{\partial \sigma_x}{\partial x} + \frac{\partial \tau_{xy}}{\partial y} + \frac{\partial \tau_{xz}}{\partial z} + F_{bx} \right)\delta u + \left(\frac{\partial \tau_{xy}}{\partial x} + \frac{\partial \sigma_y}{\partial y} + \frac{\partial \tau_{yz}}{\partial z} + F_{by} \right)\delta v \right.$$

$$\left. + \left(\frac{\partial \tau_{xz}}{\partial x} + \frac{\partial \tau_{yz}}{\partial y} + \frac{\partial \sigma_z}{\partial z} + F_{bz} \right)\delta w \right]\mathrm{d}V = 0 \tag{2.125}$$

将位移函数代入几何方程求应变分量,再通过物理方程求应力分量,然后代入式 (2.125),即

$$\delta u = \sum_m u_m \delta A_m, \quad \delta v = \sum_m v_m \delta B_m, \quad \delta w = \sum_m w_m \delta C_m \tag{2.126}$$

$$\sum_m \iiint_V \left[\left(\frac{\partial \sigma_x}{\partial x} + \frac{\partial \tau_{xy}}{\partial y} + \frac{\partial \tau_{xz}}{\partial z} + F_{bx} \right)u_m \delta A_m + \left(\frac{\partial \tau_{xy}}{\partial x} + \frac{\partial \sigma_y}{\partial y} + \frac{\partial \tau_{yz}}{\partial z} + F_{by} \right)v_m \delta B_m \right.$$

$$\left. + \left(\frac{\partial \tau_{xz}}{\partial x} + \frac{\partial \tau_{yz}}{\partial y} + \frac{\partial \sigma_z}{\partial z} + F_{bz} \right)w_m \delta C_m \right]\mathrm{d}V = 0 \tag{2.127}$$

由于 $\delta A_m, \delta B_m, \delta C_m$ 彼此独立且完全任意,故式(2.127)成立的条件为

$$\begin{cases} \iiint_V \left(\dfrac{\partial \sigma_x}{\partial x} + \dfrac{\partial \tau_{xy}}{\partial y} + \dfrac{\partial \tau_{xz}}{\partial z} + F_{bx} \right)u_m \mathrm{d}V = 0 \\[2mm] \iiint_V \left(\dfrac{\partial \tau_{xy}}{\partial x} + \dfrac{\partial \sigma_y}{\partial y} + \dfrac{\partial \tau_{yz}}{\partial z} + F_{by} \right)v_m \mathrm{d}V = 0 \\[2mm] \iiint_V \left(\dfrac{\partial \tau_{xz}}{\partial x} + \dfrac{\partial \tau_{yz}}{\partial y} + \dfrac{\partial \sigma_z}{\partial z} + F_{bz} \right)w_m \mathrm{d}V = 0 \end{cases} \tag{2.128}$$

关于 A_m, B_m, C_m 的线性非齐次代数方程组,求解后代入位移函数即可得到近似解答。式(2.128)也可用位移分量表示为

$$\begin{cases} \iiint_V \left[(\lambda + G) \dfrac{\partial \theta}{\partial x} + G\nabla^2 u + F_{bx} \right]u_m \mathrm{d}V = 0 \\[2mm] \iiint_V \left[(\lambda + G) \dfrac{\partial \theta}{\partial y} + G\nabla^2 v + F_{by} \right]v_m \mathrm{d}V = 0 \\[2mm] \iiint_V \left[(\lambda + G) \dfrac{\partial \theta}{\partial x} + G\nabla^2 w + F_{bz} \right]w_m \mathrm{d}V = 0 \end{cases} \tag{2.129}$$

式中,λ 为拉梅常数,描述了材料在拉伸时的刚度。

例 2.5 两端简支等截面梁的受力示意图如图 2.21 所示,梁长 l 受均匀分布荷载 $q(x)$ 作用,试求解梁的挠度 $w(x)$。

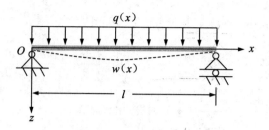

图 2.21 两端简支等截面梁的受力示意图

解法一：用瑞利-里茨法求解。

本问题的总势能为

$$E_p = \frac{EI_y}{2} \int_0^l \left(\frac{\mathrm{d}^2 w}{\mathrm{d}x^2} \right)^2 \mathrm{d}x - \int_0^l qw \mathrm{d}x \tag{2.130}$$

式中，$w = w(x)$，$q = q(x)$。

为使两端的约束条件得到满足，即要求 $x = 0, l$ 处，$w = 0$，所以，取挠度（即位移函数）为

$$w = \sum_m C_m \sin \frac{m\pi x}{l}, \quad m = 1, 2, 3, \cdots \tag{2.131}$$

总势能为

$$E_p = \frac{EI_y \pi^4}{4l^3} \sum_{m=1,3,5,\cdots} m^4 C_m^2 - \frac{2ql}{\pi} \sum_{m=1,3,5,\cdots} \frac{C_m}{m} \tag{2.132}$$

由

$$\frac{\partial E_p}{\partial C_m} = 0 \tag{2.133}$$

得

$$\begin{cases} \dfrac{EI_y \pi^4}{2l^3} m^4 C_m - \dfrac{2ql}{\pi m} = 0 & (m \text{为奇数}) \\ \dfrac{EI_y \pi^4}{2l^3} m^4 C_m = 0 & (m \text{为偶数}) \end{cases} \tag{2.134}$$

$$\begin{cases} C_m = \dfrac{4ql^4}{EI_y \pi^5 m^5} = 0 & (m \text{为奇数}) \\ C_m = 0 & (m \text{为偶数}) \end{cases} \tag{2.135}$$

$$w = \frac{4ql^4}{EI_y \pi^5} \sum_{m=1,3,5,\cdots} \frac{1}{m^5} \sin \frac{m\pi x}{l} \tag{2.136}$$

如果上述挠度表达式取无穷多项，即为无穷级数，则它恰好给出了问题的精确值。最大挠度发生在梁的中间，即 $x = l/2$ 处，于是有

$$w = \frac{4ql^4}{EI_y \pi^5} \left(1 - \frac{1}{3^5} + \frac{1}{5^5} - \frac{1}{7^5} + \frac{1}{9^5} - \cdots \right) \tag{2.137}$$

若只取一项，则可得 $w = \dfrac{ql^4}{76.6EI_y}$，与精确值十分接近（材料力学解析解

为 $w = \dfrac{ql^4}{76.8EI_y}$）。

解法二：用伽辽金法求解。

本问题的应力边界条件为两端的弯矩为零，以及 $x = 0$，简支梁长度为 l 时端点的弯矩 $M_y = 0$。位移函数式（2.131）显然满足此条件。

对于本问题，伽辽金线性非齐次代数方程组变为

$$\int_0^l \left(EI_y \frac{\mathrm{d}^4 w}{\mathrm{d} x^4} - q \right) \sin \frac{m\pi x}{l} \, \mathrm{d} x = 0 \tag{2.138}$$

将函数代入式（2.138），得 C_m 满足的方程，解得

$$\begin{cases} C_m = \dfrac{4ql^4}{EI_y \pi^5 m^5} = 0 & （m \text{ 为奇数}） \\[2mm] C_m = 0 & （m \text{ 为偶数}） \end{cases} \tag{2.139}$$

所得结果与瑞利-里茨法相同。

2.4.2.5　应力变分方程（最小余能原理）

下面以单向拉伸为例来说明余能的概念。设单向拉伸的应力应变关系曲线如图 2.22 所示。图中，v_ε 为应变能密度，v_c 为应变余能密度。

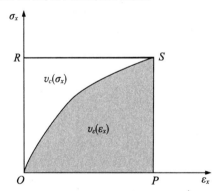

图 2.22　单向拉伸的应力应变关系曲线

对线弹性体而言，单向拉伸的应力应变关系曲线是直线；但对一般弹性体而言，单向拉伸的应力应变关系曲线是曲线。弹性体的应变能密度相当于 OSP 的面积，即

$$v_\varepsilon(\varepsilon_x) = \int_0^{\varepsilon_x} \sigma_x \mathrm{d}\varepsilon_x \tag{2.140}$$

弹性体的应变余能密度相当于 OSR 的面积，即

$$v_c(\sigma_x) = \int_0^{\sigma_x} \varepsilon_x \mathrm{d}\sigma_x \tag{2.141}$$

显然，应变能密度和应变余能密度之间存在如下关系：

$$v_{\varepsilon}(\varepsilon_x) + v_c(\sigma_x) = \sigma_x \varepsilon_x \qquad (2.142)$$

对于复杂应力状态,应变能密度和应变余能密度定义为

$$v_{\varepsilon}(\varepsilon_{ij}) = \int_0^{\varepsilon_q} \sigma_{kl} \mathrm{d}\varepsilon_{kl} \qquad (2.143)$$

$$v_c(\sigma_{ij}) = \int_0^{\sigma_q} \varepsilon_{kl} \mathrm{d}\sigma_{kl} \qquad (2.144)$$

而且

$$v_{\varepsilon}(\varepsilon_{ij}) + v_c(\sigma_{ij}) = \sigma_{kl} \varepsilon_{kl} \qquad (2.145)$$

对式(2.145)求变分得

$$\frac{\partial v_{\varepsilon}}{\partial \varepsilon_{ij}} \delta \varepsilon_{ij} + \frac{\partial v_c}{\partial \sigma_{ij}} \delta \sigma_{ij} = \varepsilon_{kl} \delta \sigma_{kl} + \sigma_{kl} \delta \varepsilon_{kl} \qquad (2.146)$$

移项,改变哑指标得

$$\left(\frac{\partial v_c}{\partial \sigma_{ij}} - \varepsilon_{ij}\right) \delta \sigma_{ij} = -\left(\frac{\partial v_{\varepsilon}}{\partial \varepsilon_{ij}} - \sigma_{ij}\right) \delta \varepsilon_{ij} \qquad (2.147)$$

由式(2.97)得卡斯蒂利亚诺(Castigliano)公式,即

$$\frac{\partial v_c}{\partial \sigma_{ij}} = \varepsilon_{ij} \qquad (2.148)$$

在以下虚功方程中,若取其中的几何可能的位移为真实的位移,则可导出应力变分方程。

$$\int_V F_{bi} u_i^k \mathrm{d}V + \int_S \overline{F}_{si}^s u_i^k \mathrm{d}S = \int_V \sigma_{ij}^s \varepsilon_{ij}^k \mathrm{d}V \qquad (2.149)$$

为此,设静力可能的应力为

$$\sigma_{ij}^s = \sigma_{ij} + \delta \sigma_{ij} \qquad (2.150)$$

式中,σ_{ij} 为真实的应力,而 $\delta \sigma_{ij}$ 为真实应力邻近的应力的微小改变量,称为"虚应力"。

将以上静力可能的应力代入平衡微分方程和应力边界条件,有

$$\begin{cases} \left(\sigma_{ij} + \delta \sigma_{ij}\right)_{,j} + F_{bi} = 0 & \text{(在弹性体内)} \\ \left(\sigma_{ij} + \delta \sigma_{ij}\right) n_j = F_{si} & \text{(在弹性体的应力边界上)} \end{cases} \qquad (2.151)$$

σ_{ij} 为真实的应力,则

$$\begin{cases} \delta \sigma_{ij,j} = 0 & \text{(在弹性体内)} \\ \delta \sigma_{ij} n_j = 0 & \text{(在弹性体的应力边界上)} \end{cases} \qquad (2.152)$$

在虚功方程中,取其中的几何可能的位移为真实的位移,即

$$u_i^k = u_i \qquad (2.153)$$

于是虚功方程变为

$$\int_V F_{bi} u_i \mathrm{d}V + \int_{S_s} F_{si} u_i \mathrm{d}S + \int_{S_s} \left(\sigma_{ij} + \delta \sigma_{ij}\right) n_j \overline{u}_i \mathrm{d}S = \int_V \left(\sigma_{ij} + \delta \sigma_{ij}\right) \varepsilon_{ij} \mathrm{d}V \qquad (2.154)$$

可得

$$\int_{S_*} \overline{u}_i \delta\sigma_{ij} n_j \mathrm{d}S = \int_V \varepsilon_{ij} \delta\sigma_{ij} \mathrm{d}V \qquad (2.155)$$

式(2.155)称为"应力变分方程",又称"虚应力方程"。

应力变分方程表示在已知位移的边界上,虚面力在真实位移上做的功等于整个弹性体的虚应力在真实变形中所做的功。利用格林公式,应力变分方程可以表示成另外一种形式。

$$\delta\left(\int_V v_c \mathrm{d}V - \int_{S_*} \sigma_{ij} n_j \overline{u}_i \mathrm{d}S\right) = 0 \qquad (2.156)$$

令

$$E_c = \int_V v_c \mathrm{d}V - \int_{S_*} \sigma_{ij} n_j \overline{u}_i \mathrm{d}S \qquad (2.157)$$

E_c 称为"总余能",它是应力分量的泛函,则

$$\delta E_c = 0 \qquad (2.158)$$

式(2.158)表示当应力从真实的应力 σ_{ij} 变化到静力可能的应力 $\sigma_{ij} + \delta\sigma_{ij}$ 时,总余能的一阶变分为零,可见真实的应力使总余能取驻值。

对于稳定的平衡状态,总余能取最小值,称为"最小余能原理"。它可表述为:在所有静力可能的应力中,真实的应力使总余能取最小值。

如果弹性体全部边界上的面力已知,则最小余能原理可简化为

$$\delta\int_V v_c \mathrm{d}V = 0 \qquad (2.159)$$

这称为"最小功原理",它是最小余能原理的特殊情形。

应力变分方程或总余能取极值的条件等价于以应力表示的应变协调方程和位移边界条件。

【课程思政】

我国的几位力学大师在弹性力学领域也做出了重要贡献。

胡海昌先生于1956年首次提出了三类变量的广义变分原理,并首次指导同事和学生把这类原理用于求近似解,日本学者鹫津久一郎比他晚一年独立提出了上述原理。由于该理论在有限单元法和其他近似解法中的重要应用,后来被美、日、英、苏、德、法等多国的学术文献、专著、教科书广泛介绍和引用,被称为"胡-鹫津原理"。

钱伟长先生长期从事力学研究,在板壳问题、广义变分原理、环壳解析解等方面做出了突出贡献,出版了中国第一本弹性力学专著,开设了中国第一个力学研究班和力学师资培养班,创建了上海市应用数学与力学研究所,开创了理论力学的研究方向和非线性力学的学术方向,为中国的机械工业、土木建筑、航空航天和军工事业建立了不朽的功勋,他被称为中国近代"力学之父""应用数学之父"。

徐芝纶先生长期从事工程力学、弹性力学的教学和科研工作,致力于基础梁板计算方法的研究,对解决水利、土木等工程问题做出了重大贡献。同时,他始终工作在教学的第一线,教授过"应用力学""结构力学""弹性力学"等10余门课程。

课后习题

2.1　解释如下的概念:应力、应变、几何方程、物理方程、虚位移原理。

2.2　什么是虚功原理?请写出虚功方程的数学表达式。

2.3　证明虚位移原理等价于平衡微分方程和力的边界条件。

2.4　阐述弹性力学中的几个基本假设。

2.5　尝试推导平面应变平衡微分方程。

2.6　相对于 xyz 坐标系,某一点的应力如下:

$$\boldsymbol{\sigma} = \begin{bmatrix} 6 & 4 & 0 \\ 4 & -3 & 0 \\ 0 & 0 & 0 \end{bmatrix}$$

某表面的外法线方向余弦值为 $n_x = n_y = \dfrac{6}{11}$,$n_z = \dfrac{7}{11}$,求该表面的法向和切向应力。

2.7　根据弹性力学平面问题的几何方程,证明应变分量满足下列方程,并解释该方程的意义。

$$\frac{\partial^2 \varepsilon_x}{\partial^2 y} + \frac{\partial^2 \varepsilon_y}{\partial^2 x} = \frac{\partial^2 \gamma_{xy}}{\partial x \partial y}$$

2.8　虚功原理既适用于线弹性问题,也适用于非线弹性问题,为什么?最小势能原理仅适用于线弹性问题,为什么?

第3章　平面三节点三角形单元有限元及编程

【内容】

　　弹性力学平面问题相对简单,有限元中最简单、最常用的单元类型是三角形三节点单元,这也是最早提出来的单元类型。本章主要介绍三节点三角形单元的单元分析、整体分析和有限元程序编制。

【目的】

　　通过对平面三节点三角形单元的分析,了解有限单元法最核心的基本概念以及弹性力学问题有限元分析的基本技术路线、有限元程序的编制方法和流程。

3.1　三节点三角形单元的位移模式与形函数

3.1.1　三节点三角形单元的位移模式

　　根据有限单元法的基本思路,将弹性体离散成有限个单元体的组合,并以节点的位移为未知量。离散化后,单独拿出一个单元,分析这个单元的基本情况。

　　(1)单元节点坐标:这是已知的,当离散化完成后就可以给出任意一个单元节点的坐标。

　　(2)单元节点受力:除了受力边界上单元的个别节点有明确的受力外,绝大多数单元的节点受力是不清楚的。

　　(3)单元节点位移:除了约束边界上单元的个别节点有明确的位移外(一般为固定约束,即位移为0),绝大多数的单元的节点位移也是不清楚的。

　　单元节点受力后会导致节点变形,而弹性体的变形是连续的位移场函数,如果能建立一个跟坐标相关的位移场函数,就可以利用弹性力学的几何方程获得单元的应变,进而由物理方程获得单元的应力。

下面以任意的三节点三角形单元为例进行介绍,该单元有 i, j, m 三个节点,注意图 3.1 中 i, j, m 的顺序是逆时针的(局部节点编号规定要按照逆时针顺序,具体原因后面会解释)。节点 i, j, m 的坐标分别为 $(x_i, y_i), (x_j, y_j), (x_m, y_m)$,假定单元节点位移已知,分别为 $u_i, v_i, u_j, v_j, u_m, v_m$,单元内任一点 p 的坐标为 (x, y),该点的位移为 (u, v),那么能否建立起位移和坐标之间的联系?

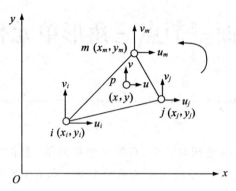

图 3.1　任意三节点三角形单元

在有限元分析中,将结构离散为许多小单元的集合体,即弹性体内实际的位移分布可以用单元内的位移分布函数来分块近似地表示。用较简单的函数来描述单元内各点位移的变化规律,称为"位移模式"。

单元内的位移变化可以假定为坐标的函数,对于弹性力学平面问题,单元位移函数可以用多项式表示

$$\begin{cases} u = a_1 + a_2 x + a_3 y + a_4 x^2 + a_5 xy + a_6 y^2 + \cdots \\ v = b_1 + b_2 x + b_3 y + b_4 x^2 + b_5 xy + b_6 y^2 + \cdots \end{cases} \tag{3.1}$$

式中,$a_1, a_2, \cdots$ 和 $b_1, b_2 \cdots$ 为待定系数。

多项式中包含的项数越多,就越接近实际的位移分布,越精确。具体取多少项,由单元形式来确定,即以节点位移来确定位移函数中的待定系数。

由于三节点三角形单元每个节点有 2 个自由度,6 个节点位移只能确定 6 个多项式的系数,所以三节点三角形单元的位移函数取如下形式:

$$\begin{cases} u = \alpha_1 + \alpha_2 x + \alpha_3 y \\ v = \alpha_4 + \alpha_5 x + \alpha_6 y \end{cases} \tag{3.2}$$

式中,$\alpha_1 \sim \alpha_6$ 为待定参数,称为广义坐标,只要求出这 6 个广义坐标的表达式,就可以得到位移函数。

式(3.2)可以覆盖三节点三角形单元内部任意点的位移,即式(3.2)可表示 p 点的位移和坐标之间的关系。

既然 p 点为单元内任意点,则它可以在单元内随意移动,当把 p 点分别移动到 i, j, m 三个节点时,式(3.2)应该满足三个节点的坐标和变形。将三个节点上的坐标和位移分

量代入式(3.2)就可以将6个待定参数用节点坐标和位移分量表示出来。下面以水平位移分量来分析,有

$$\begin{cases} u_i = \alpha_1 + \alpha_2 x_i + \alpha_3 y_i \\ u_j = \alpha_1 + \alpha_2 x_j + \alpha_3 y_j \\ u_m = \alpha_1 + \alpha_2 x_m + \alpha_3 y_m \end{cases} \tag{3.3}$$

写成矩阵形式,得

$$\begin{bmatrix} u_i \\ u_j \\ u_m \end{bmatrix} = \begin{bmatrix} 1 & x_i & y_i \\ 1 & x_j & y_j \\ 1 & x_m & y_m \end{bmatrix} \begin{bmatrix} \alpha_1 \\ \alpha_2 \\ \alpha_3 \end{bmatrix} \tag{3.4}$$

令

$$\begin{bmatrix} 1 & x_i & y_i \\ 1 & x_j & y_j \\ 1 & x_m & y_m \end{bmatrix} = T \tag{3.5}$$

则有

$$\begin{bmatrix} \alpha_1 \\ \alpha_2 \\ \alpha_3 \end{bmatrix} = T^{-1} \begin{bmatrix} u_i \\ u_j \\ u_m \end{bmatrix} \tag{3.6}$$

由于 $|T| = \begin{vmatrix} 1 & x_i & y_i \\ 1 & x_j & y_j \\ 1 & x_m & y_m \end{vmatrix} = 2A$,$A$ 为三角形单元的面积。用 $|T|$ 来计算三角形面积时,

要注意单元节点的排列顺序:当三个节点 i, j, m 取逆时针顺序时,$A = \frac{1}{2}|T| > 0$;当三个节点 i, j, m 取顺时针顺序时,$A = \frac{1}{2}|T| < 0$。由于面积只能为正值,因此,**单元节点顺序必须按照逆时针编号。**

T 的伴随矩阵为

$$T^* = \begin{bmatrix} x_j y_m - x_m y_j & y_j - y_m & x_m - x_j \\ x_m y_i - x_i y_m & y_m - y_i & x_i - x_m \\ x_i y_j - x_j y_i & y_i - y_j & x_j - x_i \end{bmatrix}^{\mathrm{T}} \tag{3.7}$$

令

$$T^* = \begin{bmatrix} a_i & b_i & c_i \\ a_j & b_j & c_j \\ a_m & b_m & c_m \end{bmatrix}^{\mathrm{T}} = \begin{bmatrix} a_i & a_j & a_m \\ b_i & b_j & b_m \\ c_i & c_j & c_m \end{bmatrix} \tag{3.8}$$

式中,

$$\begin{cases} a_i = x_j y_m - x_m y_j, & b_i = y_j - y_m, & c_i = x_m - x_j \\ a_j = x_m y_i - x_i y_m, & b_j = y_m - y_i, & c_j = x_i - x_m \\ a_m = x_i y_j - x_j y_i, & b_m = y_i - y_j, & c_m = x_j - x_i \end{cases} \quad (3.9)$$

根据 $T^{-1} = \dfrac{T^*}{|T|}$，则有

$$\begin{bmatrix} \alpha_1 \\ \alpha_2 \\ \alpha_3 \end{bmatrix} = \frac{1}{2A} \begin{bmatrix} a_i & a_j & a_m \\ b_i & b_j & b_m \\ c_i & c_j & c_m \end{bmatrix} \begin{bmatrix} u_i \\ u_j \\ u_m \end{bmatrix} \quad (3.10)$$

同样，将垂直位移分量与节点坐标代入式(3.6)等号右边的矩阵，可得

$$\begin{bmatrix} \alpha_4 \\ \alpha_5 \\ \alpha_6 \end{bmatrix} = \frac{1}{2A} \begin{bmatrix} a_i & a_j & a_m \\ b_i & b_j & b_m \\ c_i & c_j & c_m \end{bmatrix} \begin{bmatrix} v_i \\ v_j \\ v_m \end{bmatrix} \quad (3.11)$$

将式(3.10)、式(3.11)代入式(3.2)整理后可得

$$\begin{cases} u = \dfrac{1}{2A} \left[(a_i + b_i x + c_i y) u_i + (a_j + b_j x + c_j y) u_j + (a_m + b_m x + c_m y) u_m \right] \\ v = \dfrac{1}{2A} \left[(a_i + b_i x + c_i y) v_i + (a_j + b_j x + c_j y) v_j + (a_m + b_m x + c_m y) v_m \right] \end{cases} \quad (3.12)$$

3.1.2 单元形函数

令

$$N_i = \frac{1}{2A} (a_i + b_i x + c_i y) \quad \overleftrightarrow{(i, j, m)} \quad (3.13)$$

式中，N_i 为 i 点的形状函数，简称"形函数"，它是坐标 (x, y) 的函数；N_j 为 j 点的形状函数；N_m 为 m 点的形状函数；$\overleftrightarrow{(i, j, m)}$ 表示下标 i, j, m 轮换。

由式(3.12)可得

$$\begin{bmatrix} u \\ v \end{bmatrix} = \begin{bmatrix} N_i & 0 & N_j & 0 & N_m & 0 \\ 0 & N_i & 0 & N_j & 0 & N_m \end{bmatrix} \begin{bmatrix} u_i \\ v_i \\ u_j \\ v_j \\ u_m \\ v_m \end{bmatrix} \quad (3.14)$$

单元内的位移记为

$$\boldsymbol{u}^e = \begin{bmatrix} u \\ v \end{bmatrix} \quad (3.15)$$

单元的节点位移列阵记为

$$\boldsymbol{\delta}^e = \begin{bmatrix} \delta_i \\ \delta_j \\ \delta_m \end{bmatrix} = \begin{bmatrix} u_i \\ v_i \\ u_j \\ v_j \\ u_m \\ v_m \end{bmatrix} \qquad (3.16)$$

单元形函数矩阵记为

$$\boldsymbol{N}^e = \begin{bmatrix} N_i & 0 & N_j & 0 & N_m & 0 \\ 0 & N_i & 0 & N_j & 0 & N_m \end{bmatrix} = \begin{bmatrix} \boldsymbol{N}_i^e & \boldsymbol{N}_j^e & \boldsymbol{N}_m^e \end{bmatrix} \qquad (3.17)$$

将式(3.14)～式(3.16)代入式(3.13),则单元内的位移函数可以简写成

$$\boldsymbol{u}^e = \boldsymbol{N}^e \boldsymbol{\delta}^e \qquad (3.18)$$

展开可得

$$\begin{cases} u = N_i u_i + N_j u_j + N_m u_m \\ v = N_i v_i + N_j v_j + N_m v_m \end{cases} \qquad (3.19)$$

由式(3.19)可知,单元内任意一点的位移可以由节点的形函数与该节点的变形乘积之和来表示,这里形函数的作用相当于差值函数。因此,形函数决定了单元内的"位移模式",反映了 i 节点位移对单元内任意点位移的贡献率。

根据单元形函数的定义可知,形函数只定义在某一三角形单元上,对于不同的三角形单元,它们的形函数公式形式相同,但由于单元的坐标不同,导致它们的具体数值是不同的。

【课程思政】

创新精神和能力的培养是研究生教育的生命力所在。在有限单元法的发展历史中,充满了创新性的示例。有限单元法被认为是 20 世纪理论和应用力学十大进展之首。它的提出和发展是为了满足 20 世纪 40 年代航空事业快速发展的需求。当时,航空事业的发展对飞机内部结构设计提出了越来越高的要求,如质量轻、强度高等,需要新的理论和方法对飞机进行精确设计和计算。

有限元之父克劳夫在 1952 年参加波音航空航天公司的夏季项目时,进行了德尔塔(Delta)翼结构的振动分析工作,建立了一维梁与桁架组成的 Delta 翼模型,得到的变形结果与实验数据吻合不好。虽然经受了挫折,但克劳夫没有气馁,继续参加波音公司 1953 年的夏季项目,考虑到三角形可以近似任意结构形状,他创造性地利用三角形单元构成的模型进行计算,计算结果与实验测量结果非常吻合。同时他还发现,计算结果的精度可以通过连续细分有限元网格渐进提高。后来,人们认为这是工程学界中有限单元法的开端。

3.1.3 形函数的性质

形函数 N_i 具有以下性质：

(1)形函数在 i 节点处值为1,在其余节点处值为0,即在单元节点上形态函数的值为1或0,可用下式表示

$$N_i(x_k, y_k) = \begin{cases} 1, k=i \\ 0, k \neq i \end{cases} \quad （下标为 i, j, m 轮换）\tag{3.20}$$

证明如下：

根据行列式的性质,行列式的第一行各元素与相应的代数余子式乘积之和等于该行列式的值。当 $k=i, j, m$ 时,对于式(3.5),有

$$|T| = \begin{vmatrix} x_j & y_j \\ x_m & y_m \end{vmatrix} - x_i \begin{vmatrix} 1 & y_j \\ 1 & y_m \end{vmatrix} + y_i \begin{vmatrix} 1 & x_j \\ 1 & x_m \end{vmatrix} = a_i + b_i x_i + c_i y_i = 2A \tag{3.21}$$

因此有

$$N_i(x_i, y_i) = \frac{1}{2A}(a_i + b_i x_i + c_i y_i) = 1 \tag{3.22}$$

而行列式的第二行和第三行的各元素分别与第一行元素的代数余子式乘积之和为零,固有

$$N_i(x_j, y_j) = \frac{1}{2A}(a_i + b_i x_j + c_i y_j) = 0$$
$$N_i(x_m, y_m) = \frac{1}{2A}(a_i + b_i x_m + c_i y_m) = 0 \tag{3.23}$$

这个性质使得单元的位移模式满足节点边界条件。由于形函数是坐标 (x, y) 的线性函数,即单元位移场是线性分布的,则根据该性质还可以画出三节点三角形单元形函数的"形状",如图3.2所示。

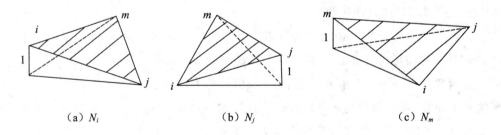

(a) N_i (b) N_j (c) N_m

图3.2 三节点三角形单元形函数的"形状"

(2)在单元中的任意一点上,三个形态函数之和等于1,即

$$N_i(x,y) + N_j(x,y) + N_m(x,y) = 1 \tag{3.24}$$

证明如下：

$$N_i(x,y) + N_j(x,y) + N_m(x,y)$$

$$= \frac{1}{2A}\left[(a_i + b_i x + c_i y) + (a_j + b_j x + c_j y) + (a_m + b_m x + c_m y)\right] \tag{3.25}$$

$$= \frac{1}{2A}\left[(a_i + a_j + a_m) + (b_i + b_j + b_m)x + (c_i + c_j + c_m)y\right]$$

式(3.25)中，三个圆括号中，第一个圆括号等于 $2A$，后两个圆括号都等于 0。

当单元做刚体运动，即单元各节点的位移相同时，假设位移都为 (u_0, v_0)，则根据式 (3.25)可知，单元内任一点的位移为

$$\begin{cases} u(x,y) = N_i u_i + N_j u_j + N_m u_m = u_0(N_i + N_j + N_m) = u_0 \\ v(x,y) = N_i v_i + N_j v_j + N_m v_m = v_0(N_i + N_j + N_m) = v_0 \end{cases} \tag{3.26}$$

（3）三节点三角形单元 *ijm* 在 *ij* 边上的形函数与第三个节点的坐标无关。

两个相邻单元如图 3.3 所示，在 *ij* 边上，有

$$N_i(x,y) = 1 - \frac{x - x_i}{x_j - x_i}$$

$$N_j(x,y) = \frac{x - x_i}{x_j - x_i} \tag{3.27}$$

$$N_m(x,y) = 0$$

也就是说，在 *ij* 边上的形函数与第三个顶点 *m* 的坐标无关。

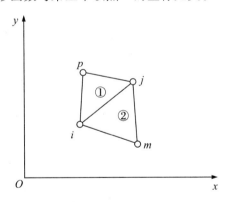

图 3.3　两个相邻单元

证明如下：

ij 边的方程式为 $y = -\dfrac{b_m}{c_m}(x - x_i) + y_i$，带入式(3.13)得

$$N_i(x,y) = 1 - \frac{x - x_i}{x_j - x_i}$$

$$
\begin{aligned}
N_j(x,y) &= \frac{1}{2A}\left\{a_j + b_j x + c_j\left[-\frac{b_m}{c_m}(x - x_i) + y_i\right]\right\} \\
&= \frac{1}{2A}\left\{a_j + b_j x_j + c_j y_i - \frac{b_m c_j}{c_m}(x - x_i)\right\}
\end{aligned}
\tag{3.28}
$$

$$
\begin{aligned}
N_m(x,y) &= \frac{1}{2A}\left\{a_m + b_m x + c_m\left[-\frac{b_m}{c_m}(x - x_i) + y_i\right]\right\} \\
&= \frac{1}{2A}(a_m + b_m x_i + c_m y_i) = 0
\end{aligned}
$$

根据公式(3.9),有

$$b_j c_m - b_m c_j = b_j(x_j - x_i) - b_m(x_i - x_m) = b_j x_i + b_j x_j + b_m x_m = 2A \tag{3.29}$$

固有

$$
\begin{aligned}
N_j(x,y) &= \frac{x - x_i}{x_j - x_i} \\
N_i(x,y) &= 1 - N_j - N_m = 1 - \frac{x - x_i}{x_j - x_i}
\end{aligned}
\tag{3.30}
$$

利用这一性质,很容易证明相邻单元的位移在公共边上是连续的。

图 3.3 中的两个相邻单元具有公共边 ij,由式(3.7)可知,$N_m(x,y) = N_p(x,y) = 0$,不论按照哪个单元来计算,公共边 ij 上的位移均由下式表示:

$$
\begin{cases}
u = N_i u_i + N_j u_j \\
v = N_i v_i + N_j v_j
\end{cases}
\tag{3.31}
$$

可知在公共边上的位移完全由公共边上两个节点的位移所决定,所以相邻单元的位移是连续的,只有这样单元之间才既不能重叠,也不能脱离。

例 3.1 悬臂梁有限元模型如图 3.4 所示,梁长 l,宽 t,高 h,受向下的力 F 作用,请写出悬臂梁有限元模型中单元①的形函数矩阵 N。

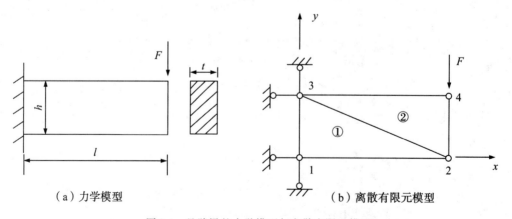

（a）力学模型　　　　　　　　　　　　　　（b）离散有限元模型

图 3.4　悬臂梁的力学模型与离散有限元模型

对于单元①,由式(3.9)可得

$$a_1 = lh \quad b_1 = -h \quad c_1 = -l$$
$$a_2 = 0 \quad b_2 = h \quad c_2 = 0$$
$$a_3 = 0 \quad b_3 = 0 \quad c_3 = l$$

由于 $2A = lh$,根据式(3.13)可得单元①的三个形函数为

$$N_1 = 1 - \frac{x}{l} - \frac{y}{h}, \quad N_2 = \frac{x}{l}, \quad N_3 = \frac{y}{h}$$

对应的形函数矩阵为

$$N^① = \begin{bmatrix} 1 - \dfrac{x}{l} - \dfrac{y}{h} & 0 & \dfrac{x}{l} & 0 & \dfrac{y}{h} & 0 \\ 0 & 1 - \dfrac{x}{l} - \dfrac{y}{h} & 0 & \dfrac{x}{l} & 0 & \dfrac{y}{h} \end{bmatrix}$$

3.1.4　面积坐标(※选修内容)

下面引进面积坐标的概念。在三角形单元 ijm(见图3.5)中,任意一点 $p(x,y)$ 的位置可以用下面三个比值来确定,即

$$L_i = \frac{A_i}{A}, \quad L_j = \frac{A_j}{A}, \quad L_m = \frac{A_m}{A} \tag{3.32}$$

式中,A 为三角形单元 ijm 的面积;A_i, A_j, A_m 分别是三角形 pjm, pmi, pij 的面积;L_i, L_j, L_m 称为 p 点的面积坐标。显然,三个面积坐标并不全是独立的,由于

$$A_i + A_j + A_m = A$$

所以由式(3.32)得到关系式

$$L_i + L_j + L_m = 1 \tag{3.33}$$

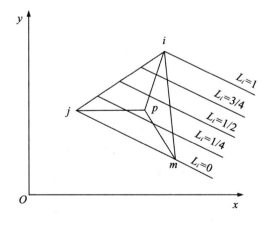

图3.5　面积坐标

根据面积坐标的定义,从图3.5中不难看出,在平行于 jm 边的直线上的所有点都有相同的 L_i 坐标,并且这个坐标就等于"该直线至 jm 边的距离"与"节点 i 至 jm 边的距离"的

比值。图 3.5 中给出了 L_i 的一些等值线。容易看出，i,j,m 节点的面积坐标分别为：

①节点 i：$L_i=1,L_j=0,L_m=0$。

②节点 j：$L_i=0,L_j=1,L_m=0$。

③节点 m：$L_i=0,L_j=0,L_m=1$。

下面导出面积坐标和直角坐标之间的关系。三角形 pjm 的面积为

$$A_i = \frac{1}{2} \begin{vmatrix} 1 & x & y \\ 1 & x_j & y_j \\ 1 & x_m & y_m \end{vmatrix} = \frac{1}{2}(a_i + b_i x + c_i y)$$

于是面积坐标为

$$L_i = \frac{A_i}{A} = \frac{1}{2A}(a_i + b_i x + c_i y) \tag{3.34}$$

类似地有

$$L_j = \frac{1}{2A}(a_j + b_j x + c_j y)$$
$$L_m = \frac{1}{2A}(a_m + b_m x + c_m y) \tag{3.35}$$

将式(3.34)、式(3.35)与式(3.13)对比，可见前述三角形常应变单元中的形函数 N_i，N_j，N_m 就是面积坐标 L_i,L_j,L_m。

将式(3.34)、式(3.35)分别乘上 x_i,x_j,x_m，然后相加，可注意到常数 a_i,b_i,c_i,a_j,b_j,c_j，a_m,b_m,c_m 等分别是行列式 $2A = \begin{vmatrix} 1 & x_i & y_i \\ 1 & x_j & y_j \\ 1 & x_m & y_m \end{vmatrix}$ 的代数余子式，不难验证

$$x = x_i L_i + x_j L_j + x_m L_m \tag{3.36}$$

同理，有

$$y = y_i L_i + y_j L_j + y_m L_m \tag{3.37}$$

以及

$$L_i + L_j + L_m = 1 \tag{3.38}$$

式(3.36)、式(3.37)、式(3.38)就是面积坐标与直角坐标之间的变换公式。设 L_i,L_j 为独立变量，则 $L_m = 1 - L_i - L_j$，变换式(3.36)和式(3.37)可以把平面上的任意三角形 ijm 变换为 $L_i OL_j$ 平面上的三角形 $i_1 j_1 m_1$，如图 3.6 所示。

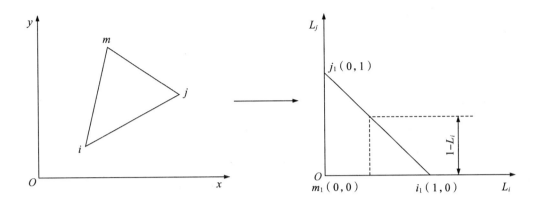

图3.6　xOy平面中的任意三角形ijm变换成L_iOL_j平面中的三角形$i_1j_1m_1$

当面积坐标的函数对直角坐标求导时,可以应用下列公式

$$\frac{\partial}{\partial x}=\frac{\partial L_i}{\partial x}\frac{\partial}{\partial L_i}+\frac{\partial L_j}{\partial x}\frac{\partial}{\partial L_j}+\frac{\partial L_m}{\partial x}\frac{\partial}{\partial L_m}=\frac{b_i}{2A}\frac{\partial}{\partial L_i}+\frac{b_j}{2A}\frac{\partial}{\partial L_j}+\frac{b_m}{2A}\frac{\partial}{\partial L_m}$$

$$\frac{\partial}{\partial y}=\frac{\partial L_i}{\partial y}\frac{\partial}{\partial L_i}+\frac{\partial L_j}{\partial y}\frac{\partial}{\partial L_j}+\frac{\partial L_m}{\partial y}\frac{\partial}{\partial L_m}=\frac{c_i}{2A}\frac{\partial}{\partial L_i}+\frac{c_j}{2A}\frac{\partial}{\partial L_j}+\frac{c_m}{2A}\frac{\partial}{\partial L_m}$$

(3.39)

求面积坐标的幂函数在三角形单元上的积分时,可以应用下列积分公式

$$\iint_A L_i^\alpha L_j^\beta L_m^\gamma \mathrm{d}x\mathrm{d}y=\frac{\alpha!\ \beta!\ \gamma!}{(\alpha+\beta+\gamma+2)!}2A$$

(3.40)

式中,α,β,γ为整常数。

求面积坐标的幂函数在三角形某一边上的积分值时,可以应用下列积分公式

$$\int_l L_i^\alpha L_j^\beta \mathrm{d}s=\frac{\alpha!\ \beta!}{(\alpha+\beta+1)!}l\quad \left(\overleftrightarrow{i,j,m}\right)$$

(3.41)

式中,l为该边的长度。

3.2　用节点位移表示单元应变和应力

3.2.1　用节点位移表示单元应变——几何矩阵B^e

通过单元形函数确定位移场之后,可由第2章几何方程(2.45)求得单元内任一点的应变。

$$\boldsymbol{\varepsilon}=\boldsymbol{L}\boldsymbol{u}$$

(3.42)

根据单元的位移函数

$$\boldsymbol{u}^e = \begin{bmatrix} u \\ v \end{bmatrix} = \begin{bmatrix} N_i & 0 & N_j & 0 & N_m & 0 \\ 0 & N_i & 0 & N_j & 0 & N_m \end{bmatrix} \begin{bmatrix} u_i \\ v_i \\ u_j \\ v_j \\ u_m \\ v_m \end{bmatrix} \tag{3.43}$$

代入式(2.57),展开得

$$\varepsilon_x = \frac{\partial u}{\partial x} = \frac{\partial N_i(x,y)}{\partial x} u_i + \frac{\partial N_j(x,y)}{\partial x} u_j + \frac{\partial N_m(x,y)}{\partial x} u_m$$

$$\varepsilon_y = \frac{\partial v}{\partial y} = \frac{\partial N_i(x,y)}{\partial y} v_i + \frac{\partial N_j(x,y)}{\partial y} v_j + \frac{\partial N_m(x,y)}{\partial y} v_m$$

$$\gamma_x = \frac{\partial u}{\partial y} + \frac{\partial v}{\partial x} = \frac{\partial N_i(x,y)}{\partial y} u_i + \frac{\partial N_j(x,y)}{\partial y} u_j + \frac{\partial N_m(x,y)}{\partial y} u_m \tag{3.44}$$

$$+ \frac{\partial N_i(x,y)}{\partial x} v_i + \frac{\partial N_j(x,y)}{\partial x} v_j + \frac{\partial N_m(x,y)}{\partial x} v_m$$

由于 $\frac{\partial N_i}{\partial x} = \frac{b_i}{2A}$, $\frac{\partial N_i}{\partial y} = \frac{c_i}{2A} \overleftarrow{(i,j,m)}$,容易得到,三节点三角形单元的应变表达式,即

$$\boldsymbol{\varepsilon}^e = \begin{bmatrix} \dfrac{\partial u}{\partial x} \\[2mm] \dfrac{\partial v}{\partial y} \\[2mm] \dfrac{\partial u}{\partial y} + \dfrac{\partial v}{\partial x} \end{bmatrix} = \begin{bmatrix} \dfrac{1}{2A}(b_i u_i + b_j u_j + b_m u_m) \\[2mm] \dfrac{1}{2A}(c_i v_i + c_j v_j + c_m v_m) \\[2mm] \dfrac{1}{2A}\big[(c_i u_i + c_j u_j + c_m u_m) + (b_i v_i + b_j v_j + b_m v_m)\big] \end{bmatrix}$$

$$\tag{3.45}$$

$$= \frac{1}{2A} \begin{bmatrix} b_i & 0 & b_j & 0 & b_m & 0 \\ 0 & c_i & 0 & c_j & 0 & c_m \\ c_i & b_i & c_j & b_j & c_m & b_m \end{bmatrix} \begin{bmatrix} u_i \\ v_i \\ u_j \\ v_j \\ u_m \\ v_m \end{bmatrix}$$

将式(3.45)写成矩阵形式

$$\boldsymbol{\varepsilon}^e = \boldsymbol{B}^e \boldsymbol{\delta}^e \tag{3.46}$$

式中,

$$\boldsymbol{\varepsilon}^e = \begin{bmatrix} \varepsilon_x \\ \varepsilon_y \\ r_{xy} \end{bmatrix}, \quad \boldsymbol{B}^e = \frac{1}{2A} \begin{bmatrix} b_i & 0 & b_j & 0 & b_m & 0 \\ 0 & c_i & 0 & c_j & 0 & c_m \\ c_i & b_i & c_j & b_j & c_m & b_m \end{bmatrix}, \quad \boldsymbol{\delta}^e = \begin{bmatrix} u_i \\ v_i \\ u_j \\ v_j \\ u_m \\ v_m \end{bmatrix}$$

矩阵 $\boldsymbol{B}^e$ 为单元的应变转换矩阵,又称作"单元几何矩阵"。按照下标的不同,可以将

B^e矩阵表示为分块矩阵的形式

$$B^e = \frac{1}{2A}\begin{bmatrix} b_i & 0 & b_j & 0 & b_m & 0 \\ 0 & c_i & 0 & c_j & 0 & c_m \\ c_i & b_i & c_j & b_j & c_m & b_m \end{bmatrix} = \begin{bmatrix} B_i & B_j & B_m \end{bmatrix} \tag{3.47}$$

式中，$B_i = \dfrac{1}{2A}\begin{bmatrix} b_i & 0 \\ 0 & c_i \\ c_i & b_i \end{bmatrix}$ $\overleftrightarrow{(i,j,m)}$。

由式(3.47)可以看出，单元内各点应变分量仅与 A，b_i，c_i 有关，它们都是与单元节点坐标相关的代数式，当单元节点确定后都是常数。因此，三节点三角形单元是常应变三角形单元，也就是说在整个三节点三角形单元内部，应变处处相等。

3.2.2　用节点位移表示单元应力——应力矩阵 S^e

当应变确定后，可由第2章中的物理方程求得单元内任意一点的应变，即将单元应变矩阵代入式(2.64a)，可得单元的应力表达式如下：

$$\sigma^e = DB^e\delta^e = S^e\delta^e \tag{3.48}$$

式中，$S^e = DB^e$，为单元应力矩阵。将单元应力矩阵分块表示为

$$S^e = \begin{bmatrix} S_i & S_j & S_m \end{bmatrix} \tag{3.49}$$

式中，$S_i = DB_i = \dfrac{E}{2A(1-\mu^2)}\begin{bmatrix} b_i & \mu c_i \\ \mu b_i & c_i \\ \dfrac{1-\mu}{2}c_i & \dfrac{1-\mu}{2}b_i \end{bmatrix}$ $\overleftrightarrow{(i,j,m)}$

由此可见，由于矩阵 D，B^e 都是常数，所以 S^e 也是常数，即在三节点三角形单元内应力处处相等，各个应力分量都为常数。必须指出的是，相邻单元的应力一般都不相同，因此在它们的公共边上，应力将有突变。但是随着单元逐渐变小，单元数量逐渐增多，这种应力突变将急剧减少，逐渐趋向精确解。

例3.2　写出例3.1悬臂梁有限元模型中单元①的 $B^{①}$ 和 $S^{①}$。

根据例3.1计算的形函数矩阵，分别代入式(3.47)和式(3.49)，可得

几何矩阵：$B^{①} = \dfrac{1}{lh}\begin{bmatrix} 0 & 0 & -h & 0 & h & 0 \\ 0 & l & 0 & -l & 0 & 0 \\ l & 0 & -l & -h & 0 & h \end{bmatrix} = \begin{bmatrix} 0 & 0 & -\dfrac{1}{l} & 0 & \dfrac{1}{l} & 0 \\ 0 & \dfrac{1}{h} & 0 & -\dfrac{1}{h} & 0 & 0 \\ \dfrac{1}{h} & 0 & -\dfrac{1}{h} & -\dfrac{1}{l} & 0 & \dfrac{1}{l} \end{bmatrix}$

$$
\text{应力矩阵}: S^{\text{①}} = \frac{E}{1-\mu^2}
\begin{bmatrix}
0 & \dfrac{\mu}{h} & -\dfrac{1}{l} & -\dfrac{\mu}{h} & \dfrac{1}{l} & 0 \\[2mm]
0 & \dfrac{1}{h} & -\dfrac{\mu}{l} & -\dfrac{1}{h} & \dfrac{\mu}{l} & 0 \\[2mm]
\dfrac{1-\mu}{2}\cdot\dfrac{1}{h} & 0 & -\dfrac{1-\mu}{2}\cdot\dfrac{1}{h} & -\dfrac{1-\mu}{2}\cdot\dfrac{1}{l} & 0 & \dfrac{1-\mu}{2}\cdot\dfrac{1}{l}
\end{bmatrix}
$$

3.3 单元刚度矩阵及其性质

3.3.1 单元刚度矩阵 K^{e}

通过上面的讲述,我们知道,如果知道了单元节点的位移,就可以计算出单元的应变和应力。然而,单元节点位移是假设已知的,那么单元节点力与节点位移之间是什么关系呢?

单元节点力为

$$
F^{\text{e}} = \begin{bmatrix} F_{ix} & F_{iy} & F_{jx} & F_{jx} & F_{mx} & F_{my} \end{bmatrix}^{\text{T}} \tag{3.50}
$$

单元节点虚位移为

$$
\boldsymbol{\delta}^{*\text{e}} = \begin{bmatrix} u_i^* & v_i^* & u_j^* & v_j^* & u_m^* & v_m^* \end{bmatrix}^{\text{T}} \tag{3.51}
$$

单元虚位移场为

$$
\boldsymbol{u}^{*\text{e}} = \begin{bmatrix} u^* \\ v^* \end{bmatrix}^{\text{e}} = N^{\text{e}} \boldsymbol{\delta}^{*\text{e}} \tag{3.52}
$$

单元的虚应变为

$$
\boldsymbol{\varepsilon}^{*\text{e}} = B^{\text{e}} \boldsymbol{\delta}^{*\text{e}} \tag{3.53}
$$

单元的应力为

$$
\boldsymbol{\sigma}^{\text{e}} = D\boldsymbol{\varepsilon}^{*\text{e}} = S^{\text{e}} \boldsymbol{\delta}^{*\text{e}} \tag{3.54}
$$

根据虚功原理可知,在外力作用下处于平衡状态的弹性体,如果发生了虚位移,则所有外力在虚位移上做的虚功等于内应力在虚应变上做的虚功。

单元的外力虚功为

$$
W_{\text{外}} = \boldsymbol{\delta}^{*\text{eT}} F^{\text{e}} \tag{3.55}
$$

单元的内力虚功为

$$
W_{\text{内}} = \iint_{\Omega^{\text{e}}} \boldsymbol{\varepsilon}^{*\text{eT}} \boldsymbol{\sigma}^{\text{e}} t \, \mathrm{d}x \mathrm{d}y \tag{3.56}
$$

式中,t 为单元厚度,Ω^{e} 为单元面域。

由虚功原理可得

$$\boldsymbol{\delta}^{*\mathrm{eT}} \boldsymbol{F}^{\mathrm{e}} = \iint_{\Omega^{\mathrm{e}}} \boldsymbol{\varepsilon}^{*\mathrm{eT}} \boldsymbol{\sigma}^{\mathrm{e}} t\,\mathrm{d}x\mathrm{d}y \qquad (3.57)$$

由于 $\boldsymbol{\varepsilon}^{*\mathrm{eT}} = \boldsymbol{\delta}^{*\mathrm{eT}} \boldsymbol{B}^{\mathrm{eT}}, \boldsymbol{\sigma}^{\mathrm{e}} = \boldsymbol{DB}^{\mathrm{e}} \boldsymbol{\delta}^{*\mathrm{e}}$,代入式(3.57),由于节点虚位移与积分无关,则可得

$$\boldsymbol{\delta}^{*\mathrm{eT}} \boldsymbol{F}^{\mathrm{e}} = \boldsymbol{\delta}^{*\mathrm{eT}} \iint_{\Omega^{\mathrm{e}}} \boldsymbol{B}^{\mathrm{eT}} \boldsymbol{DB}^{\mathrm{e}} t\,\mathrm{d}x\mathrm{d}y\, \boldsymbol{\delta}^{*\mathrm{e}} \qquad (3.58)$$

整理可得

$$\boldsymbol{F}^{\mathrm{e}} = \iint_{\Omega^{\mathrm{e}}} \boldsymbol{B}^{\mathrm{eT}} \boldsymbol{DB}^{\mathrm{e}} t\,\mathrm{d}x\mathrm{d}y\, \boldsymbol{\delta}^{*\mathrm{e}} \qquad (3.59)$$

定义单元刚度矩阵为

$$\boldsymbol{K}^{\mathrm{e}} = \iint_{\Omega^{\mathrm{e}}} \boldsymbol{B}^{\mathrm{eT}} \boldsymbol{DB}^{\mathrm{e}} t\,\mathrm{d}x\mathrm{d}y \qquad (3.60)$$

式(3.60)建立了单元节点力与节点位移之间的关系,即已知节点位移,可求得节点力,反之亦然。式(3.60)也同样适用于其他的二维单元。

由于等厚度的三节点三角形单元中 $\boldsymbol{B}^{\mathrm{e}}$ 和 $\boldsymbol{D}$ 的分量均为常量,则单元刚度矩阵可以表示为

$$\boldsymbol{K}^{\mathrm{e}} = \boldsymbol{B}^{\mathrm{eT}} \boldsymbol{DB}^{\mathrm{e}} tA \qquad (3.61)$$

式中,A 为单元的面积。

三节点三角形单元的单元刚度矩阵是维数为 6×6 的矩阵,单元刚度矩阵表示为分块矩阵,每个分块矩阵是维数为 2×2 的子矩阵,即

$$\boldsymbol{K}^{\mathrm{e}} = \begin{bmatrix} \boldsymbol{K}_{ii} & \boldsymbol{K}_{ij} & \boldsymbol{K}_{im} \\ \boldsymbol{K}_{ji} & \boldsymbol{K}_{jj} & \boldsymbol{K}_{jm} \\ \boldsymbol{K}_{mi} & \boldsymbol{K}_{mj} & \boldsymbol{K}_{mm} \end{bmatrix} \qquad (3.62)$$

$$\boldsymbol{K}_{rs} = tA\boldsymbol{B}_r^{\mathrm{T}} \boldsymbol{DB}_s \qquad (3.63)$$

$$\boldsymbol{K}_{rs} = \frac{tE}{4A(1-\mu^2)} \begin{bmatrix} b_r b_s + \dfrac{1-\mu}{2} c_r c_s & b_r c_s \mu + \dfrac{1-\mu}{2} c_r b_s \\ c_r b_s \mu + \dfrac{1-\mu}{2} b_r c_s & c_r c_s + \dfrac{1-\mu}{2} b_r b_s \end{bmatrix} \left(r,s = \overleftarrow{i,j,m} \right) \quad (3.64)$$

根据式(3.64),可将计算单元刚度矩阵的流程总结为图3.7所示的流程。

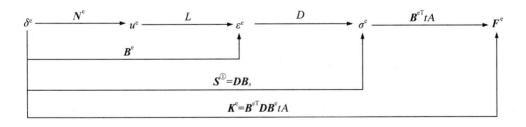

图3.7 单元刚度矩阵计算流程

例3.3 计算例3.1中悬臂梁单元①的单元刚度矩阵。

根据例3.2计算所得的单元的几何矩阵 $\boldsymbol{B}^{\text{①}}$ 和应力矩阵 $\boldsymbol{S}^{\text{①}}$,代入公式(3.61),可得

$$B^{\textcircled{1}}=\frac{1}{lh}\begin{bmatrix} 0 & 0 & -h & 0 & h & 0 \\ 0 & l & 0 & -l & 0 & 0 \\ l & 0 & -l & -h & 0 & h \end{bmatrix}=\begin{bmatrix} 0 & 0 & -\dfrac{1}{l} & 0 & \dfrac{1}{l} & 0 \\ 0 & \dfrac{1}{h} & 0 & -\dfrac{1}{h} & 0 & 0 \\ \dfrac{1}{h} & 0 & -\dfrac{1}{h} & -\dfrac{1}{l} & 0 & \dfrac{1}{l} \end{bmatrix}$$

$$S^{\textcircled{1}}=\frac{E}{1-\mu^2}\begin{bmatrix} 0 & \dfrac{\mu}{h} & -\dfrac{1}{l} & -\dfrac{\mu}{h} & \dfrac{1}{l} & 0 \\ 0 & \dfrac{1}{h} & -\dfrac{\mu}{l} & -\dfrac{1}{h} & \dfrac{\mu}{l} & 0 \\ \dfrac{1-\mu}{2}\cdot\dfrac{1}{h} & 0 & -\dfrac{1-\mu}{2}\cdot\dfrac{1}{h} & -\dfrac{1-\mu}{2}\cdot\dfrac{1}{l} & 0 & \dfrac{1-\mu}{2}\cdot\dfrac{1}{l} \end{bmatrix}$$

由于 $A=\dfrac{lh}{2}$，在平面问题中 $t=1$，可得

$$K^{\textcircled{1}}=B^{\textcircled{1}\,\mathrm{T}}S^{\textcircled{1}}tA$$

$$=\frac{lh}{2}\cdot\frac{E}{1-\mu^2}\begin{bmatrix} 0 & 0 & -\dfrac{1}{l} & 0 & \dfrac{1}{l} & 0 \\ 0 & \dfrac{1}{h} & 0 & -\dfrac{1}{h} & 0 & 0 \\ \dfrac{1}{h} & 0 & -\dfrac{1}{h} & -\dfrac{1}{l} & 0 & \dfrac{1}{l} \end{bmatrix}\begin{bmatrix} 0 & \dfrac{\mu}{h} & -\dfrac{1}{l} & -\dfrac{\mu}{h} & \dfrac{1}{l} & 0 \\ 0 & \dfrac{1}{h} & -\dfrac{\mu}{l} & -\dfrac{1}{h} & \dfrac{\mu}{l} & 0 \\ \dfrac{1-\mu}{2}\cdot\dfrac{1}{h} & 0 & -\dfrac{1-\mu}{2}\cdot\dfrac{1}{h} & -\dfrac{1-\mu}{2}\cdot\dfrac{1}{l} & 0 & \dfrac{1-\mu}{2}\cdot\dfrac{1}{l} \end{bmatrix}$$

$$=\frac{lh}{2}\cdot\frac{E}{1-\mu^2}\begin{bmatrix} \dfrac{1-\mu}{2h^2} & 0 & -\dfrac{1-\mu}{2h^2} & -\dfrac{1-\mu}{2hl} & 0 & \dfrac{1-\mu}{2hl} \\ 0 & \dfrac{1}{h^2} & -\dfrac{\mu}{hl} & -\dfrac{1}{h^2} & \dfrac{\mu}{hl} & 0 \\ -\dfrac{1-\mu}{2h^2} & -\dfrac{\mu}{hl} & \dfrac{1}{l^2}+\dfrac{1-\mu}{2h^2} & \dfrac{1+\mu}{2hl} & -\dfrac{1}{l^2} & -\dfrac{1-\mu}{2hl} \\ -\dfrac{1-\mu}{2hl} & -\dfrac{1}{h^2} & \dfrac{1+\mu}{2hl} & \dfrac{1}{h^2}+\dfrac{1-\mu}{2l^2} & -\dfrac{\mu}{hl} & -\dfrac{1-\mu}{2l^2} \\ 0 & \dfrac{\mu}{hl} & -\dfrac{1}{l^2} & -\dfrac{\mu}{hl} & \dfrac{1}{l^2} & 0 \\ \dfrac{1-\mu}{2hl} & 0 & -\dfrac{1-\mu}{2hl} & -\dfrac{1-\mu}{2l^2} & 0 & \dfrac{1-\mu}{2l^2} \end{bmatrix}$$

3.3.2 单元刚度矩阵的性质

三节点三角形单元的单元刚度矩阵具有以下性质：

(1)K^e 中的每个元素都是一个刚度系数。由于 $F^e=K^e\delta^e$，因此单元刚度矩阵中每个元素都可以理解为刚度系数，即在节点产生单位位移时需要施加的力。

δ_{ij} 表示 j 节点产生单位位移(其他节点位移为零)。K_{ij} 中下标 i 表示节点力的位置，也表示该子矩阵在 K^e 中所处的行；下标 j 表示节点位移的位置，也表示该子矩阵在 K^e 中

所处的列。

（2）**对称性**：单元刚度矩阵中的元素关于主对角线对称，即元素之间有 $K_{rs} = K_{sr}$ 的关系。这个性质可利用分块矩阵的性质证明，证明如下：

$$K_{rs} = B_r^T D B_s$$

$$K_{sr} = B_s^T D B_r$$

$$K_{sr}^T = (B_s^T D B_r)^T = B_r^T D^T B_s = B_r^T D B_s = K_{rs}$$

则 $K^e = K^{eT}$。

根据对称性质，可以减少单元刚度计算中的数据存储量和计算量。

（3）**奇异性**：单元刚度矩阵的每一行元素之和为零，单元刚度矩阵的元素所组成的行列式为零。其物理意义是：在无约束的条件下，单元可以做刚体运动，其位移是不定的，即单元刚度矩阵的行列式为零，$|K^e| = 0$。

假设单元产生了 x 方向的刚体移动 $\delta^e = [1 \quad 0 \quad 1 \quad 0 \quad 1 \quad 0]^T$，此时对应的单元节点力为零，则

$$\begin{bmatrix} 0 \\ 0 \\ 0 \\ 0 \\ 0 \\ 0 \end{bmatrix} = K^e \begin{bmatrix} 1 \\ 0 \\ 1 \\ 0 \\ 1 \\ 0 \end{bmatrix}$$

由此可以得到，在单元刚度矩阵中，1,3,5 列中对应行的系数相加为零，由行列式的性质可知 $|K^e| = 0$。

同样，假设单元产生了 y 方向上的刚体位移 $\delta^e = [0 \quad 1 \quad 0 \quad 1 \quad 0 \quad 1]^T$，可以得到，单元刚度矩阵第 2,4,6 列中对应行的系数相加为零。

（4）**当两个单元大小、形状、对应点次序相同时，它们具有相同的单元刚度矩阵**。该性质根据单元刚度矩阵计算公式和 B^e 矩阵计算公式很容易便可证得，读者可以自行证明。利用这个性质，在离散化时将单元剖分为大小、形状相同的单元，且令对应点次序相同（见图 3.8），这样就只计算其中一个单元刚度矩阵即可，可大大提高计算效率。

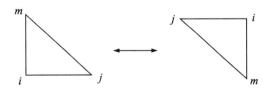

图 3.8　相对旋转 180° 的两个单元

（5）**K^e 仅与单元几何矩阵 B^e 和弹性矩阵 D 有关**。这一性质说明单元刚度矩阵仅与单元的节点坐标和材料的物理性质有关。

3.4 外力等效移置与单元荷载列阵

如前所述,有限单元法的求解对象是单元的组合体,单元内任意一点的位移、应变、应力等变量最终都可用单元节点位移来表示。同样,作用在物体上的各种外力也可以用作用在节点上的力表示。因此作用在弹性体上的外力需要移置到相应的节点上而成为节点荷载。这一替代过程被称为"外力等效移置",所得到的节点力称为分布外力的"等效节点力"。

荷载移置要满足静力等效原则,只有这样,才能使由移置引起的应力误差是局部的,而不影响整个物体的应力分布(圣维南原理)。**所谓静力等效是指原来荷载与移置后的节点荷载在任何虚位移上所做虚功相等,即外力向节点移置的等效原则是"虚功相等"。**若单元上作用有不在节点上的分布力或集中力,则分布力或集中力在其作用点的虚位移上的虚功应等于其等效节点力在节点虚位移上的虚功。下面分别介绍单元作用有体力、面力和集中力的外力等效移置。

3.4.1 体力的移置

设单元所受的均匀分布体力为 $F_b = \begin{bmatrix} F_{bx} & F_{by} \end{bmatrix}^T$,将体力的等效节点力记为 $F_b^e = \begin{bmatrix} F_{bix} & F_{biy} & F_{bjx} & F_{bjy} & F_{bmx} & F_{bmy} \end{bmatrix}^T$,单元体力如图 3.9 所示。

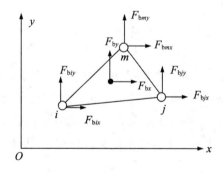

图 3.9 单元体力

由虚功相等可得

$$\delta^{*eT} F_b^e = t \iint_{\Omega^e} \left[u^* F_{bx} + v^* F_{by} \right] \mathrm{d}x \mathrm{d}y \tag{3.65}$$

式中,u^*,v^* 为均布体力作用点处的虚位移,可由单元位移场公式计算得到,计算结果代入式(3.65)得

$$\delta^{*eT} F_b^e = t \, \delta^{*eT} \iint_{\Omega^e} N^{eT} F_b \mathrm{d}x \mathrm{d}y \tag{3.66}$$

因虚位移具有任意性,整理得

$$F_{\mathrm{b}}^{\mathrm{e}} = t \iint_{\Omega^{\mathrm{e}}} N^{\mathrm{eT}} F_{\mathrm{b}} \mathrm{d}x \mathrm{d}y \tag{3.67}$$

举例说明:假设单元受自重作用,单位体积质量为 ρg,按照单元所受均匀分布体力公式有 $F_{\mathrm{b}} = \begin{bmatrix} 0 \\ -\rho g \end{bmatrix}$,则

$$\begin{aligned} F_{\mathrm{b}}^{\mathrm{e}} &= t \iint_{\Omega^{\mathrm{e}}} N^{\mathrm{eT}} F_{\mathrm{b}} \mathrm{d}x \mathrm{d}y \\ &= -\rho g t \iint_{\Omega^{\mathrm{e}}} \begin{bmatrix} 0 & N_i & 0 & N_j & 0 & N_m \end{bmatrix}^{\mathrm{T}} \mathrm{d}x \mathrm{d}y \\ &= -\frac{1}{3} \rho g t A \begin{bmatrix} 0 & 1 & 0 & 1 & 0 & 1 \end{bmatrix}^{\mathrm{T}} \end{aligned} \tag{3.68}$$

式(3.68)表明可把单元总质量平均分配到3个节点上。

3.4.2 分布面力的移置

设单元的边上分布有面力 $F_{\mathrm{s}} = \begin{bmatrix} F_{sx} & F_{sy} \end{bmatrix}^{\mathrm{T}}$,将面力的等效节点力记为 $F_{\mathrm{s}}^{\mathrm{e}} = \begin{bmatrix} F_{six} & F_{siy} & F_{sjx} & F_{sjy} & F_{smx} & F_{smy} \end{bmatrix}^{\mathrm{T}}$,分布面力如图3.10所示

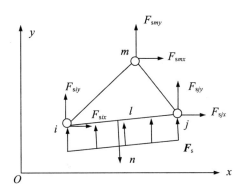

图3.10 分布面力

由虚功相等可得

$$\delta^{*\mathrm{eT}} F_{\mathrm{b}}^{\mathrm{e}} = t \int_{ij} \begin{bmatrix} u^* F_{sx} + v^* F_{sy} \end{bmatrix} \mathrm{d}s \tag{3.69}$$

式中, u^*, v^* 为均布体力作用点处的虚位移,可由单元位移场公式计算得到,将计算结果代入式(3.69)得

$$\delta^{*\mathrm{eT}} F_{\mathrm{b}}^{\mathrm{e}} = t \delta^{*\mathrm{eT}} \int_{ij} N^{\mathrm{eT}} F_{\mathrm{s}} \mathrm{d}s \tag{3.70}$$

因虚位移的任意性,整理得

$$F_{\mathrm{b}}^{\mathrm{e}} = t \int_{ij} N^{\mathrm{eT}} F_{\mathrm{s}} \mathrm{d}s \tag{3.71}$$

例 3.4 在均质、等厚的三角形单元 ijm 的 ij 边上作用有沿 x 方向，按三角形分布的荷载，求移置后的节点荷载。

取局部坐标 s，在 i 点 $s=0$，在 j 点 $s=1$，l 为 ij 边的长度。在 ij 边上，以局部坐标表示的形函数为

$$N_i = 1 - \frac{s}{l}, \quad N_j = \frac{s}{l}, \quad N_m = 0$$

荷载为 $F_{sx} = 0$，$F_{sy} = q\frac{s}{l}$，代入式(3.71)得

$$F_b^e = t\int_{ij} \left[0 \quad \left(1 - \frac{s}{l}\right)q\frac{s}{l} \quad 0 \quad \frac{s}{l}q\frac{s}{l} \quad 0 \quad 0 \right]^T ds$$

$$= qlt\left[0 \quad \frac{1}{6} \quad 0 \quad \frac{1}{3} \quad 0 \quad 0 \right]$$

在 ij 边上积分可得

$$F_{siy} = \int_0^l \left(1 - \frac{s}{l}\right)q\frac{s}{l}t\,ds = qt\left(\frac{s^2}{2l} - \frac{s^3}{3l^2}\right)\Big|_0^l = \frac{1}{6}qtl$$

$$F_{sjy} = \int_0^l \frac{s}{l}q\frac{s}{l}t\,ds = qt\left(\frac{s^3}{3l^2}\right)\Big|_0^l = \frac{1}{3}qtl$$

很容易证明，当 ij 边上作用有均匀分布的荷载 q 时，设 ij 边外法线单位矢量为

$$\boldsymbol{n} = \begin{bmatrix} n_x & n_y \end{bmatrix}^T = \begin{bmatrix} \dfrac{y_j - y_i}{l_{ij}} & \dfrac{x_j - x_i}{l_{ij}} \end{bmatrix}^T$$

则，ij 边上已知的分布面力矢量可写为

$$F_s = -qn = \begin{bmatrix} (y_i - y_j)\dfrac{q}{l_{ij}} \\ (x_i - x_j)\dfrac{q}{l_{ij}} \end{bmatrix}$$

移置后的节点荷载为

$$F_b^e = t\int_{ij} \left[(y_i - y_j)\frac{q}{l_{ij}} \quad (x_i - x_j)\frac{q}{l_{ij}} \quad (y_i - y_j)\frac{q}{l_{ij}} \quad (x_i - x_j)\frac{q}{l_{ij}} \quad 0 \quad 0 \right]^T ds$$

$$= \frac{1}{2}qlt\left[0 \quad 1 \quad 0 \quad 1 \quad 0 \quad 0 \right]$$

3.4.3　集中力的移置

设在单元内任意一点作用集中力 $F_c = \begin{bmatrix} F_{cx} & F_{cy} \end{bmatrix}^T$，将集中力的等效节点力记为 $F_c^e = \begin{bmatrix} F_{cix} & F_{ciy} & F_{cjx} & F_{cjy} & F_{cmx} & F_{cmy} \end{bmatrix}^T$，集中力移置如图3.11所示。

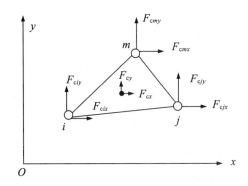

图 3.11 集中力移置

由虚功相等可得

$$\delta^{*eT} F_c^e = u_c^* F_x + v_c^* F_y = \delta^{*eT} N_c^T F_c \tag{3.72}$$

式中，u_c^*，v_c^* 为集中力作用点处的位移，N_c 为单元形函数在集中力作用点处的值。

因虚位移具有任意性，整理得

$$F_c^e = N_c^T F_c \tag{3.73}$$

由于虚位移是任意的，则

$$F_c^e = N_c^T F_c = \begin{bmatrix} N_{ci} F_x & N_{ci} F_y & N_{cj} F_x & N_{cj} F_y & N_{cm} F_x & N_{cm} F_y \end{bmatrix} \tag{3.74}$$

当单元既受体力作用，又在边界上作用有面力时，可将等效荷载叠加。

3.5 整体分析——两个单元结构的整体刚度矩阵

3.5.1 整体分析及其步骤

通过前面的单元分析可知，已知某个单元的节点位移，可以求出单元的应变、应力，并通过虚功原理建立单元节点力和节点位移之间的关系，求得单元刚度矩阵，并且将体力、面力、集中力等荷载等效移置到节点上。但是，整体结构可能由多个单元构成，单元与单元之间通过节点连接，单元分析完成后，就要进行整体分析。**整体分析是将单元组成一个整体结构，根据节点荷载平衡的原则进行分析**，其目的是正确形成以节点位移为未知量的整体结构有限元方程组，引入边界条件，求解位移。

有限单元法一般把节点位移作为基本未知量来求解有限元方程组，即求解下式：

$$K\delta = F \tag{3.75}$$

式中，K 是整体刚度矩阵，需要根据单元刚度矩阵建立；δ 是整体结构节点位移列阵，是待求量；F 是整体结构节点荷载列阵，是已知量。

整体分析包括以下四个主要步骤：

(1)建立整体刚度矩阵，形成有限元方程组。

（2）根据支承条件引入位移约束。

（3）解有限元方程组求节点位移。

（4）根据节点位移求单元应变应力。

【课程思政】

单元和整体就如同个人和国家的关系。个人（单元）和国家（整体）的关系是相互依存、相辅相成的,国家（整体）是由有限个个人（单元）构成的;个人（单元）也有其相对的独立性（单元特性）,但又会为国家（整体）贡献力量（单元刚度矩阵）。国家（整体）利益高于一切,个人（单元）要服从国家（整体）,国家（整体）对个人（单元）起支配、决定作用,也只有每个人（单元）都贡献力量,国家（整体）才能解决难题（求解）。

3.5.2 用两个单元的结构导出整体刚度矩阵

下面用例3.1中悬臂梁两个单元的结构导出整体刚度矩阵。设荷载 $F = -100$,对于单元①,可以写出单元的有限元方程

$$K^{①}\delta^{①} = F^{①}$$

展开,得

$$\begin{bmatrix} K_{11}^{①} & K_{12}^{①} & K_{13}^{①} \\ K_{21}^{①} & K_{22}^{①} & K_{23}^{①} \\ K_{31}^{①} & K_{32}^{①} & K_{33}^{①} \end{bmatrix} \begin{bmatrix} \delta_1 \\ \delta_2 \\ \delta_3 \end{bmatrix} = \begin{bmatrix} F_1^{①} \\ F_2^{①} \\ F_3^{①} \end{bmatrix}$$

对于单元②,可以写出单元的有限元方程

$$K^{②}\delta^{②} = F^{②}$$

展开,得

$$\begin{bmatrix} K_{44}^{②} & K_{43}^{②} & K_{42}^{②} \\ K_{34}^{②} & K_{33}^{②} & K_{32}^{②} \\ K_{24}^{②} & K_{23}^{②} & K_{22}^{②} \end{bmatrix} \begin{bmatrix} \delta_4 \\ \delta_3 \\ \delta_2 \end{bmatrix} = \begin{bmatrix} F_4^{②} \\ F_3^{②} \\ F_2^{②} \end{bmatrix}$$

四个节点的受力为

$$F_1 = \begin{bmatrix} F_{R1x} \\ F_{R1y} \end{bmatrix}, \quad F_2 = \begin{bmatrix} 0 \\ 0 \end{bmatrix}$$

$$F_3 = \begin{bmatrix} F_{R3x} \\ F_{R3y} \end{bmatrix}, \quad F_4 = \begin{bmatrix} 0 \\ -F \end{bmatrix}$$

其中,下标中R表示该力为约束反力。

节点的受力应等于围绕该节点的相关单元给该节点的作用力之和,即节点荷载平衡,则

$$F_1 - F_1^{①} = 0$$
$$F_2 - F_2^{①} - F_2^{②} = 0$$
$$F_3 - F_3^{①} - F_3^{②} = 0$$
$$F_4 - F_4^{②} = 0$$

单元①和单元②按照节点力和节点位移进行综合,可得

$$\begin{bmatrix} F_1 \\ F_2 \\ F_3 \\ F_4 \end{bmatrix} = \begin{bmatrix} F_1^{①} \\ F_2^{①} + F_2^{②} \\ F_3^{①} + F_3^{②} \\ F_4^{②} \end{bmatrix} = \begin{bmatrix} K_{11}^{①}\delta_1 + K_{12}^{①}\delta_2 + K_{13}^{①}\delta_3 \\ K_{21}^{①}\delta_1 + K_{22}^{①}\delta_2 + K_{23}^{①}\delta_3 + K_{24}^{②}\delta_4 + K_{23}^{②}\delta_3 + K_{22}^{②}\delta_2 \\ K_{31}^{①}\delta_1 + K_{32}^{①}\delta_2 + K_{33}^{①}\delta_3 + K_{34}^{②}\delta_4 + K_{33}^{②}\delta_3 + K_{32}^{②}\delta_2 \\ K_{34}^{②}\delta_4 + K_{33}^{②}\delta_3 + K_{32}^{②}\delta_2 \end{bmatrix}$$

$$= \begin{bmatrix} K_{11}^{①} & K_{12}^{①} & K_{13}^{①} & \\ K_{21}^{①} & K_{22}^{①} + K_{22}^{②} & K_{23}^{①} + K_{23}^{②} & K_{24}^{②} \\ K_{31}^{①} & K_{32}^{①} + K_{32}^{②} & K_{33}^{①} + K_{33}^{②} & K_{34}^{②} \\ & K_{32}^{②} & K_{33}^{②} & K_{34}^{②} \end{bmatrix} \begin{bmatrix} \delta_1 \\ \delta_2 \\ \delta_3 \\ \delta_4 \end{bmatrix} \tag{3.76}$$

式中,$[F_1 \ F_2 \ F_3 \ F_4]^{\mathrm{T}}$ 为结构节点荷载列阵,$[\delta_1 \ \delta_2 \ \delta_3 \ \delta_4]^{\mathrm{T}}$ 为结构节点位移列阵。

对比式(3.75),求解过程是**基于节点荷载平衡的原则**,将两个单元的有限元方程按照整体节点编号的顺序写出荷载列阵,并通过整理得到整体有限元方程的过程。其中,整体刚度矩阵如下:

$$\boldsymbol{K} = \begin{bmatrix} K_{11}^{①} & K_{12}^{①} & K_{13}^{①} & \\ K_{21}^{①} & K_{22}^{①} + K_{22}^{②} & K_{23}^{①} + K_{23}^{②} & K_{24}^{②} \\ K_{31}^{①} & K_{32}^{①} + K_{32}^{②} & K_{33}^{①} + K_{33}^{②} & K_{34}^{②} \\ & K_{32}^{②} & K_{33}^{②} & K_{34}^{②} \end{bmatrix} \tag{3.77}$$

整体刚度矩阵是有限元方程的核心,只需将每个单刚子块按照相同节点号下标叠加即可得到。

因荷载 F_4 已知,边界约束 δ_1,δ_3 也已知,可进行简化并求解未知量

$$\begin{bmatrix} K_{22}^{①} + K_{22}^{②} & K_{24}^{②} \\ K_{32}^{②} & K_{34}^{②} \end{bmatrix} \begin{bmatrix} \delta_2 \\ \delta_4 \end{bmatrix} = \begin{bmatrix} F_2 \\ F_4 \end{bmatrix}$$

3.6　整体刚度矩阵的生成及其性质

3.6.1　刚度集成法生成整体刚度矩阵

当单元数较少时,可以采用节点荷载平衡的原则建立有限元方程组。但是,当结构剖分的单元和节点较多时,这种方法就太繁琐了。那有生成整体刚度矩阵的一般方法吗?

下面先分析整体刚度矩阵公式[即式(3.76)],可以看出整体刚度矩阵内部的元素下标顺序与整体节点的编号顺序一致,如图3.12所示。

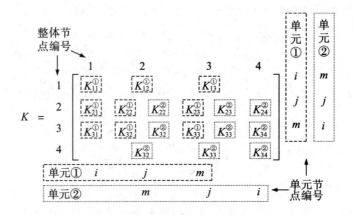

图3.12　整体刚度矩阵的生成

根据单元节点信息可知,对于单元①来说单元内部节点编号 i,j,m 分别对应整体节点编号 $1,2,3$,而单元②内部节点编号 i,j,m 分别对应整体节点编号 $4,3,2$。通过图3.12可以看出,两个单元的单元刚度矩阵都是按照单元刚度矩阵的子矩阵下标号对应的行列号投放在整体刚度矩阵中,在两个单元共用节点处,两个单元均对这个节点有贡献,比如2号节点和3号节点,因此在整体刚度矩阵中需要将两个单元的子矩阵叠加。

推而广之,假设采用三节点三角形单元离散的结构,有 NE 个单元、NJ 个节点,也可以采用上述方法生成整体刚度矩阵。因此,**在实际有限元分析中,建立整体刚度矩阵最常用的方法是直接集成法或直接刚度法**,即直接由单元刚度矩阵集合成整体刚度矩阵,其关键是把所有单元刚度矩阵的各元素安放到 K 中的适当位置。

$$K = \sum_{n=1}^{NE} K^{ne} = \sum_{n=1}^{NE} K_c^{ne} \tag{3.78}$$

式中,上标 n 表示第 n 个单元。

根据单元刚度矩阵和整体刚度矩阵的特性可知,单元刚度矩阵是 6×6 的矩阵,其编号是按照单元局部节点编号 i,j,m 的顺序排列的,而整体刚度矩阵是 $2NJ \times 2NJ$ 的矩阵,其编号是按照整体节点编号 $1,2,3,\cdots,NJ$ 的顺序排列的。

$$
\mathbf{K}^e = \begin{matrix} i \\ j \\ m \end{matrix}
\begin{bmatrix}
K_{ii} & K_{ij} & K_{im} \\
K_{ji} & K_{jj} & K_{jm} \\
K_{mi} & K_{mj} & K_{mm}
\end{bmatrix}_{6 \times 6}
$$

局部节点编号　i　j　m

整体节点编号　1　2　$\cdots$　NJ

$$
\mathbf{K} = \begin{matrix} 1 \\ 2 \\ \vdots \\ NJ \end{matrix}
\begin{bmatrix}
K_{11} & K_{12} & \cdots & K_{1NJ} \\
K_{21} & K_{22} & \cdots & K_{2NJ} \\
\vdots & \vdots & \vdots & \vdots \\
K_{NJ1} & K_{NJ2} & \cdots & K_{NJNJ}
\end{bmatrix}_{2NJ \times 2NJ}
$$

因此,需要将单元刚度矩阵 $\boldsymbol{K}^e$ 扩大成单元的贡献矩阵 $\boldsymbol{K}_c^e$,然后将各单元的 $\boldsymbol{K}_c^e$ 直接相加得出整体刚度矩阵 $\boldsymbol{K}$。对于三角形单元,分块集成时需把 $\boldsymbol{K}^e$ 中的6个元素按照整体节点编号的顺序在扩大后的矩阵中重新排列,并在空白处用零元素填充。一般来说,若单元的局部节点编号 i,j,m 分别对应于整体节点编号 I,J,M,且设 $I<J<M$,则该单元的贡献矩阵如图3.13所示。

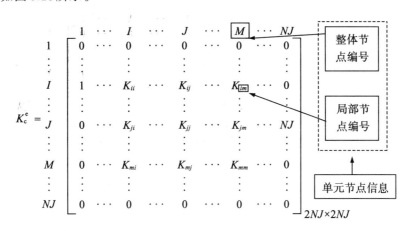

图3.13　单元贡献矩阵

下面再以两个单元的结构为例,根据上述步骤,先将两个单元刚度矩阵 $\boldsymbol{K}^e$ 扩大成单元的贡献矩阵 $\boldsymbol{K}_c^e$,然后根据式(3.78)将各单元的 $\boldsymbol{K}_c^e$ 直接相加得出整体刚度矩阵。

$$\boldsymbol{K}_c^{\text{①}} = \begin{bmatrix} K_{11}^{\text{①}} & K_{12}^{\text{①}} & K_{13}^{\text{①}} & 0 \\ K_{21}^{\text{①}} & K_{22}^{\text{①}} & K_{23}^{\text{①}} & 0 \\ K_{31}^{\text{①}} & K_{32}^{\text{①}} & K_{33}^{\text{①}} & 0 \\ 0 & 0 & 0 & 0 \end{bmatrix}_{8\times 8} \tag{3.79}$$

$$\boldsymbol{K}_c^{\text{②}} = \begin{bmatrix} 0 & 0 & 0 & 0 \\ 0 & K_{22}^{\text{②}} & K_{23}^{\text{②}} & K_{24}^{\text{②}} \\ 0 & K_{32}^{\text{②}} & K_{33}^{\text{②}} & K_{34}^{\text{②}} \\ 0 & K_{42}^{\text{②}} & K_{43}^{\text{②}} & K_{44}^{\text{②}} \end{bmatrix}_{8\times 8} \tag{3.80}$$

在实际工程计算或编程时,单元数目往往有上百个,无须将每个单元刚度都扩充为贡献矩阵,只需将刚度系数的下标直接叠加到整体刚度矩阵中去。这里通过表3.1来说明单元节点信息及自由度局部码与整体码的对应关系。

表3.1　单元节点信息及自由度局部码与整体码的对应关系

局部节点编号	i		j		m	
整体节点编号	I		J		M	
自由度局部码	1	2	3	4	5	6
自由度整体码	$2I-1$	$2I$	$2J-1$	$2J$	$2M-1$	$2M$

利用表3.1,可以确定单元刚度系数与整体刚度系数的对应关系。例如对单元刚度系数 K_{25}^{e},从编码表第2格取出 $2I$,从第5格取出 $2M-1$,则对应的整体刚度系数为 $K_{2I,2M-1}$,即

$$K_{25}^{\mathrm{e}} \rightarrow K_{2I,2M-1}$$

同理

$$K_{11}^{\mathrm{e}} \rightarrow K_{2I-1,2I-1}$$

推而广之,对于任意单元类型,只要单元的节点数和节点的自由度数确定了,则单元刚度矩阵的元素个数及位置就确定了。把全部单元的刚度系数都按照编码表叠加到相应的整体刚度系数中去,就可得到整体刚度矩阵。

【课程思政】

有鸟将来,张罗而待之。得鸟者,罗之一目也。今为一目之罗,则无时得鸟矣。——《淮南子》[①]

这句话的意思是:有只鸟即将飞过来,把网张开去捕捉,捕到鸟的只是一个网眼。现在用一个网眼去捕鸟,那就永远也捕不到。

这则古代寓言故事可以形象说明有限元单元与整体之间的关系:单元即"罗之一目",整体即"罗",整体是由有限个单元构成的,每一个单元都对整体有贡献,由有限个单元组成的整体才能实现有限元计算。除此之外,这则寓言故事还说明了做事需要团队的力量,科研也是如此,不能只学习本专业的知识,一定要涉猎广泛,多学科交叉融合。多学科交叉融合就好比一张捕鸟的罗,而抓住鸟的那个目就是我们的专业方向,其他的目是协助科研的其他专业知识。甚至还有这种可能:在本专业方向上没有捕到鸟,而在相关方向上捕到了。

3.6.2 整体刚度矩阵的性质与存储

整体刚度矩阵具有以下几个显著的特点:

(1)对称性:整体刚度矩阵是由单元刚度矩阵叠加而成的,所以它与单元刚度矩阵一样也是对称矩阵,即 $K_{ij} = K_{ji}^{\mathrm{T}}$,主对角线元素恒为正值,如图3.14所示。

利用这一特点,在计算机上计算时,只需计算和存储整体刚度矩阵主对角线一侧的元素即可,从而可节省近一半的存储空间。

(2)稀疏性:通过上面的分析可知,每个节点的节点力只与环绕节点的单元有关,即只有环绕该节点的单元的相关节点才会对该节点贡献刚度。因此,虽然总体节点数很

---

①《淮南子》又名《淮南鸿烈》《刘安子》,是我国西汉时期创作的一部论文集,由西汉皇族淮南王刘安主持撰写,故而得名《刘安子》。该书在继承先秦道家思想的基础上,综合了诸子百家学说中的精华部分,对后世研究秦汉时期文化起到了不可替代的作用。

多,但是每个节点的相关节点是很少的,这就导致刚度矩阵中只有很少的非零元素。这就是整体刚度矩阵的稀疏性。

下面以离散化为12个的三节点三角形单元、12个节点的悬臂梁有限元模型来说明整体刚度矩阵的稀疏性。悬梁臂有限元模型如图3.14所示,图中每一个大方格表示2×2的子矩阵,每一个小方格表示子矩阵中的元素。

由图3.14可知,1节点只与通过单元①和单元②连接的2、4、5节点相关,2节点只与通过单元②、单元③和单元④连接的1、3、5、6节点相关,依次类推,可以容易得到图3.14(b)所示整体刚度矩阵的分块矩阵示意,其中不相关的节点所在的行列号处的元素均为0,可以明显地看出稀疏性的特点。

一般来说,在弹性力学平面问题中,一个节点的相关节点不会超过7个,如果网格中共有200个节点,则一行中非零子块的个数与该行的子块总数相比不大于7/200,即在3.5%以下。网格的节点个数越多,整体刚度矩阵的稀疏性就越发突出。

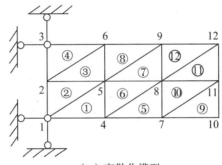

（a）离散化模型

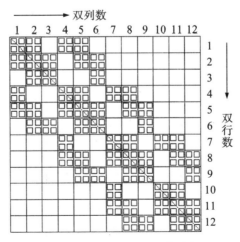

（b）整体刚度矩阵的分块矩阵示意

图3.14　悬臂梁有限元模型

（3）非零元素带形分布:在图3.14中,还可以明显看出整体刚度矩阵的非零元素分布在以对角线为中心的带形区域内,即整体刚度矩阵具有非零元素带形分布的特点。

在包括对角线元素的半个带形区域内,每行的元素个数叫作"半带宽",半带宽用 d 表示

$$d = (D_{max} + 1) \times 2 \qquad (3.81)$$

式中,D_{max} 为所有节点与相关节点的最大编码差值。

图 3.14(a)所示结构的相邻节点编码的最大差值为 4,则半带宽为 10。对于同样的有限元单元网格,按照图 3.15 进行编码,相邻节点编码的最大差值为 5,则半带宽为 12。这说明采用不同的编码会导致不同的半带宽。

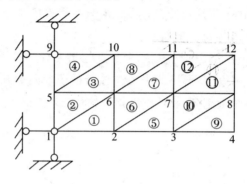

图 3.15　悬臂梁有限元模型的另一种编码

利用整体刚度矩阵非零元素带形分布和半带宽的概念,可以采用二维等带宽存储方法来减少计算所需内存。二维等带宽存储方法的原理如下:

设整体刚度矩阵 K 为一个 $2NJ \times 2NJ$ 的矩阵,最大半带宽为 d。利用整体刚度矩阵的特点和对称性,只需要保存以 d 为固定带宽的上半带的元素,该方法称为"二维等带宽存储"。进行存储时,把整体刚度矩阵 K 每行中的上半带元素取出,保存在另一个矩阵 K^* 的对应行中,得到一个 $2NJ \times d$ 矩阵 K^*。半带宽存储的元素对应关系如图 3.16 所示。

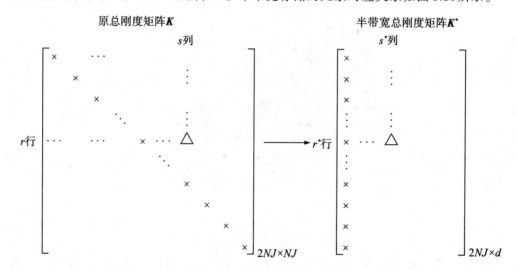

图 3.16　半带宽存储的元素对应关系

把元素在矩阵 K 中的行、列编码记为 r、s，矩阵 K^* 中的行、列编码记为 r^*、s^*，对应关系如下：

$$r^*=r,\quad s^*=s-r+1$$

用新的方法存储后，矩阵 K 中的对角线元素保存在新矩阵中的第1列中，矩阵 K 中的第 r 行元素仍然保存在新矩阵的第 r 行中，矩阵 K 中的第 s 列元素则按照新的列编码保存在新矩阵的不同列中。图3.17形象地表示了这种变化。虽然采用二维等带宽存储方法时，仍然会保存一些零元素，但元素寻址变得更便捷。

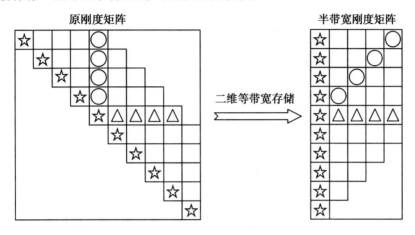

图3.17　半带宽存储的行列元素的变化

采用二维等带宽存储方法时，需要保存的元素数量与矩阵 K 中的总元素数量之比为 $d/2NJ$。所存储的元素数量取决于最大半带宽 d 的值，而 d 的值则由单元节点的编码方式决定。

(4) K **是奇异矩阵**：与单元刚度矩阵一样，总刚矩阵也是奇异矩阵，即 K 不是满秩矩阵，不能求得逆矩阵。有限元方程组不能通过总刚矩阵求逆矩阵的方法求解节点位移，即位移是不能确定的。

求得整体刚度矩阵和整体结构节点荷载列阵后还不能立即得出刚度方程。因为在建立整体刚度矩阵时，认为结构不受外界约束，是一个自由体，结构有刚体位移，在数学上这个整体刚度矩阵为奇异矩阵，因此根据该整体刚度矩阵得出的刚度方程不可能有确定的解答。要使刚度方程有唯一解，必须消除结构刚体位移，即必须引入位移边界条件和荷载边界条件。

例3.5　设有单位厚度($t=1\,\mathrm{m}$)边长为 $2\sqrt{2}\,\mathrm{m}$ 正方形板(见图3.18)，上下对角受压的荷载沿厚度均匀分布，荷载大约为 $2\,\mathrm{N/m}$。假设弹性模量 $E=1.0$，泊松比 $\mu=0.0$，试计算模型的总刚度矩阵并写出有限元方程组。

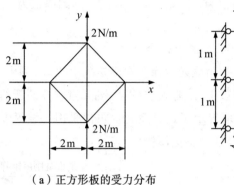
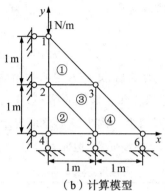

（a）正方形板的受力分布　　　　　　　（b）计算模型

图 3.18　对角受压的正方形板

解：由于该板左右和上下分别对称于 x 轴和 y 轴，所以只需取四分之一部分作为计算模型，离散化为 4 个单元，共有 6 个节点，如图 3.18（b）所示。离散化时，充分利用单元刚度矩阵的性质，4 个单元的大小、形状、对应点次序相等，其中单元①、单元②、单元④的位置相对平移，单元③的位置相对旋转 180°，这 4 个单元的单元刚度矩阵是相等的。

节点编号及坐标如表 3.2 所示。

表 3.2　节点坐标

整体节点编号	x 坐标	y 坐标
1	0	2
2	0	1
3	1	1
4	0	0
5	1	0
6	2	0

单元节点信息以及单元刚度矩阵如表 3.3 所示。

表 3.3　单元节点信息以及单元刚度矩阵

单元号	①			②			③			④		
局部节点编号	i	j	m	i	j	m	i	j	m	i	j	m
整体节点编号	1	2	3	2	4	5	5	3	2	3	5	6
单元刚度矩阵	$\begin{bmatrix} K_{11}^① & K_{12}^① & K_{13}^① \\ K_{21}^① & K_{22}^① & K_{23}^① \\ K_{31}^① & K_{32}^① & K_{33}^① \end{bmatrix}$			$\begin{bmatrix} K_{22}^② & K_{24}^② & K_{25}^② \\ K_{42}^② & K_{44}^② & K_{45}^② \\ K_{52}^② & K_{54}^② & K_{55}^② \end{bmatrix}$			$\begin{bmatrix} K_{55}^③ & K_{53}^③ & K_{52}^③ \\ K_{35}^③ & K_{33}^③ & K_{32}^③ \\ K_{25}^③ & K_{23}^③ & K_{22}^③ \end{bmatrix}$			$\begin{bmatrix} K_{33}^④ & K_{35}^④ & K_{36}^④ \\ K_{53}^④ & K_{55}^④ & K_{56}^④ \\ K_{63}^④ & K_{65}^④ & K_{66}^④ \end{bmatrix}$		

计算单元①的面积 A 及代数斜式 $b_i, c_i, b_j, c_j, b_m, c_m$ 得

$$A = 0.5$$
$$b_i = 0, \quad c_i = 1$$
$$b_j = -1, \quad c_j = -1$$
$$b_m = 1, \quad c_m = 0$$

计算应变矩阵 $\boldsymbol{B}^{①}$ 得

$$\boldsymbol{B}^{①} = \begin{bmatrix} 0 & 0 & -1 & 0 & 1 & 0 \\ 0 & 1 & 0 & -1 & 0 & 0 \\ 1 & 0 & -1 & -1 & 0 & 1 \end{bmatrix}$$

计算应力矩阵 $\boldsymbol{S}^{①}$ 得

$$\boldsymbol{S}^{①} = \begin{bmatrix} 0 & 0 & -1 & 0 & 1 & 0 \\ 0 & 1 & 0 & -1 & 0 & 0 \\ 0.5 & 0 & -0.5 & -0.5 & 0 & 0.5 \end{bmatrix}$$

计算单元刚度矩阵 $\boldsymbol{K}^{①}$ 得

$$\boldsymbol{K}^{①} = \begin{bmatrix} 0.25 & 0 & -0.25 & -0.25 & 0 & 0.25 \\ 0 & 0.5 & 0 & -0.5 & 0 & 0 \\ -0.25 & 0 & 0.75 & 0.25 & -0.5 & -0.25 \\ -0.25 & -0.5 & 0.25 & 0.75 & 0 & -0.25 \\ 0 & 0 & -0.5 & 0 & 0.5 & 0 \\ 0.25 & 0 & -0.25 & -0.25 & 0 & 0.25 \end{bmatrix}$$

根据同样的方法可以很容易地求出另外 3 个单元的单元刚度矩阵, 对比发现它们是相等的。根据图 3.12, 生成整体刚度矩阵 $\boldsymbol{K}$

$$\boldsymbol{K} = \begin{bmatrix} K_{11}^{①} & K_{12}^{①} & K_{13}^{①} & 0 & 0 & 0 \\ K_{21}^{①} & K_{22}^{①+②+③} & K_{23}^{①+③} & K_{24}^{②} & K_{25}^{②+③} & 0 \\ K_{31}^{①} & K_{32}^{①+②} & K_{33}^{①+③+④} & 0 & K_{35}^{③+④} & K_{36}^{④} \\ 0 & K_{42}^{②} & 0 & K_{44}^{②} & K_{45}^{②} & 0 \\ 0 & K_{52}^{②+③} & K_{53}^{③+④} & K_{54}^{②} & K_{55}^{②+③+④} & K_{56}^{④} \\ 0 & 0 & K_{63}^{④} & 0 & K_{65}^{④} & K_{66}^{④} \end{bmatrix}$$

分别将单元刚度矩阵的子矩阵代入整体刚度矩阵, 整理可得

$$\boldsymbol{K} = \begin{bmatrix} 0.25 & 0 & -0.25 & -0.25 & 0 & 0.25 & 0 & 0 & 0 & 0 & 0 & 0 \\ 0 & 0.5 & 0 & -0.5 & 0 & 0 & 0 & 0 & 0 & 0 & 0 & 0 \\ -0.25 & 0 & 1.5 & 0.25 & -1 & -0.25 & -0.25 & -0.25 & 0 & 0.25 & 0 & 0 \\ -0.25 & -0.5 & 0.25 & 1.5 & -0.25 & -0.5 & 0 & -0.5 & 0.25 & 0 & 0 & 0 \\ 0 & 0 & -1 & -0.25 & 1.5 & 0.25 & 0 & 0 & -0.5 & -0.25 & 0 & 0.25 \\ 0.25 & 0 & -0.25 & -0.5 & 0.25 & 1.5 & 0 & 0 & -0.25 & -1 & 0 & 0 \\ 0 & 0 & -0.25 & 0 & 0 & 0 & 0.75 & 0.25 & -0.5 & -0.25 & 0 & 0 \\ 0 & 0 & -0.25 & -0.5 & 0 & 0 & 0.25 & 0.75 & 0 & -0.25 & 0 & 0 \\ 0 & 0 & 0 & 0.25 & -0.5 & -0.25 & -0.5 & 0 & 1.5 & 0.25 & -0.5 & -0.25 \\ 0 & 0 & 0.25 & 0 & -0.25 & -1 & -0.25 & -0.25 & 0.25 & 1.5 & 0 & -0.25 \\ 0 & 0 & 0 & 0 & 0 & 0 & 0 & 0 & -0.5 & 0 & 0.5 & 0 \\ 0 & 0 & 0 & 0 & 0.25 & 0 & 0 & 0 & -0.25 & -0.25 & 0 & 0.25 \end{bmatrix}$$

3.6.3 从虚功原理导出有限元方程

从节点平衡得到整体平衡方程(3.4)的方法的物理概念是清晰的,但这种方法在数学上不够严谨,对有些问题推导有困难,有时还会有不确定的结果。本节介绍的从虚功原理导出有限元方程的方法是一种更加严谨、适用性更加广泛的方法。

为了方便分析,引入单元节点信息辅助矩阵 G^e

$$G^e = \begin{bmatrix} 0 & \cdots & 2I-1 & 0 & \cdots & 0 & 0 & \cdots & 0 & 0 & \cdots & 0 \\ 0 & \cdots & 0 & 2I & \cdots & 0 & 0 & \cdots & 0 & 0 & \cdots & 0 \\ 0 & \cdots & 0 & 0 & \cdots & 2J-1 & 0 & \cdots & 0 & 0 & \cdots & 0 \\ 0 & \cdots & 0 & 0 & \cdots & 0 & 2J & \cdots & 0 & 0 & \cdots & 0 \\ 0 & \cdots & 0 & 0 & \cdots & 0 & 0 & \cdots & 2M-1 & 0 & \cdots & 0 \\ 0 & \cdots & 0 & 0 & \cdots & 0 & 0 & \cdots & 0 & 2M & \cdots & 0 \end{bmatrix}_{6 \times 2NJ} \tag{3.82}$$

该辅助矩阵的物理意义是表示某一个三节点三角形单元的单元节点信息,即内部节点编号 i,j,m 对应的整体节点编号 I,J,M;其数学意义是该矩阵为 $6 \times 2NJ$ 的矩阵,表示的是内部节点编号对应的整体节点编号在整体刚度矩阵中的行列号。

单元节点信息辅助矩阵具有以下性质:

(1)用单元节点信息辅助矩阵左乘节点位移列阵,相当于挑选出某一单元的节点位移列阵,即

$$\delta^e = G^e \delta \tag{3.83}$$

(2)单元的节点位移列阵右乘单元节点信息辅助矩阵的逆矩阵,相当将该单元的节点位移列阵扩充为节点位移列阵,即

$$\delta = G^{eT} \delta^e \tag{3.84}$$

将平面问题的虚功方程式改写为

$$t \int_{\Omega} \boldsymbol{\varepsilon}^{*T} \boldsymbol{\sigma} \mathrm{d}\Omega = t \int_{\Omega} \boldsymbol{u}^{*T} \boldsymbol{F}_b \mathrm{d}\Omega + t \int_s \boldsymbol{u}^{*T} \boldsymbol{F}_s \mathrm{d}s \tag{3.85}$$

式(3.85)左侧是总虚变形功,或者称应力在虚应变上的"总虚功",其可以化为离散化后各单元总虚变形功之和。虚变形中的虚应变是由节点虚位移引起的,即 $\boldsymbol{\varepsilon}^* = \boldsymbol{B}\boldsymbol{\delta}^{*e}$,节点虚位移与积分变量无关,可以提到积分号外(为简单化计算,以下设厚度 $t=1$),则

$$\int_\Omega \boldsymbol{\varepsilon}^{*T} \boldsymbol{\sigma} d\Omega = \sum_{n=1}^{NE} \left(\int_{\Omega^{ne}} \boldsymbol{\varepsilon}^{*neT} \boldsymbol{\sigma}^{ne} d\Omega \right) = \sum_{n=1}^{NE} \left(\int_{\Omega^{ne}} \boldsymbol{\delta}^{*neT} \boldsymbol{B}^{neT} \boldsymbol{D} \boldsymbol{B}^{ne} \boldsymbol{\delta}^{ne} d\Omega \right)$$

$$= \sum_{n=1}^{NE} \left(\boldsymbol{\delta}^{*neT} \int_{\Omega^{ne}} \boldsymbol{B}^{neT} \boldsymbol{D} \boldsymbol{B}^{ne} d\Omega \boldsymbol{\delta}^{ne} \right) \qquad (3.86)$$

$$= \boldsymbol{\delta}^{*T} \left[\sum_{n=1}^{NE} \left(\boldsymbol{G}^{neT} \int_{\Omega^{ne}} \boldsymbol{B}^{neT} \boldsymbol{D} \boldsymbol{B}^{ne} d\Omega \boldsymbol{G}^{ne} \right) \right] \boldsymbol{\delta}$$

式(3.85)右侧第一项是体力在虚位移上做的虚功,积分也可表示为各单元积分之和,在每个单元上,$\boldsymbol{u}^{*e} = \boldsymbol{N}^e \boldsymbol{\delta}^{*e}$,则有

$$\int_\Omega \boldsymbol{u}^{*eT} \boldsymbol{F}_b d\Omega = \sum_{n=1}^{NE} \left(\boldsymbol{\delta}^{*neT} \int_{\Omega^e} \boldsymbol{N}^{neT} \boldsymbol{F}_b d\Omega \right) = \boldsymbol{\delta}^{*eT} \left[\sum_{n=1}^{NE} \left(\boldsymbol{G}^{neT} \int_{\Omega^e} \boldsymbol{N}^{neT} \boldsymbol{F}_b d\Omega \right) \right] \quad (3.87)$$

式(3.85)右侧第二项是面力在虚位移上做的虚功,积分也可表示为各单元积分之和,在每个单元上,$\boldsymbol{u}^{*e} = \boldsymbol{N}^e \boldsymbol{\delta}^{*e}$,则有

$$\int_S \boldsymbol{u}^{neT} \boldsymbol{F}_s ds = \sum_{n=1}^{NE} \left(\boldsymbol{\delta}^{neT} \int_S \boldsymbol{N}^{neT} \boldsymbol{F}_s ds \right) = \boldsymbol{\delta}^{neT} \left[\sum_{n=1}^{NE} \left(\boldsymbol{G}^{neT} \int_S \boldsymbol{N}^{neT} \boldsymbol{F}_s ds \right) \right] \quad (3.88)$$

在有限元离散模型中,可能有已知节点集中外力列阵 $\boldsymbol{F}_c$,其在节点虚位移上的虚功为 $\boldsymbol{\delta}^{*T} \boldsymbol{F}_c$,将这些都代入虚功方程(3.86)中,由于 $\boldsymbol{\delta}^*$ 的任意性便可得到阶数与 $\boldsymbol{\delta}^*$ 相同的代数方程组,即

$$\left[\sum_{n=1}^{NE} \left(\boldsymbol{G}^{neT} \int_{\Omega^{ne}} \boldsymbol{B}^{neT} \boldsymbol{D} \boldsymbol{B}^{ne} d\Omega \boldsymbol{G}^e \right) \right] \boldsymbol{\delta} = \left[\sum_{n=1}^{NE} \left(\boldsymbol{G}^{neT} \int_{\Omega^{ne}} \boldsymbol{N}^{neT} \boldsymbol{F}_b d\Omega \right) \right] + \left[\sum_{n=1}^{NE} \left(\boldsymbol{G}^{neT} \int_S \boldsymbol{N}^{neT} \boldsymbol{F}_s ds \right) \right] + \boldsymbol{F}_c$$

$$(3.89)$$

式(3.89)也可写为

$$\boldsymbol{K} \boldsymbol{\delta} = \boldsymbol{F}_b + \boldsymbol{F}_s + \boldsymbol{F}_c \qquad (3.90)$$

$$\boldsymbol{K} = \sum_{n=1}^{NE} \left(\boldsymbol{G}^{neT} \int_{\Omega^{ne}} \boldsymbol{B}^{neT} \boldsymbol{D} \boldsymbol{B}^{ne} d\Omega \boldsymbol{G}^{ne} \right) \qquad (3.91)$$

式(3.91)即结构的整体平衡方程,该方程将总刚度矩阵的定义、总刚度矩阵与单元刚度矩阵的关系、单元刚度矩阵的计算式、体力的等效节点力、面力的等效节点力等方面的关系表达得很清楚了,再加上补充的位移约束方程,有限元方程从数学上就完整了。

在有限元方程的推导过程中除了利用虚功原理,还利用了整体离散为单元组、几何方程(位移-应变关系)、物理方程(弹性应力-应变关系)的方法。

3.7 约束条件处理与有限元方程组求解

3.7.1 约束条件处理方法

根据前面的论述,通过单元分析和整体分析,得到了有限元方程

$$K_{2NJ \times 2NJ} \delta_{2NJ \times 1} = F_{2NJ \times 1} \tag{3.92}$$

由于整体刚度矩阵 $K_{2NJ \times 2NJ}$ 的奇异性,无法求得其逆矩阵,需要根据节点的位移约束情况修改方程,以消除其奇异性,从而求解方程。引入位移约束的方法有两种。

3.7.1.1 减少未知量个数的直接代入法

将节点的约束代入式(3.92),采用线性代数中的求解方法,容易整理得

$$K^* \delta^* = \begin{bmatrix} K_{aa} & K_{ac} \\ K_{ca} & K_{cc} \end{bmatrix} \begin{bmatrix} \delta_a \\ \delta_c \end{bmatrix} = \begin{bmatrix} F_a \\ F_{Rc} \end{bmatrix} \tag{3.93}$$

式中,δ_a 为待求位移列阵;δ_c 为已知位移列阵;F_a 为已知节点力列阵;F_{Rc} 包含有约束反力的外力列阵。

求解的有限元方程可化为

$$K_{aa} \delta_a = F_a - K_{ac} \delta_c \tag{3.94}$$

该方法适用于少量单元有限元方程的人工求解,效率低,而且简化后的 K_{aa} 的维数降低了,不适用于编制程序求解。

例 3.6 根据例 3.5 模型的位移约束条件,求解有限元方程组,给出节点位移,并计算单元①的应力。

解:根据例 3.5 可知,已计算得到整体刚度矩阵 K,则有限元方程为

$$K_{12 \times 12} \delta_{12 \times 1} = F_{12 \times 1}$$

已知位移约束为 $u_1 = 0, u_2 = 0, u_3 = 0, u_4 = 0, u_5 = 0, u_6 = 0$,荷载列阵为 $F = \begin{bmatrix} F_{R1x} & -1 & F_{R2x} & 0 & 0 & 0 & F_{R4x} & F_{4y} & 0 & F_{5y} & 0 & F_{6y} \end{bmatrix}^T$

$$\begin{bmatrix} 0.25 & 0 & -0.25 & -0.25 & 0 & 0.25 & 0 & 0 & 0 & 0 & 0 & 0 \\ 0 & 0.5 & 0 & -0.5 & 0 & 0 & 0 & 0 & 0 & 0 & 0 & 0 \\ -0.25 & 0 & 1.5 & 0.25 & -1 & -0.25 & -0.25 & -0.25 & 0 & 0.25 & 0 & 0 \\ -0.25 & -0.5 & 0.25 & 1.5 & -0.25 & -0.5 & 0 & -0.5 & 0.25 & 0 & 0 & 0 \\ 0 & 0 & -1 & -0.25 & 1.5 & 0.25 & 0 & 0 & -0.5 & -0.25 & 0 & 0.25 \\ 0.25 & 0 & -0.25 & -0.5 & 0.25 & 1.5 & 0 & 0 & -0.25 & -1 & 0 & 0 \\ 0 & 0 & -0.25 & 0 & 0 & 0 & 0.75 & 0.25 & -0.5 & -0.25 & 0 & 0 \\ 0 & 0 & -0.25 & -0.5 & 0 & 0 & 0.25 & 0.75 & 0 & -0.25 & 0 & 0 \\ 0 & 0 & 0 & 0.25 & -0.5 & -0.25 & -0.5 & 0 & 1.5 & 0.25 & -0.5 & -0.25 \\ 0 & 0.25 & 0 & -0.25 & -1 & -0.25 & -0.25 & 0.25 & 1.5 & 0 & -0.25 \\ 0 & 0 & 0 & 0 & 0 & 0 & 0 & 0 & -0.5 & 0 & 0.5 & 0 \\ 0 & 0 & 0 & 0 & 0.25 & 0 & 0 & 0 & -0.25 & -0.25 & 0 & 0.25 \end{bmatrix} \begin{bmatrix} 0 \\ v_1 \\ 0 \\ v_2 \\ u_3 \\ v_3 \\ 0 \\ 0 \\ u_5 \\ 0 \\ u_6 \\ 0 \end{bmatrix} = \begin{bmatrix} F_{R1x} \\ -1 \\ F_{R2x} \\ 0 \\ 0 \\ 0 \\ F_{R4x} \\ F_{R2y} \\ 0 \\ F_{R5y} \\ 0 \\ F_{R6y} \end{bmatrix}$$

整理得

$$\begin{bmatrix} 0.5 & -0.5 & 0 & 0 & 0 & 0 \\ -0.5 & 1.5 & -0.25 & -0.5 & 0.25 & 0 \\ 0 & -0.25 & 1.5 & 0.25 & -0.5 & 0 \\ 0 & -0.5 & 0.25 & 1.5 & -0.25 & 0 \\ 0 & 0.25 & -0.5 & -0.25 & 1.5 & -0.5 \\ 0 & 0 & 0 & 0 & -0.5 & 0.5 \end{bmatrix} \begin{bmatrix} v_1 \\ v_2 \\ u_3 \\ v_3 \\ u_5 \\ u_6 \end{bmatrix} = \begin{bmatrix} -1 \\ 0 \\ 0 \\ 0 \\ 0 \\ 0 \end{bmatrix}$$

解得

$$v_1 = -2.92084, \quad v_2 = -0.92084, \quad u_3 = -0.01587,$$
$$v_4 = -0.53958, \quad u_5 = 0.30153, \quad u_6 = 0.30153$$

下面求单元①的应力。首先写出单元①的节点位移列阵如下：

$$\boldsymbol{\delta}^{①} = \begin{bmatrix} 0 & -2.92084 & 0 & -0.92084 & -0.01587 & -0.53958 \end{bmatrix}^{\mathrm{T}}$$

代入式(3.48)，得单元①的应力为

$$\boldsymbol{\sigma}^{①} = \boldsymbol{S}^{①}\boldsymbol{\delta}^{①} = \begin{bmatrix} 1 & 0 & 0 & 0 & -1 & 0 \\ 0 & 0 & 0 & 1 & 0 & -1 \\ 0 & 0.5 & 0.5 & 0 & -0.5 & -0.5 \end{bmatrix} \begin{bmatrix} 0 \\ -2.92084 \\ 0 \\ -0.92084 \\ -0.01587 \\ -0.53958 \end{bmatrix} = \begin{bmatrix} 0.01587 \\ -0.38126 \\ -1.18270 \end{bmatrix}$$

3.7.1.2　对角线元素乘大数法

若整体节点 I 处存在已知非零的水平方向位移 $\bar{u}_I$，这时的约束条件为

$$u_I = \bar{u}_I \tag{3.95}$$

根据有限元方程可知，与 I 节点水平方向对应的平衡方程为

$$K_{2I-1,1}u_1 + K_{2I-1,2}v_1 + \cdots + K_{2I-1,2I-1}u_I + K_{2I-1,2I}v_I + \cdots + K_{2I-1,2NJ}v_{2NJ} = F_{2I-1} \tag{3.96}$$

现将矩阵 $\boldsymbol{K}$ 中第 $2I-1$ 行的主对角线元素 $K_{2I-1,2I-1}$ 乘上一个大数 A（如取 $A = 10^{10}$），同时荷载向量 $\boldsymbol{F}$ 中的 F_{2I-1} 对应换成 $AK_{2I-1,2I-1}\bar{u}_I$，其余的保持不变，则方程变为

$$K_{2I-1,1}u_1 + K_{2I-1,2}v_1 + \cdots + AK_{2I-1,2I-1}u_I + K_{2I-1,2I}v_I + \cdots + K_{2I-1,2NJ}v_{2NJ} = AK_{2I-1,2I-1}\bar{u}_I \tag{3.97}$$

因为 A 的取值足够大，修改后式(3.95)左侧其他项的值与主对角线元素值相比非常小，可以忽略不计，则

$$AK_{2I-1,2I-1}u_I = AK_{2I-1,2I-1}\bar{u}_I \tag{3.98}$$

由式(3.98)可知，式(3.94)已将 $u_I = \bar{u}_I$ 引入。

如果 $\bar{u}_I = 0$，则式(3.96)左侧的改变相同，右侧荷载向量中的 F_{2I-1} 对应换成 0 即可。

对角线元素乘大数法仅修改了有位移约束节点对应的主对角线元素,同时对应修改了荷载列阵,刚度矩阵原行号、列号均保持不变,修改后平衡方程变为

$$K^*_{2NJ \times 2NJ} \delta^*_{2NJ \times 1} = F^*_{2NJ \times 1} \tag{3.99}$$

修改后的刚度矩阵消除了刚体位移,变为非奇异且正定的矩阵,但仍保持对称性、稀疏性及带状分布。该方法保持刚度矩阵原行号、列号不变,利于实现程序化。

3.7.2 有限元方程组的数值解

由于有限元方程的复杂性,借助计算机求解是必要的。有限元方程数值解的求解方法分为两大类:

(1)**直接求解法**:直接求解法以高斯消去法为基础,包括高斯消去法、等带宽高斯消去法、三角分解法以及适用于大型方程组求解的分块算法和波前法等。

(2)**迭代求解法**:迭代求解法有高斯-赛德尔迭代、超松弛迭代和共轭梯度法等。

当方程的阶数不是特别高时,通常采用直接求解法。当方程的阶数过高时,为避免舍入误差和消元时有效数损失等对计算精度的影响,可以选择迭代求解法。不管是直接求解法还是迭代求解法,都可以通过数值方法来实现。在实际操作中,往往充分利用整体刚度矩阵的对称性、稀疏性、带状分布等特点来提高有限元方程的求解效率。

3.7.3 高斯消去法求解有限元方程

高斯消去法是解线性方程组最常用的方法之一,它的基本思想是通过逐步消元,把方程组的系数矩阵转化为三角形矩阵的同解方程组,然后用回代法解此方程组,从而得到原方程组的解。

为便于叙述,先以一个三阶线性方程组为例来说明高斯消去法的基本思想。三阶线性方程组如下:

$$\begin{cases} 2x_1 + 3x_2 + 4x_3 = 6 & (\text{I}) \\ 3x_1 + 5x_2 + 2x_3 = 5 & (\text{II}) \\ 4x_1 + 3x_2 + 30x_3 = 32 & (\text{III}) \end{cases} \tag{3.100}$$

方程(I)乘以$\left(-\dfrac{3}{2}\right)$后加到方程(II)上去,方程(I)乘以$\left(-\dfrac{4}{2}\right)$后加到方程(III)上去,即可消去方程(II)(III)中的x_1,得同解方程组

$$\begin{cases} 2x_1 + 3x_2 + 4x_3 = 6 & (\text{I}) \\ 0.5x_2 - 4x_3 = -4 & (\text{II}) \\ -3x_2 + 22x_3 = 20 & (\text{III}) \end{cases} \tag{3.101}$$

方程(II)乘以$\left(\dfrac{3}{0.5}\right)$后加于方程(III),得同解方程组

$$\begin{cases} 2x_1 + 3x_2 + 4x_3 = 6 & (\text{I}) \\ 0.5x_2 - 4x_3 = -4 & (\text{II}) \\ -2x_3 = -4 & (\text{III}) \end{cases} \tag{3.102}$$

由式(3.102)得出 $x_3 = 2, x_2 = 8, x_1 = -13$。

下面考察一般形式(n个方程)的线性方程组的解法。方程组如下：

$$\boldsymbol{A}_{n \times n} \boldsymbol{X}_{n \times 1} = \boldsymbol{b}_{n \times 1} \tag{3.103}$$

为叙述问题方便,将 b_i 写成 $a_{i,n+1}, i = 1, 2, \cdots, n$,则方程组可写成以下形式：

$$\begin{cases} a_{11}x_1 + a_{12}x_2 + a_{13}x_3 + \cdots + a_{1n}x_n = b_1 \\ a_{21}x_1 + a_{22}x_2 + a_{23}x_3 + \cdots + a_{2n}x_n = b_2 \\ \cdots \\ a_{n1}x_1 + a_{n2}x_2 + a_{n3}x_3 + \cdots + a_{nn}x_n = b_n \end{cases} \tag{3.104}$$

如果 $a_{11} \neq 0$,将第一个方程中 x_1 的系数化为1,得

$$x_1 + a_{12}^{(1)}x_2 + \cdots + a_{1n}^{(1)}x_n = b_1^{(1)} \tag{3.105}$$

式中,$a_{1j}^{(1)} = \dfrac{a_{ij}}{a_{11}}, b_j^{(1)} = \dfrac{b_j}{a_{11}} \quad (i, j = 1, 2, \cdots, n)$。

从其他 $n-1$ 个方程中消 x_1,使方程组变成如下形式：

$$\begin{cases} x_1 + a_{12}^{(1)}x_2 + \cdots + a_{1n}^{(1)}x_n = b_1^{(1)} \\ a_{22}^{(1)}x_2 + \cdots + a_{2n}^{(1)}x_n = b_2^{(1)} \\ \cdots \\ a_{n2}^{(1)}x_2 + \cdots + a_{nn}^{(1)}x_n = b_n^{(1)} \end{cases} \tag{3.106}$$

式中,$a_{ij}^{(1)} = a_{ij} - \left(\dfrac{a_{i1}^{(1)}}{a_{11}} \right) \cdot a_{ij}^{(1)}, b_j^{(1)} = b_j - \left(\dfrac{a_{i1}^{(1)}}{a_{11}} \right) \cdot b_j^{(1)} \quad (i, j = 2, \cdots, n)$。

由方程组(3.104)到(3.106)的过程中,元素 a_{11} 起着重要的作用,因此把 a_{11} 称为"主元素"。

如果方程组(3.106)中 $a_{22}^{(1)} \neq 0$,则以 $a_{22}^{(1)}$ 为主元素,又可以把方程组(3.106)化为以下形式：

$$\begin{cases} x_1 + a_{12}^{(1)}x_2 + \cdots + a_{1n}^{(1)}x_n = b_1^{(1)} \\ x_2 + a_{23}^{(2)}x_3 + \cdots + a_{2n}^{(2)}x_n = b_2^{(2)} \\ a_{33}^{(2)}x_3 + \cdots + a_{3n}^{(2)}x_n = b_3^{(3)} \\ \cdots \\ a_{n3}^{(2)}x_3 + \cdots + a_{nn}^{(2)}x_n = b_n^{(2)} \end{cases} \tag{3.107}$$

针对(3.107)继续消元,重复同样的步骤,第 k 步所要加工的方程组如下：

$$
\begin{cases}
x_1 + a_{12}^{(1)}x_2 + a_{13}^{(1)}x_3 + \cdots + a_{1n}^{(1)}x_n = b_1^{(1)} \\
x_2 + a_{23}^{(2)}x_3 + \cdots + a_{2n}^{(2)}x_n = b_2^{(2)} \\
\qquad\qquad \cdots \\
x_{k-1} + a_{k-1}^{(k-1)}x_k + \cdots + a_{kn}^{(k-1)}x_n = b_{k-1}^{(k-1)} \\
a_{kk}^{(k-1)}x_k + \cdots + a_{nn}^{(k-1)}x_n = b_k^{(k-1)} \\
\qquad\qquad \cdots \\
a_{nk}^{(k-1)}x_k + \cdots + a_{nn}^{(k-1)}x_n = b_n^{(k-1)}
\end{cases}
\tag{3.108}
$$

设 $a_{kk}^{(k-1)} \neq 0$, 第 k 步先将式(3.108)中第 k 个方程中 x_k 的系数化为 1, 则

$$
x_k + a_{k,k+1}^{(k)}x_k + \cdots + a_{kn}^{(k)}x_n = b_k^{(k)}
\tag{3.109}
$$

然后再从其他 $(n-k)$ 个方程中消 x_k, 消元公式为

$$
a_{kj}^{(k)} = \frac{a_{kj}^{(k-1)}}{a_{kk}^{(k-1)}}, \quad b_j^{(k)} = \frac{b_k^{(k-1)}}{a_{kk}^{(k-1)}}
$$

$$
a_{ij}^{(k+1)} = a_{ij}^{(k)} - a_{kj}^{(k)} \cdot a_{ik}^{(k+1)}, \quad b_j^{(k+1)} = b_j^{(k)} - b_j^{(k)} \cdot b_j^{(k+1)} \quad (i,j = k, \cdots, n)
\tag{3.110}
$$

按照上述步骤重复 n 次后, 将原方程组加工成下列形式

$$
\begin{cases}
x_1 + a_{12}^{(1)}x_2 + a_{13}^{(1)}x_3 + \cdots + a_{1n}^{(1)}x_n = b_1^{(1)} \\
x_2 + a_{23}^{(2)}x_3 + \cdots + a_{2n}^{(2)}x_n = b_2^{(2)} \\
\qquad\qquad \cdots \\
x_{n-1} + a_{nn}^{(n-1)}x_n = b_{n-1}^{(n-1)} \\
x_n = b_n^{(n)}
\end{cases}
\tag{3.111}
$$

由式(3.109)和式(3.111)可得

$$
\begin{cases}
x_n = b_n^{(n)} \\
x_k = b_k^{(k)} - \sum_{j=k+1}^{n} a_{kj}^{(k)}x_j \quad (k = n-1, \cdots, 1)
\end{cases}
\tag{3.112}
$$

综上所述, 高斯消去法分为消元过程与回代过程, 消元过程将所给方程组加工成三角形方程组, 再经回代过程求解。该方法的计算程序很容易编制, 具体可参考相关的数值方法程序教材。

3.8 有限元的解及其收敛性

3.8.1 有限元的解

3.8.1.1 位移解

从前文可以看出, 位移解是有限元位移法的第一解答。考虑到在单元内设定的位移

模式,也可认为通过位移解最终得到了整个结构的位移场。由于三节点三角形单元离散的模型曲面是折面形式的,又因为其是常应变单元,因此计算得到的位移解是近似解。可以通过增加单元个数、减小单元尺寸来提高位移解的精度,随着最大单元的尺寸趋于零而逼近精确解。位移解公式如下:

$$\boldsymbol{\delta}^{e} = \boldsymbol{G}^{e} \boldsymbol{\delta}$$

即从整体位移列阵中取出属于单元的节点位移,形成单元位移列阵。

3.8.1.2　应力解

结构分析的目的是要考察应力是否超过其强度。从已经求解出来的全部节点位移中挑选出每一个单元的节点位移,然后再通过单元分析求出单元的应变和应力,单元应力值是有限元位移法的第二解答。应力解公式如下:

$$\boldsymbol{\sigma}^{e} = \boldsymbol{S}^{e} \boldsymbol{\delta}^{e}$$

由于三节点三角形单元是常应变单元,因此,人们一般规定把计算出来的常量应力作为单元形心处的应力。同时,由于单元内的应力处处相等,则在单元边界上会出现应力跳跃变化,这就需要"应力磨平",而在工程问题中,边界与节点上的应力值常常是人们最关心的。为了由计算结果推出结构内某一点接近实际的应力,必须通过某种平均计算得出,通常可采用绕节点平均法或二单元平均法,应力处理方法如图 3.19 所示。

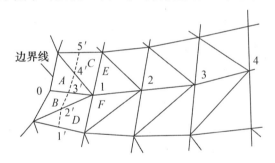

图 3.19　应力处理方法

所谓绕节点平均法就是把环绕某一节点的各单元中的常量应力加以平均,用来表征该节点处的应力。下面以图 3.19 中节点 0 及节点 1 处的应力 σ_x 计算为例,节点 0、节点 1 处的应力如下:

$$(\sigma_x)_0 = \frac{1}{2} \big[(\sigma_x)_A + (\sigma_x)_B \big]$$

$$(\sigma_x)_1 = \frac{1}{6} \big[(\sigma_x)_A + (\sigma_x)_B + (\sigma_x)_C + (\sigma_x)_D + (\sigma_x)_E + (\sigma_x)_F \big]$$

(3.113)

所谓二单元平均法,就是对两个相邻单元中的常量应力求平均,用来表征公共边中点处的应力。下面以图 3.19 所示的虚线与单元边界中心交点的应力 σ_x 计算为例,交点的应力如下:

$$(\sigma_x)_{2'} = \frac{1}{2}\big[(\sigma_x)_B + (\sigma_x)_D\big]$$

$$(\sigma_x)_{3'} = \frac{1}{2}\big[(\sigma_x)_A + (\sigma_x)_B\big] \tag{3.114}$$

$$\cdots$$

这两种应力处理方法简单有效,一般要比直接得到的应力场更接近实际情况,且这两种方法也具有一般性,可以推广到更加复杂的情况。但是,无论后期怎样处理,由于应力场来自单元应力的计算,或者说来自对单元位移场的微分,因此应力的精度总是低于位移的精度。应力的精确程度主要依赖单元的尺寸、单元的类型(位移模式)。

计算得到的应力分量与坐标系相关,人们常常会更加关心应力状态、主应力及主方向。平面问题的主应力可由下面的公式得到:

$$\sigma_{\max,\min} = \frac{\sigma_x + \sigma_y}{2} \pm \sqrt{\left(\frac{\sigma_x - \sigma_y}{2}\right)^2 + \tau_{xy}^2} \tag{3.115}$$

式中,$\sigma_{\max}$ 和 $\sigma_{\min}$ 为单元的两个主应力,即最大主应力和最小主应力。

主应力方向可以由下式计算得到:

$$\theta = \frac{1}{2} \arctan\left(\frac{2\tau_{xy}}{\sigma_x - \sigma_y}\right) \tag{3.116}$$

式中,θ 是主应力方向与 x 方向的夹角。

当 $\sigma_x = \sigma_y$ 时,又有两种情况:

(1) $\tau_{xy} \neq 0$,$\theta = \pm\dfrac{\pi}{4}$。

(2) $\tau_{xy} = 0$,θ 可以是任意值。

许多有限元软件除了可以计算单元的各应力分量、主应力外,还可以计算各种相当应力(如第三强度理论应力和第四强度理论应力等),可以按节点或单元输出应力,可以输出各量值的图表、曲线、彩色云图以及主应力矢量流图等。

3.8.2　有限元解的收敛性

有限元解的收敛性指单元尺寸趋于零(即最大单元的尺寸趋于零)时有限元解趋于精确解。一般来说,单元的收敛性首先取决于单元位移模式(函数),单元位移函数必须能够正确地反映变形体内真实的位移分布形状,这就要求所选择的位移函数满足完备性条件和协调性条件。

3.8.2.1　完备性条件

位移函数需满足以下两条完备性条件:

(1)位移函数应包含单元的刚体位移情况。

(2)位移函数应包含单元的常应变情况。

位移函数中必须含有刚体位移与常应变项,条件(2)实际上包含(1),因为刚体位移是常应变的一个特例,即应变为零。位移函数包含刚体位移的必要性是显而易见的,包含常应变则能保证单元尺寸趋于零时单元应变趋向于常数,这种单元被称为"完备单元",**完备单元是有限元解收敛的必要条件**。

3.8.2.2　协调性条件

因为假定的单元位移函数总是连续函数,因此在单元内部位移分布也总是连续的,如果能从节点位移的连续性推出单元边界间位移也是连续的,那就满足了协调性条件。如果不满足协调性条件,那么在单元的边界之间将产生裂缝,引起无限大的应变,这显然与真实情况不符合。当节点的位移为广义位移时,例如对于包括位移的导数(如在板弯曲情形中的转角),协调性条件就意味着位移函数的导数也应在边界间连续。这时候,满足协调性条件就不是一件容易的事了,因为协调性条件包括了位移的导数。如果位移模式能保证相邻单元在公共边上的位移连续,这种单元被称为"协调单元"或"保续单元"。

完备又连续的单元是有限元解收敛的充分条件。但以上两个条件同时满足比较困难,只满足完备性条件而不满足协调性条件(当然位移函数本身在边界还是连续的)的位移函数有很好的收敛性。相反,仅满足协调性条件而不满足完备性条件的位移函数往往不收敛。

3.8.3　有限元解的精度

有限元的收敛性往往涉及计算精度和效率,那该如何提高有限元解的精度呢? 一般来说,提高有限元计算精度的途径主要有两种:

(1)**通过增加网格数量提高精度**:该方法是通过减小单元尺寸、加密网格,即增加单元、节点数量来提高精度的。根据有限元解的收敛性定义,相同模型划分的单元越多、越小,其精度就越高,但同时会导致计算时间增加、效率下降。这种方法在大型通用有限元软件 ANSYS 中称为"h-方法"(h-method)。

为了既提高计算精度又不至于耗费无谓的计算时间,人们往往在应力集中区域将网格加密,而在非关注的应力区域采用较大的网格。

(2)**通过采用高阶单元提高精度**:该方法通过提高单元形函数的阶次来提高计算精度,如增加单个单元的节点,形成非线性单元,但保持单元尺寸不变,例如三节点三角形单元增加边中心节点变为六节点三角形单元或改为八节点四边形等参单元。这种方法在大型通用有限元软件 ANSYS 中称为"p-方法"(p-method)。

图3.20给出了一个受集中力的悬臂梁的高低阶单元计算精度,悬臂梁长 $4h$,宽 h,受力为 F_c,图中给出了其力学模型的解析解,并分别给出了采用128个三节点三角形的常应变单元和3个八节点四边形高阶单元的有限元计算结果。由图3.20可知,高阶单元的计算精度比常应变单元的计算精度高得多,但单元分析及编程更复杂。高阶单元将在第4

章讨论。

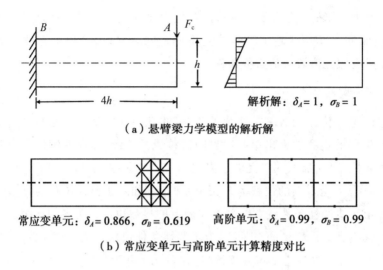

（a）悬臂梁力学模型的解析解

常应变单元：$\delta_A = 0.866$，$\sigma_B = 0.619$ 　高阶单元：$\delta_A = 0.99$，$\sigma_B = 0.99$

（b）常应变单元与高阶单元计算精度对比

图3.20　高低阶单元计算精度

3.9　平面问题三节点三角形单元有限元编程

3.9.1　有限元编程概述与步骤

3.9.1.1　有限元编程概述

鉴于有限元计算的复杂性,采用计算机语言编程实现程序计算是必要的。许多现成有限元程序都是用Fortran语言编写的,该语言是世界上第一个被正式推广使用的高级语言,它于1954年被开发出来,于1956年开始正式使用,至今仍是数值计算领域所使用的主要语言。为了今后学习的连续性和使用现成程序的方便性,本书中的程序仍采用Fortran语言编写。

下面介绍的平面问题三角形常应变单元的有限元程序是在王元汉等编著的《有限单元法基础与程序设计》一书中所设计的源程序FEM1.FOR的基础上,采用Fortran自由格式重新编写的。该程序包括有限单元法计算的主要步骤,例如应变矩阵、应力矩阵的计算,单元刚度矩阵的生成,整体刚度矩阵的组装,边界条件的引入,线性方程组的求解等。本程序虽短,但经过适当改写,可以很容易地推广到其他单元、其他问题的计算。

3.9.1.2　有限元编程步骤

有限元编程就是用计算机算法语言把有限元分析过程描述出来的过程,也就是用Fortran语言编写有限元源程序的过程。程序设计工作一般分为两步进行,第一步是框图设计,第二步是编写程序。

所谓框图就是用矩形框、菱形框等图形符号以及指向线和文字说明描述计算过程的图形,亦称"流程图"。框图表达了编写程序的完整思路,既有助于第二步工作的顺利进行,也有助于阅读已有的程序。下面绘制出弹性力学平面问题有限元程序的框图,如图3.21所示。

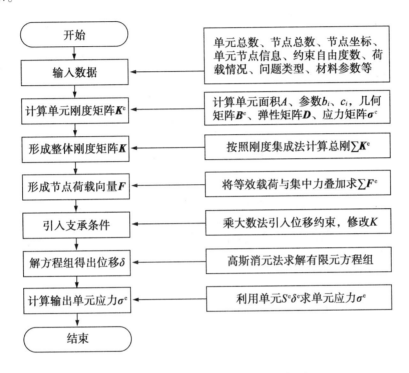

图3.21 平面问题有限元程序的框图

从图3.21中可以看出,弹性力学平面问题有限元程序的计算流程大致分为7个步骤,分别为输入数据、计算单元刚度矩阵K^e、形成整体刚度矩阵K、形成节点荷载向量F、引入支撑条件、高斯消元法求解有限元方程组得到位移δ、利用单元$S^e\delta^e$求单元应力σ^e。整个程序流程将前面讲述的内容串成一个整体。

3.9.1.3 有限元Fortran编程的注意事项

一个好的有限元Fortran程序应当注意以下几点:

(1)程序代码要规范、清晰、简洁,语句表达准确到位,使程序便于阅读和理解;常量、变量名字尽量接近于平时习惯的符号,类型说明清楚,注释清晰明了。

(2)程序计算时间短,要选用最便捷的操作,减少重复计算等。应优先采用自程序库中的预先编制好的程序,目前不少程序可以直接作为子程序调用,如高斯消元法求解方程组的程序等。

(3)程序占用内存要少,一些较大的程序往往需要较大的内存容量,因此要尽量压缩内存用量,包括缩短源程序的长度、节约数据占用空间、及时清理内存空间。

(4)程序运行操作要方便,输出结果要便于阅读;尽量使程序具有通用性,即同一类问题用同一个程序,只改变输入的原始数据即可。

3.9.1.4 有限元Fortran程序编译环境

目前,Fortran程序编译环境主要有英特尔的Parallel Studio XE、微软的Visual Studio IDE和开放源码软件Code::Blocks,前两个编译环境软件占用内存大、安装复杂,不推荐使用,而Code::Blocks占用内存小,安装配置容易,推荐使用。

(1)Code::Blocks的下载

首先打开Code::Blocks的官方网站,单击网页中的Downloads按钮、Download the binary release按钮,然后选择相应的版本。本书选择Microso Windows支持的版本,即选择图3.22的codeblocks-20.03mingw-setup.exe版本,单击后面的Sourceforge.net开始下载。

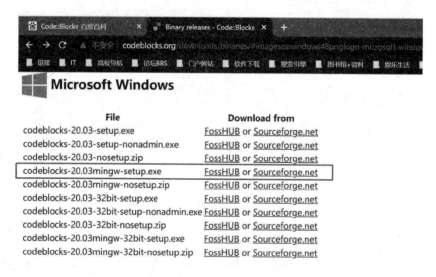

图3.22　Code::Blocks下载

(2)Code::Blocks的配置

第一步:安装完成之后第一次打开Code::Blocks时,会出现Compiler settings界面,选择默认选项,然后单击OK按钮,返回Code::Blocks界面。

第二步:单击Code::Blocks界面(见图3.23)工具栏中的SettingCompiler…,重新打开Compiler settings界面,在Selected compiler下拉菜单中选择GNU Fortran Compiler,然后单击Set as default按钮;选择Toolchain executables选项卡,在Compiler's installation directory中选择Code::Blocks的安装路径,如图3.24所示;找到安装路径文件夹,查看gFortran.exe的名字,改成与文件夹中的名字一样,然后单击OK。

第三步:创建一个Fortran项目,编译、运行。

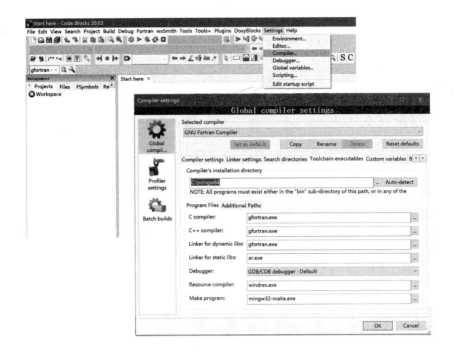

图 3.23　Code∷Blocks 配置

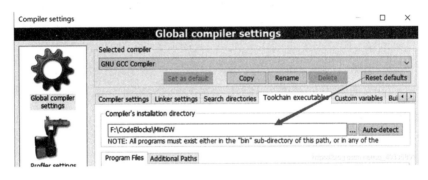

图 3.24　操作页面

注意:Code∷Blocks 只有在 Project 中才能使用 Debuge 调试程序,关于 Code∷Blocks 的使用和 Fortran 语言使用的问题,读者可参考相关书籍。

3.9.2　平面问题三节点三角形单元有限元源程序与注解

下面介绍根据本书例 3.1～3.6 编制的平面问题三节点三角形单元有限元程序,此程序编制参考了王元汉等编著的《有限单元法基础与程序设计》一书中的源程序 FEM1.FOR,采用 Fortran 语言新标准的自由格式重新编写并注解。考虑到程序的扩展性,本程序中的数组采用了可变数组。本程序含注释共约 220 行,已在 Code∷Blocks 20.03 编译环境中成功运行。源程序可扫描右侧二维码下载。

```
!############################################################
!#   弹性力学平面问题三节点三角形单元有限元计算程序---TriangleFEM.F90   #
!############################################################
      Program TriangleFem
!定义控制变量、可变数组
      IMPLICIT NONE
!节点总数 NN、单元总数 NE、约束自由度数 NFIX、问题类型 NTYPE、总自由度数 ND
      INTEGER:: NN,NE,NFIX,NTYPE,ND,IE
!循环语句相关控制参数、相关矩阵行列号等变量
      INTEGER:: I,J,K,L,M,MM,I1,I2,I3,II,JJ,INODE,JNODE,IX,J2
      INTEGER:: NODEI,NODEJ,NROWE,NROWS,NCOLS,NCOLE,IDOFN,
JDOFN
!弹性模型 E、泊松比 ANU、厚度 T、重度 GM、计算相关变量 S,S2,BS
      REAL,SAVE:: E,ANU,T,GM,S,A2,BS
!字符变量,用来控制总刚度矩阵的格式化输出
      CHARACTER(LEN=50) FMT1,FMT2
!弹性矩阵 D、bi、ci、应变矩阵 B、应力矩阵 S、单元刚度矩阵 Ke、节点位移列阵 δe
      REAL,SAVE:: D(3,3),BI(3),CI(3),BM(3,6),SM(3,6),EK(6,6),XX(6)
!  单元节点信息矩阵 LOC、位移约束矩阵 IFIX
      INTEGER, ALLOCATABLE:: LOC(:,:),IFIX(:)
!节点坐标 CX、CY,荷载列阵 F,整体刚度矩阵 GK,单元应力 σe,单元 s 矩阵
      REAL, ALLOCATABLE:: CX(:),CY(:),F(:),GK(:,:),STRES(:,:),
SME(:,:,:)
!打开文件,读入相关数据
      OPEN (1,FILE='IN.DAT',STATUS='OLD')
      OPEN (2,FILE='OUT.txt')
      READ(1,*) NN,NE,NFIX,E,ANU,T,GM,NTYPE
      ND=2*NN
      WRITE(2,"(2X,'程序控制参数信息')")
      WRITE(2,100) NN,NE,NFIX,E,ANU,T,GM,NTYPE
100   FORMAT (2X, 'NN NE NFIX E ANU T & GM', 4X, 'NTYPE'/3I6, E12.2,
3F7.2,I6)
!根据读入的数据为可变数组分配空间
      ALLOCATE(LOC(NE,3))
```

```fortran
        ALLOCATE(CX(NN))
        ALLOCATE(CY(NN))
        ALLOCATE(IFIX(NFIX))
        ALLOCATE(F(ND))
        ALLOCATE(GK(ND,ND))
        ALLOCATE(STRES(NE,3))
        ALLOCATE(SME(NE,3,6))
        WRITE(*,"(/,2X,A20)")"数组分配内存空间完成"
!读入单元节点信息、节点坐标、约束条件
        WRITE(2,"(2X,'单元节点信息'/11X,'i',12X,'j',12X,'m')")
        DO IE=1,NE
            READ(1,*) LOC(IE,:)
            WRITE(2,*)LOC(IE,:)
        END DO
        WRITE(2,"(2X,'节点坐标'/8X,'CX        CY')")
        READ(1,*)(CX(J),CY(J),J=1,NN)
        WRITE(2,"(2X,2F10.2)")(CX(J),CY(J),J=1,NN)
        WRITE(2,"(2X,'节点约束自由度信息')")
        READ(1,*)(IFIX(K),K=1,NFIX)
        WRITE(2,*)(IFIX(K),K=1,NFIX)
!形成节点荷载列阵F(如需等效荷载移植,需要增加代码)
        DO I=1,ND
            F(I)=0.0
        END DO
        F(2)=-1.
        WRITE(*,"(/,2X,A20)")"荷载列阵计算完成"
!整体刚度矩阵GK赋零值
        DO I=1,ND
          DO J=1,ND
            GK(I,J)=0.0
          END DO
        END DO
!弹性矩阵D赋零值
        DO II=1,3
```

```
        DO JJ=1,3
          D(II,JJ)=0.0
        END DO
      END DO
```
!根据输入 NTYPE 参数值判断平面问题类型,变换弹性模量和泊松比
```
      IF (NTYPE/=1) then
        E=E/(1.0-ANU**2)
        ANU=ANU/(1.0-ANU)
      END IF
```
!生成弹性矩阵 D[见式(2.35)]
```
      S=E/(1.0-ANU**2)
      D(1,1)=S
      D(1,2)=S*ANU
      D(2,2)=S
      D(2,1)=D(1,2)
      D(3,3)=0.5*S*(1.0+ANU)
```
!单元循环,计算单元刚度矩阵并组装整体刚度矩阵
```
      DO IE=1,NE,1
```
!单元 B 矩阵 BM 赋零值
```
      DO II=1,3
        DO JJ=1,6
          BM(II,JJ)=0.
        END DO
      END DO
```
!根据节点坐标计算 bi 和 ci[见式(3.9)]
```
      I1=LOC(IE,1)
      I2=LOC(IE,2)
      I3=LOC(IE,3)
      BI(1)=CY(I2)-CY(I3)
      BI(2)=CY(I3)-CY(I1)
      BI(3)=CY(I1)-CY(I2)
      CI(1)=CX(I3)-CX(I2)
      CI(2)=CX(I1)-CX(I3)
      CI(3)=CX(I2)-CX(I1)
```
!计算单元的面积 A

A2＝CX(I1)*BI(1)＋CX(I2)*BI(2)＋CX(I3)*BI(3)

!生成单元B矩阵BM[见式(3.47)]

```
    DO II＝1,3
        L＝2*II
        MM＝L－1
        BM(1,MM)＝BI(II)/A2
        BM(2,L)＝CI(II)/A2
        BM(3,MM)＝BM(2,L)
        BM(3,L)＝BM(1,MM)
    END DO
```

! ------计算单元的S矩阵SM,并保存到三维矩阵SME以备后面使用[见式(3.49)]

```
    DO K＝1,3
        DO L＝1,6
        SM(K,L)＝0.0
        DO MM＝1,3
            SM(K,L)＝SM(K,L)＋D(K,MM)*BM(MM,L)
            SME(IE,K,L)＝SM(K,L)
            END DO
        END DO
    END DO
```

!------判断是否有体力,如有将体力等效移植并叠加到荷载列阵F中[见式(3.71)]

```
    IF（GM＞0.0）then
        DO INODE＝1,3
            NODEI＝LOC(IE,INODE)
            J2＝NODEI*2
            F(J2)＝F(J2)－T*GM*(0.5*A2)/3.
        END DO
    END IF
```

!计算单元刚度矩阵EK[见式(3.61)～(3.64)]

```
    DO K＝1,6
        DO L＝1,6
        BS＝0.0
        DO MM＝1,3
            BS＝BS＋BM(MM,K)*SM(MM,L)
```

```
      END DO
        EK(K,L)=0.5*A2*BS*T
    END DO
    END DO
!生成与总自由度数ND相关的格式化控制变量
      FMT1="(2X,'单元',I5,'刚度矩阵:',/,6(6F10.3/))"
!格式化输出单元刚度矩阵
      WRITE(2,FMT1) IE,((EK(K,L),L=1,6),K=1,6)
!     WRITE(2,"(2X,'单元',I5,'刚度矩阵:',/,6(6E15.5/))")IE,((EK(K,L),L=1,
      6),K=1,6)
      WRITE(*,"(/,2X,A20)")"单元刚度矩阵计算完成"
!将单元刚度矩阵的元素依次叠加到整体刚度矩阵GK中[见式(3.78)]
      DO INODE=1,3
        NODEI=LOC(IE,INODE)
        DO IDOFN=1,2
          NROWS=(NODEI-1)*2+IDOFN
          NROWE=(INODE-1)*2+IDOFN
          DO JNODE=1,3
            NODEJ=LOC(IE,JNODE)
            DO JDOFN=1,2
              NCOLS=(NODEJ-1)*2+JDOFN
              NCOLE=(JNODE-1)*2+JDOFN
              GK (NROWS, NCOLS) =GK (NROWS, NCOLS) +EK (NROWE,
NCOLE)
            END DO
          END DO
        END DO
      END DO
    END DO
    WRITE(*,"(/,2X,A20)")"整体刚度矩阵计算完成"
    WRITE(2,"(/4X,'NODE',5X,'X-LOAD',8X,'Y-LOAD')")
    WRITE(2,"(2X,I5,2E15.6)") (I,F(2*I-1),F(2*I),I=1,NN)
    WRITE(2,"(/'整体刚度矩阵(总刚矩阵):')")
!生成与总自由度数ND相关的格式化控制变量
```

```
      WRITE(FMT2,'("("(1X,", I0, "("(",I0,"F8.2/))")')') ND,ND
!格式化输出整体刚度矩阵
      WRITE(2,FMT2)((GK(I,J),J=1,ND),I=1,ND)
!乘大数法引入位移约束[见式(3.96)～(3.97)]
      DO I=1,NFIX
        IX=IFIX(I)
        GK(IX,IX)=GK(IX,IX)*1.0E15
      END DO
!调用高斯消元计算方程组的子程序GAUSS[见式(3.103)～(3.112)]
      CALL GAUSS(GK,F,ND)
      WRITE(*,"(/,2X,A20)")"节点位移计算完成"
!根据单元节点信息,生成单元位移列阵
      DO IE=1,NE
        DO J=1,3
          XX(1)=F(2*LOC(IE,1)-1)
          XX(2)=F(2*LOC(IE,1))
          XX(3)=F(2*LOC(IE,2)-1)
          XX(4)=F(2*LOC(IE,2))
          XX(5)=F(2*LOC(IE,3)-1)
          XX(6)=F(2*LOC(IE,3))
!计算单元的应力分量
          DO K=1,6,1
            STRES(IE,J)=STRES(IE,J)+SME(IE,J,K)*XX(K)
          END DO
        END DO
      END DO
      WRITE(*,"(/,2X,A20)")"单元应力计算完成")
!将计算结果输出
      WRITE(2,"(4X,'NODE',5X,'X-DISP',16X,'Y-DISP')")
      WRITE(2,"(2X,I5,2E18.6)") (I,F(2*I-1),F(2*I),I=1,NN)
      WRITE(2,"(/2X,'ELEMENT',5X,'X-STR',9X,'Y-STR',12X,'XY-STR')")
      WRITE(2,"(2X,I5,3E15.6)") (I,(STRES(I,J),J=1,3),I=1,NE)
      STOP
      END
```

有限单元法基础与编程

```
!------------------------------------------------------------
!子程序GAUSS,高斯消元法实现有限元方程组的计算[见式(3.103)~(3.112)]
!------------------------------------------------------------
      SUBROUTINE GAUSS(A,B,N)
        DIMENSION A(N,N),B(N)
      DO I=1,N,1
        I1=I+1
        DO J=I1,N,1
        A(I,J)=A(I,J)/A(I,I)
      END DO
      B(I)=B(I)/A(I,I)
      A(I,I)=1.0
      DO J=I1,N
        DO M=I1,N
          A(J,M)=A(J,M)-A(J,I)*A(I,M)
          END DO
          B(J)=B(J)-A(J,I)*B(I)
        END DO
      END DO
        DO I=N-1,1,-1
        DO J=I+1,N
          B(I)=B(I)-A(I,J)*B(J)
        END DO
      END DO
      RETURN
      END
```

3.9.3 程序算例与结果对比

程序输入文件IN.dat中的内容如下：

```
6,4,6,1.0E0,0.0,1.0,0.0,1
1,2,3
2,4,5
5,3,2
3,5,6
```

· 112 ·

0.0,2.0

0.0,1.0

1.0,1.0

0.0,0.0

1.0,0.0

2.0,0.0

1,3,7,8,10,12

程序输出文件 OUT.txt 中的内容如下：

程序控制参数信息：

NN	NE	NFIX	E	ANU	T	GM	NTYPE
6	4	6	0.10E+01	0.00	1.00	0.00	1

单元节点信息：

i	j	m
1	2	3
2	4	5
5	3	2
3	5	6

节点坐标：

CX	CY
0.00	2.00
0.00	1.00
1.00	1.00
0.00	0.00
1.00	0.00
2.00	0.00

节点约束自由度信息：

1	3	7	8	10	12

单元 1 刚度矩阵：

0.250	0.000	−0.250	−0.250	0.000	0.250
0.000	0.500	0.000	−0.500	0.000	0.000
−0.250	0.000	0.750	0.250	−0.500	−0.250
−0.250	−0.500	0.250	0.750	0.000	−0.250
0.000	0.500	−0.500	0.000	0.500	0.000
0.250	0.000	−0.250	−0.250	0.000	0.250

单元　2　刚度矩阵:

0.250	0.000	-0.250	-0.250	0.000	0.250
0.000	0.500	0.000	-0.500	0.000	0.000
-0.250	0.000	0.750	0.250	-0.500	-0.250
-0.250	-0.500	0.250	0.750	0.000	-0.250
0.000	0.500	-0.500	0.000	0.500	0.000
0.250	0.000	-0.250	-0.250	0.000	0.250

单元　3　刚度矩阵:

0.250	0.000	-0.250	-0.250	0.000	0.250
0.000	0.500	0.000	-0.500	0.000	0.000
-0.250	0.000	0.750	0.250	-0.500	-0.250
-0.250	-0.500	0.250	0.750	0.000	-0.250
0.000	0.500	-0.500	0.000	0.500	0.000
0.250	0.000	-0.250	-0.250	0.000	0.250

单元　4　刚度矩阵:

0.250	0.000	-0.250	-0.250	0.000	0.250
0.000	0.500	0.000	-0.500	0.000	0.000
-0.250	0.000	0.750	0.250	-0.500	-0.250
-0.250	-0.500	0.250	0.750	0.000	-0.250
0.000	0.000	-0.500	0.000	0.500	0.000
0.250	0.000	-0.250	-0.250	0.000	0.250

NODE	X－LOAD	Y－LOAD
1	0.000000E＋00	$-0.100000E＋01$
2	0.000000E＋00	0.000000E＋00
3	0.000000E＋00	0.000000E＋00
4	0.000000E＋00	0.000000E＋00
5	0.000000E＋00	0.000000E＋00
6	0.000000E＋00	0.000000E＋00

整体刚度矩阵(总刚矩阵):

0.25	0.00	-0.25	-0.25	0.00	0.25	0.00	0.00	0.00	0.00	0.00	0.00
0.00	0.50	0.00	-0.50	0.00	0.25	0.00	0.00	0.00	0.00	0.00	0.00
-0.25	0.00	1.50	0.25	-1.00	-0.25	-0.25	-0.25	0.00	0.25	0.00	0.00
-0.25	-0.50	0.25	1.50	-0.25	-0.50	0.00	-0.50	0.25	0.00	0.00	0.00
0.00	0.00	-1.00	-0.25	1.50	0.25	0.00	0.00	-0.50	-0.25	0.00	0.25

0.25	0.00	−0.25	−0.50	0.25	1.50	0.00	0.00	−0.25	−1.00	0.00	0.00
0.00	0.00	−0.25	0.00	0.00	0.00	0.75	0.25	−0.50	−0.25	0.00	0.00
0.00	0.00	−0.25	−0.50	0.00	0.00	0.25	0.75	0.00	−0.25	0.00	0.00
0.00	0.00	0.00	0.25	−0.50	−0.25	0.50	0.00	1.50	0.25	−0.50	−0.25
0.00	0.00	0.25	0.00	−0.25	−1.00	−0.25	−0.25	0.25	1.50	0.00	−0.25
0.00	0.00	0.00	0.00	0.00	0.00	0.00	0.00	−0.50	0.00	0.50	0.00
0.00	0.00	0.00	0.00	0.25	0.00	0.00	0.00	−0.25	−0.25	0.00	0.25

节点位移：

NODE	X − DISP	Y − DISP
1	−0.879121E − 15	−0.325275E + 01
2	0.879121E − 16	−0.125275E + 01
3	−0.879121E − 01	−0.373626E + 00
4	0.117216E − 15	−0.835165E − 15
5	0.175824E + 00	−0.293040E − 15
6	0.175824E + 00	0.263736E − 15

单元应力：

ELEMENT	X − STR	Y − STR	XY − STR
1	−0.879121E − 01	−0.200000E + 01	0.439560E + 00
2	0.175824E + 00	−0.125275E + 01	0.256410E − 15
3	−0.879121E − 01	−0.373626E + 00	0.307692E + 00
4	0.000000E + 00	−0.373626E + 00	−0.131868E + 00

对比程序计算结果和前面例子中的计算结果可以发现，单元刚度矩阵和整体刚度矩阵的计算值是完全对应的，而计算出的节点位移和单元应力则有差别，这是因为程序采用的是高斯消元法计算的。

计算结果可以通过第三方数据处理软件实现可视化，如 Tecplot、ParaView 等软件，具体的使用可以参考相关软件的说明。因篇幅所限，在此仅给出采用 Tecplot 软件将上述算例结果可视化的图形。

以下为将计算结果按照节点数据展示的 Tecplot 数据文件，该文件可以编辑为一个文本文件。在 Tecplot 中，单击 File→Load Data... 将该文本文件读入，并通过设置即可得到位移云图。

```
TITLE = "Example：2D Finite-Element Data"
VARIABLES = "X", "Y", "Xdisp", "Ydisp"
ZONE T="2DFE", N=6, E=4, F=FEPOINT, ET=TRIANGLE, C=RED
```

0.00	2.00	$-0.879121E-15$	$-0.325275E+01$
0.00	1.00	$0.879121E-16$	$-0.125275E+01$
1.00	1.00	$-0.879121E-01$	$-0.373626E+00$
0.00	0.00	$0.117216E-15$	$-0.835165E-15$
1.00	0.00	$0.175824E+00$	$-0.293040E-15$
2.00	0.00	$0.175824E+00$	$0.263736E-15$

1	2	3
2	4	5
5	3	2
3	5	6

计算得到的位移云图如图3.25、图3.26所示。

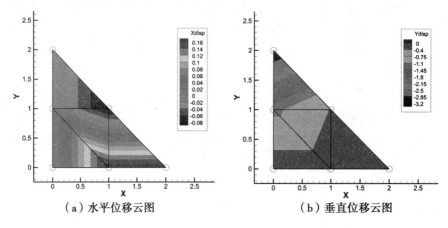

（a）水平位移云图　　　　　　　　　（b）垂直位移云图

图3.25　程序计算位移云图

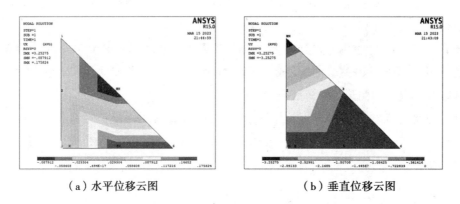

（a）水平位移云图　　　　　　　　　（b）垂直位移云图

图3.26　ANSYS计算位移云图

以下为将计算结果按照单元中心点数据展示的Tecplot数据文件,同样将该文件编辑为一个文本文件。在 Tecplot 中，将该文本文件读入，设置后得到应力云图。应力云图如图 3.27、图 3.28 所示。

```
VARIABLES = "X", "Y", "X-STR", "Y-STR", "XY-STR"
ZONE N= 6, E= 4, ZONETYPE=FETRIANGLE
DATAPACKING=BLOCK
VARLOCATION=([1-2]=NODAL, [3-5]=CELLCENTERED)
0
0
1
0
1
2

2
1
1
0
0
0

-8.79E-02
1.76E-01
-8.79E-02
0.00E+00

-2.00E+00
-1.25E+00
-3.74E-01
-3.74E-01

4.40E-01
2.56E-16
3.08E-01
-1.32E-01
```

1	2	3
2	4	5
5	3	2
3	5	6

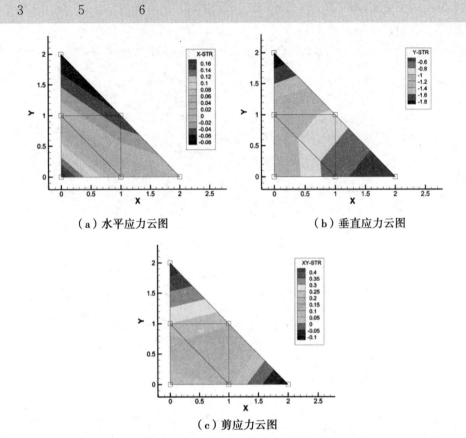

（a）水平应力云图　　　　　　　　　　（b）垂直应力云图

（c）剪应力云图

图3.27　程序计算应力云图

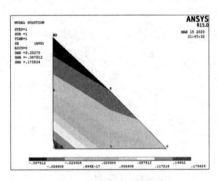
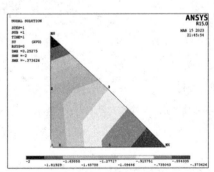

（a）水平应力云图　　　　　　　　　　（b）垂直应力云图

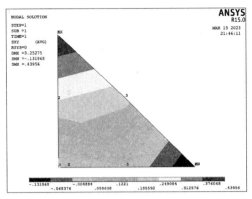

（c）剪应力云图

图 3.28 ANSYS 计算应力云图

课后习题

3.1 证明三节点三角形单元的形函数具有下列性质：

$(1)N_i + N_j + N_m = 1$；

$(2)\iiint_{\Omega^r} N_i \mathrm{d}x\mathrm{d}y\mathrm{d}z = \dfrac{A}{3}$；

$(3)\int_{ij} N_i \mathrm{d}l = \dfrac{1}{2}$。

3.2 简述单元刚度矩阵的特点。

3.3 在三角形单元（见图 3.29）的 ij 边上作用有线性分布压力，其强度在 i 点为 q_i，在 j 点为 q_j，i，j 两点的距离为 l_{ij}，ij 边上某一点到 i 点的距离为 S，试求该分布压力的等效节点力（其中，在 ij 边上的压强为 $q = q_i + \dfrac{q_j - q_i}{l_{ij}} S$）。

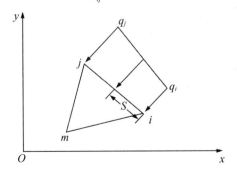

图 3.29 三角形单元

3.4 现有一个矩形单元（见图 3.30），已知长为 $2a$，高为 a，厚度为 t，弹性模量为 E，泊松比为 $\mu = 0$，请写出 4 个单元的单元刚度矩阵并标明各自与点号对应的子块。

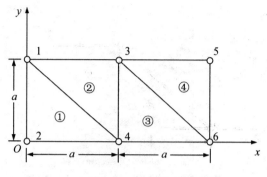

图 3.30　矩形单元

3.5　已知结构单元划分有两种形式(见图 3.31),分别进行单刚集装为总刚,请将总刚矩阵绘制在方格内,并比较每种情况的带宽大小。

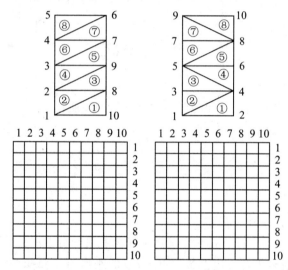

图 3.31　单元划分形式与总刚

3.6　两端固支梁如图 3.32 所示,顶边中点受荷载 P 作用,已知弹性模量为 E,泊松比为 $\mu=\dfrac{1}{6}$,厚度 $h=1$,长为 $2a$,高为 a,按平面应力考虑,采用尽可能简单的单元划分求荷载作用点位移。

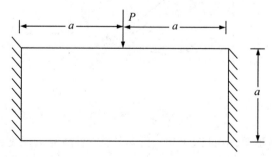

图 3.32　两端固支梁

3.7　三角形单元(见图3.33)在j节点处受集中力P作用,取泊松比$\mu = \dfrac{1}{3}$,厚度$h = 1$,自重不计,求该单元的节点位移及应力分量。

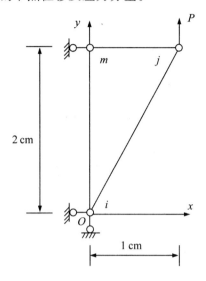

图3.33　三角形单元

3.8　等腰三角形单元(见图3.34)底边长为$2a$,高为b,建立如下坐标系,求形函数矩阵$\boldsymbol{N}^e$。已知:$a_i = x_j y_m - x_m y_j$,$b_i = y_j - y_m$,$c_i = -x_i + x_m$(i,j,m依次轮换)。

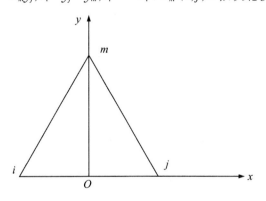

图3.34　等腰三角形单元

3.9　自由端受均布力P的悬臂梁计算模型如图3.35所示,若已给出单元①的刚度矩阵,试根据单元刚度矩阵的物理意义及各单元局部编号与整体编号的对应关系,将$\boldsymbol{K}^{①} = \boldsymbol{K}^{②}$组装成整体刚度矩阵并求解节点位移。单元①的刚度矩阵如下:

$$\boldsymbol{K}^{\textcircled{1}} = \frac{3Et}{16}\begin{bmatrix} 1 & 0 & 0 & -1 & -1 & 1 \\ 0 & 3 & -1 & 0 & 1 & -3 \\ 0 & -1 & 3 & 0 & -3 & 1 \\ -1 & 0 & 0 & 1 & 1 & -1 \\ -1 & 1 & -3 & 1 & 4 & -2 \\ 1 & -3 & 1 & -1 & -2 & 4 \end{bmatrix}$$

式中,t 为厚度,E 为弹性模量。

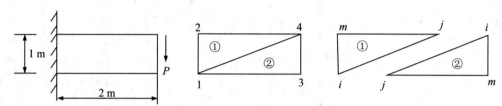

图 3.35 自由端受均布力的悬臂梁计算模型

第4章　平面四边形等参单元有限元及编程

【内容】

　　由于三节点三角形单元的计算精度较低,本章主要介绍实际应用中采用较多、精度较高的其他二维的单元,包括矩形单元、四节点四边形等参单元、八节点四边形等参单元,并介绍了四节点四边形等参单元的有限元程序编制。

【目的】

　　通过矩形单元的介绍引出局部自然坐标,推广到任意四边形单元,提出等参单元的概念,学习数值积分、程序的流程和编制方法。

4.1　矩形单元

4.1.1　矩形单元的位移模式

　　设在直角坐标系 xOy 中有一矩形单元,节点按逆时针编号,分别为1、2、3、4,其边长分别为 $2a$, $2b$,如图4.1所示。图中,u_1, u_2, u_3, u_4 为4个节点的水平方向位移,v_1, v_2, v_3, v_4 为4个节点的垂直方向位移。

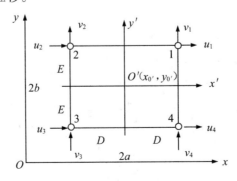

图4.1　矩形单元

单元中心点 O' 的位置坐标为

$$x_{O'} = \frac{x_1 + x_2 + x_3 + x_4}{4}$$

$$y_{O'} = \frac{y_1 + y_2 + y_3 + y_4}{4}$$

(4.1)

式中, $x_1, x_2, x_3, x_4, y_1, y_2, y_3, y_4$ 为 4 个节点的横、纵坐标。

因矩形单元的四条边分别与坐标轴 x, y 平行,为了简化计算,以单元中心点建立局部坐标 $x'O'y'$,则有

$$\begin{cases} x' = x - x_{O'} \\ y' = y - y_{O'} \end{cases}$$

(4.2)

各节点的局部坐标为

$$x'_1 = x'_4 = a, \quad x'_2 = x'_3 = -a$$
$$y'_1 = y'_2 = b, \quad y'_3 = y'_4 = -b$$

(4.3)

那如何来确定矩形单元内的位移模式呢?我们可以参考三节点三角形单元的位移模式来确定,假设一个位移函数(在 x 方向上)的公式如下:

$$u = \alpha_1 + \alpha_2 x + \alpha_3 y + \alpha_4 x^2 + \alpha_5 xy + \alpha_6 y^2 + \alpha_7 x^3 + \alpha_8 x^2 y + \cdots$$

那如何来选择位移函数的项次呢?**一般用杨辉三角来选择,其选择的原则是先中间后两边,对称选择。**杨辉三角如图 4.2 所示。

下面先来看矩形单元的水平方向的位移函数 u,因单元有四个节点,可将水平位移函数依次移动到节点上,引入四个边界条件,故应选择四个待定参数。

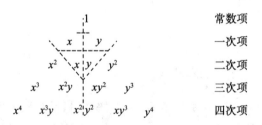

图 4.2　杨辉三角

年,比贾宪迟约 600 年。

杨辉三角是中国数学史上的一个伟大成就,也是中国古代数学的杰出研究成果之一,它把二项式系数图形化,把组合数内在的一些代数性质直观地从图形中体现出来,是一种离散型的数与形的结合。进入 21 世纪以来,国外也逐渐承认这项成果属于中国,所以有些书上称之为"中国三角形"(Chinese triangle)。中国古代数学史曾经有自己光辉灿烂的篇章,而杨辉三角的发现就是十分精彩的一页。

根据杨辉三角的选择原则,水平位移函数应为

$$u = \alpha_1 + \alpha_2 x' + \alpha_3 y' + \alpha_4 x'y' \tag{4.4}$$

分别将 4 个节点的坐标和位移代入式(4.4),可得

$$\begin{bmatrix} u_1 \\ u_2 \\ u_3 \\ u_4 \end{bmatrix} = \begin{bmatrix} 1 & a & b & ab \\ 1 & -a & b & -ab \\ 1 & -a & -b & ab \\ 1 & a & -b & -ab \end{bmatrix} \begin{bmatrix} \alpha_1 \\ \alpha_2 \\ \alpha_3 \\ \alpha_4 \end{bmatrix} = A\boldsymbol{\alpha}_1 \tag{4.5}$$

求解 $\boldsymbol{\alpha}_1$,得到

$$\boldsymbol{\alpha}_1 = A^{-1} \begin{bmatrix} u_1 \\ u_2 \\ u_3 \\ u_4 \end{bmatrix} \tag{4.6}$$

计算整理得

$$\boldsymbol{u} = \begin{bmatrix} N_1 & N_2 & N_3 & N_4 \end{bmatrix} \begin{bmatrix} u_1 \\ u_2 \\ u_3 \\ u_4 \end{bmatrix} \tag{4.7}$$

其中,单元形函数为

$$\begin{cases} N_1 = \dfrac{1}{4}\left(1 + \dfrac{x'}{a}\right)\left(1 + \dfrac{y'}{b}\right) \\[2mm] N_2 = \dfrac{1}{4}\left(1 - \dfrac{x'}{a}\right)\left(1 + \dfrac{y'}{b}\right) \\[2mm] N_3 = \dfrac{1}{4}\left(1 - \dfrac{x'}{a}\right)\left(1 - \dfrac{y'}{b}\right) \\[2mm] N_4 = \dfrac{1}{4}\left(1 + \dfrac{x'}{a}\right)\left(1 - \dfrac{y'}{b}\right) \end{cases} \tag{4.8}$$

故有

$$u = N_1 u_1 + N_2 u_2 + N_3 u_3 + N_4 u_4 \tag{4.9}$$

同样可得到垂直方向的位移函数 v 的表达式,与水平方向的位移函数合并得矩形单元的位移函数 $\boldsymbol{u}^e$ 为

$$\boldsymbol{u}^e=\begin{bmatrix}u\\v\end{bmatrix}=\begin{bmatrix}\boldsymbol{IN}_1 & \boldsymbol{IN}_2 & \boldsymbol{IN}_3 & \boldsymbol{IN}_4\end{bmatrix}\boldsymbol{\delta}^e=\boldsymbol{N}^e\boldsymbol{\delta}^e \tag{4.10}$$

式中，

$$\boldsymbol{N}^e=\begin{bmatrix}\boldsymbol{IN}_1 & \boldsymbol{IN}_2 & \boldsymbol{IN}_3 & \boldsymbol{IN}_4\end{bmatrix}=\begin{bmatrix}N_1 & 0 & N_2 & 0 & N_3 & 0 & N_4 & 0\\0 & N_1 & 0 & N_2 & 0 & N_3 & 0 & N_4\end{bmatrix}$$

$$\boldsymbol{\delta}^e=\begin{bmatrix}u_1 & v_1 & u_2 & v_2 & u_3 & v_3 & u_4 & v_4\end{bmatrix}$$

形函数中包含矩形单元的长和宽相关的数值，为了使表达式更具普遍性，引入无因次参数 ξ,η 作为局部自然坐标系。局部自然坐标系的原点取在矩形单元的中心点 O' 上，ξ,η 轴分别与 x',y' 轴平行，则整体坐标与局部自然坐标的变换式为

$$\begin{cases}x=x_{O'}+a\xi\\y=y_{O'}+b\eta\end{cases} \tag{4.11}$$

即对矩形单元进行无量纲归一化处理，局部自然坐标为

$$\begin{cases}\xi=\dfrac{x-x_{O'}}{a}=\dfrac{x'}{a}\\[2mm]\eta=\dfrac{y-y_{O'}}{b}=\dfrac{y'}{b}\end{cases} \tag{4.12}$$

很容易知道，均有 $-1\leqslant\xi\leqslant1$，$-1\leqslant\eta\leqslant1$，即在局部自然坐标系中，通过坐标变换，整体坐标系中的矩形单元变换成了边长为2的正方形单元，取单元的四个角点作为节点，其局部自然坐标值如图4.3所示。

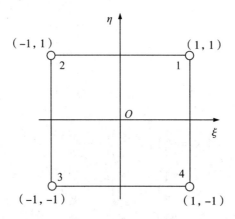

图 4.3　局部自然坐标系下正方形单元

形函数可写为

$$\begin{cases} N_1 = \dfrac{1}{4}(1+\xi)(1+\eta) \\[2mm] N_2 = \dfrac{1}{4}(1-\xi)(1+\eta) \\[2mm] N_3 = \dfrac{1}{4}(1-\xi)(1-\eta) \\[2mm] N_4 = \dfrac{1}{4}(1+\xi)(1-\eta) \end{cases} \tag{4.13}$$

为了书写简单，引入记号 $\xi_0 = \xi_i\xi$，$\eta_0 = \eta_i\eta(i=1,2,3,4)$，其中 ξ_i 和 η_i 为 ξ 和 η 在 i 点处的值（1或 -1），即用 ξ_i，η_i 调节正负号，具体可以根据节点所处象限的坐标确定。式 (4.13) 可写为

$$N_i = \frac{1}{4}(1+\xi_0)(1+\eta_0) = \frac{1}{4}(1+\xi_i\xi)(1+\eta_i\eta) \quad (i=1,2,3,4) \tag{4.14}$$

由式 (4.14) 可知，四节点矩形单元形函数的性质如下：

(1) 形函数 N_i 在 i 节点的函数值为1，在其他节点的函数值为0，即

$$N_i(\xi_j, \eta_j) = \begin{cases} 1, i = j \\ 0, i \neq j \end{cases}$$

(2) 在单元内任一点的四个形函数之和等于1，即

$$\sum_{i=1}^{4} N_i = 1$$

4.1.2　矩形单元的应变

根据几何方程，矩形单元的应变为

$$\boldsymbol{\varepsilon}^e = \boldsymbol{L}\boldsymbol{u}^e = \boldsymbol{B}^e\boldsymbol{\delta}^e = \begin{bmatrix} \boldsymbol{B}_1^e & \boldsymbol{B}_2^e & \boldsymbol{B}_3^e & \boldsymbol{B}_4^e \end{bmatrix}\boldsymbol{\delta}^e \tag{4.15}$$

将式 (4.13) 代入 (4.15)，可得

$$\begin{cases} \dfrac{\partial u}{\partial x} = \dfrac{\partial N_1}{\partial x}u_1 + \dfrac{\partial N_2}{\partial x}u_2 + \dfrac{\partial N_3}{\partial x}u_3 + \dfrac{\partial N_4}{\partial x}u_4 \\[3mm] \dfrac{\partial u}{\partial y} = \dfrac{\partial N_1}{\partial y}u_1 + \dfrac{\partial N_2}{\partial y}u_2 + \dfrac{\partial N_3}{\partial y}u_3 + \dfrac{\partial N_4}{\partial y}u_4 \\[3mm] \dfrac{\partial v}{\partial x} = \dfrac{\partial N_1}{\partial x}v_1 + \dfrac{\partial N_2}{\partial x}v_2 + \dfrac{\partial N_3}{\partial x}v_3 + \dfrac{\partial N_4}{\partial x}v_4 \\[3mm] \dfrac{\partial v}{\partial y} = \dfrac{\partial N_1}{\partial y}v_1 + \dfrac{\partial N_2}{\partial y}v_2 + \dfrac{\partial N_3}{\partial y}v_3 + \dfrac{\partial N_4}{\partial y}v_4 \end{cases} \tag{4.16}$$

应变矩阵的子块为

$$B_i^e = L N^e = \begin{bmatrix} \dfrac{\partial N_i}{\partial x} & 0 \\[2mm] 0 & \dfrac{\partial N_i}{\partial y} \\[2mm] \dfrac{\partial N_i}{\partial y} & \dfrac{\partial N_i}{\partial x} \end{bmatrix} \tag{4.17}$$

因为形函数是 x,y 的隐函数,通过复合函数求导,可得

$$\begin{cases} \dfrac{\partial N_i}{\partial x} = \dfrac{\partial N_i}{\partial \xi} \cdot \dfrac{\partial \xi}{\partial x} = \dfrac{1}{4a} \xi_i (1 + \eta_i \cdot \eta) \\[3mm] \dfrac{\partial N_i}{\partial y} = \dfrac{\partial N_i}{\partial \eta} \cdot \dfrac{\partial \eta}{\partial y} = \dfrac{1}{4b} \eta_i (1 + \xi_i \cdot \xi) \end{cases} \quad (i = 1, 2, 3, 4) \tag{4.18}$$

则应变矩阵的子块为

$$B_i^e = \dfrac{1}{4ab} \begin{bmatrix} b\xi_i(1 + \eta_i \eta) & 0 \\[2mm] 0 & a\eta_i(1 + \xi_i \xi) \\[2mm] a\eta_i(1 + \xi_i \xi) & b\xi_i(1 + \eta_i \eta) \end{bmatrix} \quad (i = 1, 2, 3, 4) \tag{4.19}$$

由式(4.19)可以看出,矩形单元的应变是自然坐标 ξ,η 的线性函数,也是整体坐标的线性函数,即单元内的应变不再是一个常数值,其随坐标的变化而线性变化,因此,矩形单元不是常应变单元,其精度要高于三节点三角形单元。

4.1.3 矩形单元的应力

根据物理方程,矩形单元的应力为

$$\boldsymbol{\sigma}^e = D\boldsymbol{\varepsilon}^e = DB^e \boldsymbol{\delta}^e = S^e \boldsymbol{\delta}^e = \begin{bmatrix} S_1^e & S_2^e & S_3^e & S_4^e \end{bmatrix} \begin{bmatrix} \boldsymbol{\delta}_1 \\ \boldsymbol{\delta}_2 \\ \boldsymbol{\delta}_3 \\ \boldsymbol{\delta}_4 \end{bmatrix} \tag{4.20}$$

$$\begin{aligned} S_i^e &= DB_i^e \\[2mm] &= \dfrac{E_1}{4(1-\mu_1^2)} \begin{bmatrix} \dfrac{\xi_i}{a}(1 + \eta_i \eta) & \mu_1 \dfrac{\eta_i}{b}(1 + \xi_i \xi) \\[3mm] \mu_1 \dfrac{\xi_i}{a}(1 + \eta_i \eta) & \dfrac{\eta_i}{b}(1 + \xi_i \xi) \\[3mm] \dfrac{1-\mu_1}{2} \cdot \dfrac{\eta_i}{b}(1 + \xi_i \xi) & \dfrac{1-\mu_1}{2} \cdot \dfrac{\xi_i}{a}(1 + \eta_i \eta) \end{bmatrix} \quad (i = 1, 2, 3, 4) \end{aligned} \tag{4.21}$$

矩形单元应变、应力矩阵中的元素 ξ,η 为变量,反映了应变的线性变化,即矩形单元也不是常应力单元。

4.1.4 矩形单元的单元刚度矩阵

由第 3 章可知,从虚功原理推导出来的平面问题单元刚度矩阵的一般公式为

$$\boldsymbol{K}^{\mathrm{e}} = t \iint_{\Omega^{\mathrm{e}}} \boldsymbol{B}^{\mathrm{eT}} \boldsymbol{D} \boldsymbol{B}^{\mathrm{e}} \mathrm{d}x \mathrm{d}y \qquad (4.22)$$

将矩形单元的几何矩阵 $\boldsymbol{B}^{\mathrm{e}}$ 和弹性矩阵 $\boldsymbol{D}$ 代入式(4.22)，单元刚度矩阵表达式变为

$$\boldsymbol{K}^{\mathrm{e}}_{8 \times 8} = t \iint \boldsymbol{B}^{\mathrm{eT}} \boldsymbol{D} \boldsymbol{B}^{\mathrm{e}} \mathrm{d}x \mathrm{d}y \qquad (4.23)$$

子块矩阵为

$$\begin{aligned}
\boldsymbol{K}^{\mathrm{e}}_{rs} &= t \iint \boldsymbol{B}^{\mathrm{eT}}_r \boldsymbol{D} \boldsymbol{B}^{\mathrm{e}}_s \mathrm{d}x \mathrm{d}y \\
&= t \int_{-1}^{1} \int_{-1}^{1} \boldsymbol{B}^{\mathrm{eT}}_r \boldsymbol{D} \boldsymbol{B}^{\mathrm{e}}_s ab \mathrm{d}\xi \mathrm{d}\eta \quad (r, s = 1, 2, 3, 4)
\end{aligned} \qquad (4.24)$$

在单元内，应变和应力不是常数。把有关数据代入式(4.23)，对每个元素分别进行积分得(子块形式)

$$\boldsymbol{K}^{\mathrm{e}}_{8 \times 8} = \begin{bmatrix} K^{\mathrm{e}}_{11} & K^{\mathrm{e}}_{12} & K^{\mathrm{e}}_{13} & K^{\mathrm{e}}_{14} \\ K^{\mathrm{e}}_{21} & K^{\mathrm{e}}_{22} & K^{\mathrm{e}}_{23} & K^{\mathrm{e}}_{24} \\ K^{\mathrm{e}}_{31} & K^{\mathrm{e}}_{32} & K^{\mathrm{e}}_{33} & K^{\mathrm{e}}_{34} \\ K^{\mathrm{e}}_{41} & K^{\mathrm{e}}_{42} & K^{\mathrm{e}}_{43} & K^{\mathrm{e}}_{44} \end{bmatrix}_{8 \times 8} \qquad (4.25)$$

式中，对于平面应力问题

$$\boldsymbol{K}^{\mathrm{e}}_{rs\,2 \times 2} = \frac{Et}{4ab(1 - \mu^2)} \cdot \begin{bmatrix} K_1 & K_2 \\ K_3 & K_4 \end{bmatrix} \quad (r, s = 1, 2, 3, 4) \qquad (4.26)$$

$$\begin{cases}
K_1 = b^2 \xi_i \xi_j \left(1 + \dfrac{1}{3} \eta_i \eta_j \right) + \dfrac{1 - \mu}{2} a^2 \eta_i \eta_j \left(1 + \dfrac{1}{3} \eta_i \eta_j \right) \\[2mm]
K_2 = ab \left(\mu \xi_i \eta_j + \dfrac{1 - \mu}{2} \eta_i \xi_j \right) \\[2mm]
K_3 = ab \left(\mu \eta_i \xi_j + \dfrac{1 - \mu}{2} \xi_i \eta_j \right) \\[2mm]
K_4 = a^2 \eta_i \eta_j \left(1 + \dfrac{1}{3} \xi_i \xi_j \right) + \dfrac{1 - \mu}{2} b^2 \xi_i \xi_j \left(1 + \dfrac{1}{3} \eta_i \eta_j \right)
\end{cases} \quad (i, j = 1, 2, 3, 4) \qquad (4.27)$$

对于平面应变问题，可以把应力矩阵中 E 换成 $\dfrac{E}{1 - \mu^2}$，把 μ 换成 $\dfrac{\mu}{1 - \mu}$。

4.1.5　矩形单元的特性分析

现在来考察一下有限元方程求解收敛性的充要条件。假设位移函数(在 x 方向上)$u = \alpha_1 + \alpha_2 x + \alpha_3 y + \alpha_4 x^2 + \alpha_5 xy + \alpha_6 y^2 + \alpha_7 x^3 + \alpha_8 x^2 y + \cdots$，其中 $\alpha_1, \alpha_2, \alpha_3, \alpha_4, \alpha_5, \alpha_6, \alpha_7, \alpha_8$ 反映了单元的刚体位移和常量应变，满足收敛性的必要条件。在边界上，位移是线性变化的，所以任意两个相邻单元在公共边上的位移是连续的，这就满足了收敛性的充分条件。

由求得的形函数可知，形函数是关于 ξ 和 η 的二次函数，位移也是关于 ξ 和 η 的二次函

数,因此单元上的应变和应力不再是常数,而是线性变化的。所以,**矩形单元能比三节点三角形单元更好地反映实际单元应变和应力的变化规律,其精度高于简单的三角形单元。**

　　然而,矩形单元不能适应斜边界或曲线边界的形状要求。为了弥补这些缺陷,一种方法是把矩形单元和简单三角形单元混合起来,当然这样处理将使计算程序的编制和信息的填写都变得更复杂。另一种方法是采用等参单元。

4.2　等参单元的概念

4.2.1　任意四边形单元

　　为了克服矩形单元的缺点,在实际计算平面问题时往往采用任意四边形单元。在矩形单元中,由于引入无因次参数 ξ,η 作为局部自然坐标系,整体坐标系中的矩形单元在局部坐标系中变换成正方形单元。那么,整体坐标系中任意四边形单元能不能在局部坐标系中也变换成正方形单元呢? 答案是肯定的,只要通过相应的坐标变换就能达到这个目的。

　　设有一个任意四边形单元(子单元),其节点内部编号为 $1,2,3,4$,如图 4.4(a)所示,以两族直线等分单元的四条边,取两族直线的中心作为坐标原点,过坐标原点的两根直线作为局部坐标系的 ξ,η 轴,令四条边的 ξ,η 值分别为 ±1,即 14 边上的参数 $\xi=1$,23 边上的参数 $\xi=-1$,12 边上的参数 $\eta=1$,34 边上的参数 $\eta=-1$。经过这样的坐标变换,整体坐标系中的任意四边形单元就变换成局部坐标系中的标准正方形单元了,如图 4.4(b)所示。那么要实现这种坐标的变换,必须保证标准正方形单元(母单元)上任意一点 (x,y) 可得到子单元中唯一一点 (ξ,η) 相对应。

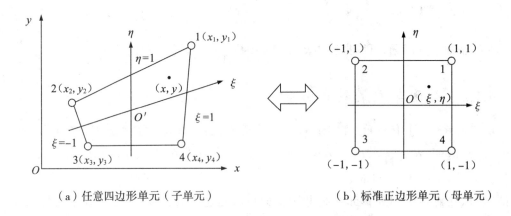

（a）任意四边形单元（子单元）　　　　　（b）标准正边形单元（母单元）

图 4.4　任意四边形子单元及母单元

对于任意四边形单元,不能用类似矩形单元的方法构造位移模式,如果把任意四边

形单元的位移函数假设为

$$u = \alpha_1 + \alpha_2 x + \alpha_3 y + \alpha_4 xy$$
$$v = \alpha_5 + \alpha_6 x + \alpha_7 y + \alpha_8 xy \qquad (4.28)$$

这不能保证在相邻单元的交界面上位移的连续性。例如,23 边的直线方程为

$$y = Ax + B \qquad (4.29)$$

将式(4.29)代入式(4.28)得

$$u = \alpha_1 + \alpha_2 x + \alpha_3 Ax + \alpha_3 B + \alpha_4 Ax^2 + \alpha_4 Bx$$
$$v = \alpha_5 + \alpha_6 x + \alpha_7 Ax + \alpha_7 B + \alpha_8 Ax^2 + \alpha_8 Bx \qquad (4.30)$$

由式(4.30)可知,在 23 边上位移是 x 的二次函数,而该边交界面只有两个公共节点,不能唯一确定一个二次函数,因此两相邻单元的位移在该交界面上的位移是不相同的,按照式(4.28)构造的位移模式不能满足连续性要求。

另外,即便找到合适的位移模式,每个单元的形状各不相同,在计算单元刚度矩阵和节点荷载时所涉及的积分域也是各不相同的,这对于具体计算和编程是困难的,甚至可以说是无法实现的。

通过坐标变换,可以解决上述困难。设整体坐标系为 xOy,在每个单元上建立局部坐标系 $\xi O \eta$。我们希望通过坐标变换将每个实际单元[子单元见图 4.4(a)]映射到标准正方形单元[母单元见图 4.4(b)],即将实际单元的四个边界映射到标准单元的四个边界,实际单元内任意一点 (x,y) 映射到标准单元内某一点 (ξ,η);反之,在标准单元内任意一点也能在实际单元内找到唯一的对应点。也就是说,**通过坐标变换建立每个实际单元与标准单元的一一对应关系**。

为了建立前面所述的坐标变换,最方便、最直观的方法是将坐标变换式表示成为关于整体坐标的插值函数(类同于矩形单元的位移模式),这样位移函数可表示为

$$\boldsymbol{u}^e = \begin{bmatrix} u \\ v \end{bmatrix} = \begin{bmatrix} IN_1 & IN_2 & IN_3 & IN_4 \end{bmatrix} \boldsymbol{\delta}^e = N^e \boldsymbol{\delta}^e \qquad (4.31)$$

式中,形函数同式(4.13),展开可得

$$\begin{cases} u = N_1 u_1 + N_2 u_2 + N_3 u_3 + N_4 u_4 \\ v = N_1 v_1 + N_2 v_2 + N_3 v_3 + N_4 v_4 \end{cases} \qquad (4.32)$$

式(4.32)中位移函数只是位移对局部坐标的表达式。到底如何变换? 在实际计算中,还需知道位移对整体坐标的表达,因此必须找出整体坐标 x,y 与局部坐标 ξ,η 之间的变换式。这个坐标变换式可以假设采用与位移函数完全相同的形式来表示,即

$$\begin{cases} x = N_1 x_1 + N_2 x_2 + N_3 x_3 + N_4 x_4 \\ y = N_1 y_1 + N_2 y_2 + N_3 y_3 + N_4 y_4 \end{cases} \qquad (4.33)$$

如果能证明整体坐标 x,y 和局部坐标 ξ,η 是一一对应关系,那这个坐标转换式就成立,即单元边节点是一一对应关系,且单元边整体坐标和局部坐标是线性变化的。

证明如下:

因为

$$N_i = \begin{cases} 1 & i=i \\ 0 & i \neq i \end{cases} \quad (i=1,2,3,4) \tag{4.34}$$

式(4.34)在单元四个节点上给出了节点的整体坐标值。在单元的四条边上,当一个局部坐标等于$+1$或-1时,另一个局部坐标是线性变化的。

例如图4.4(b)中的34边,$N_1=N_2=0$,其节点坐标值如下:

$$\eta=-1, \begin{cases} x=\dfrac{1}{2}\big[(1-\xi)x_3+(1+\xi)x_4\big]=\dfrac{1}{2}\big[(x_3+x_4)+(x_4-x_3)\xi\big] \\ y=\dfrac{1}{2}\big[(1-\xi)y_3+\dfrac{1}{2}(1+\xi)y_4\big]=\dfrac{1}{2}\big[(y_3+y_4)+(y_4-y_3)\xi\big] \end{cases} \tag{4.35}$$

若$\xi=0$,则

$$\begin{cases} x=\dfrac{1}{2}(x_3+x_4) \\ y=\dfrac{1}{2}(y_3+y_4) \end{cases} \tag{4.36}$$

4.2.2 等参单元的概念

由于引入了无因次参数ξ,η作为局部坐标,使得任意四边形单元都可以变换成正方形单元,因而其位移函数和坐标变换式具有相同的形式,并且采用相同的形函数,这就是等参单元的基本特征。位移函数和坐标函数如下:

$$\begin{cases} u=\displaystyle\sum_{i=1}^{n}N_i u_i \\ v=\displaystyle\sum_{i=1}^{n}N_i v_i \end{cases}, \begin{cases} x=\displaystyle\sum_{i=1}^{m}N_i' x_i \\ y=\displaystyle\sum_{i=1}^{m}N_i' y_i \end{cases} \tag{4.37}$$

式中,N_i为位移形函数;N_i'为坐标形函数。

从第4.1节可知,任意四边形通过坐标变换映射为$\xi O \eta$平面上的正方形母单元,如图4.4所示。由于母单元是正方形,在其上定义形函数、进行数值积分都是比较规则的,因此这种坐标变化是重要的一环。一般可以通过下式来实现几何形状的变换:

$$\begin{cases} x=\displaystyle\sum_{i=1}^{m}N_i'(\xi,\eta)x_i \\ y=\displaystyle\sum_{i=1}^{m}N_i'(\xi,\eta)y_i \end{cases} \tag{4.38}$$

对于场函数有

$$\begin{cases} u=\displaystyle\sum_{i=1}^{n}N_i(\xi,\eta)u_i \\ v=\displaystyle\sum_{i=1}^{n}N_i(\xi,\eta)v_i \end{cases} \tag{4.39}$$

如果定义单元位移场的形函数 N_i 与定义单元几何形状的形函数 $N_i{}'$ 是相等的,那么这种单元就称为"等参单元"。即当 $m=n$ 且 $N_i'=N_i$ 时,称这种单元为"等参单元"或"同参单元";当 $m<n$ 时,称这种单元为"次参单元";当 $m>n$ 时,称这种单元为"超参单元"。

等参单元的形函数构造规范,收敛性比较清楚,在实际中采用较多。而对于次参单元与超参单元,每种单元都必须通过专门的收敛性检查。

4.2.3　等参单元的应变和应力

等参单元的应变与前面一样,应当有 $\boldsymbol{\varepsilon}^e = L N^e \boldsymbol{\delta}^e = B^e \boldsymbol{\delta}^e$,$L$ 中微分算子是包含 $\dfrac{\partial}{\partial x}$ 和 $\dfrac{\partial}{\partial y}$ 的微分算子矩阵(见式 2.30),而 N^e 中 $N_i(\xi, \eta)$ 是 ξ 和 η 的显函数,需要对隐函数进行微分。因为

$$
\begin{bmatrix} \dfrac{\partial N_i}{\partial \xi} \\[2mm] \dfrac{\partial N_i}{\partial \eta} \end{bmatrix} = \begin{bmatrix} \dfrac{\partial x}{\partial \xi} & \dfrac{\partial y}{\partial \xi} \\[2mm] \dfrac{\partial x}{\partial \eta} & \dfrac{\partial y}{\partial \eta} \end{bmatrix} \begin{bmatrix} \dfrac{\partial N_i}{\partial x} \\[2mm] \dfrac{\partial N_i}{\partial y} \end{bmatrix} \qquad (i=1,2,3,4) \tag{4.40}
$$

式(4.40)左端可以显式得出,而等式右端第一个矩阵可以根据式(4.33)按下式计算:

$$
\begin{bmatrix} \dfrac{\partial x}{\partial \xi} & \dfrac{\partial y}{\partial \xi} \\[2mm] \dfrac{\partial x}{\partial \eta} & \dfrac{\partial y}{\partial \eta} \end{bmatrix} = \begin{bmatrix} \dfrac{\partial N_1}{\partial \xi} & \dfrac{\partial N_2}{\partial \xi} & \dfrac{\partial N_3}{\partial \xi} & \dfrac{\partial N_4}{\partial \xi} \\[2mm] \dfrac{\partial N_1}{\partial \eta} & \dfrac{\partial N_2}{\partial \eta} & \dfrac{\partial N_3}{\partial \eta} & \dfrac{\partial N_4}{\partial \eta} \end{bmatrix} \begin{bmatrix} x_1 & y_1 \\ x_2 & y_2 \\ x_3 & y_3 \\ x_4 & y_4 \end{bmatrix} = J \tag{4.41}
$$

J 称为坐标变换的雅可比矩阵,进而由式(4.41)可以得出

$$
\begin{bmatrix} \dfrac{\partial N_i}{\partial x} \\[2mm] \dfrac{\partial N_i}{\partial y} \end{bmatrix} = J^{-1} \begin{bmatrix} \dfrac{\partial N_i}{\partial \xi} \\[2mm] \dfrac{\partial N_i}{\partial \eta} \end{bmatrix} \qquad (i=1,2,3,4) \tag{4.42}
$$

雅可比矩阵 J 的逆矩阵为

$$
J^{-1} = \frac{1}{|J|} \begin{bmatrix} \dfrac{\partial y}{\partial \eta} & -\dfrac{\partial y}{\partial \xi} \\[2mm] -\dfrac{\partial x}{\partial \eta} & \dfrac{\partial x}{\partial \xi} \end{bmatrix} \tag{4.43}
$$

由式(4.41)、式(4.42)及式(4.43),可以计算应变转换矩阵 B^e 与应力转换矩阵 S^e,其子块分别为

$$B_i^e = \begin{bmatrix} \dfrac{\partial N_i}{\partial x} & 0 \\[2mm] 0 & \dfrac{\partial N_i}{\partial y} \\[2mm] \dfrac{\partial N_i}{\partial y} & \dfrac{\partial N_i}{\partial x} \end{bmatrix} \quad (i=1,2,3,4) \tag{4.44}$$

$$S_i^e = \frac{E_1}{1-\mu_1^2} \begin{bmatrix} \dfrac{\partial N_i}{\partial x} & \mu_1 \dfrac{\partial N_i}{\partial y} \\[2mm] \mu_1 \dfrac{\partial N_i}{\partial x} & \dfrac{\partial N_i}{\partial y} \\[2mm] \dfrac{1-\mu_1}{2}\cdot\dfrac{\partial N_i}{\partial y} & \dfrac{1-\mu_1}{2}\cdot\dfrac{\partial N_i}{\partial x} \end{bmatrix} \quad (i=1,2,3,4) \tag{4.45}$$

4.2.4 等参单元的刚度矩阵

4.2.4.1 单元刚度矩阵

改变积分变量,单元刚度矩阵变为

$$\begin{aligned} K^e &= t \iint_{\Omega^e} B^{eT} D B^e \, \mathrm{d}x \mathrm{d}y \\ &= t \int_{-1}^{1}\int_{-1}^{1} B^{eT} D B^e |J| \, \mathrm{d}\xi \mathrm{d}\eta \end{aligned} \tag{4.46}$$

一般而言,由于等参单元 B^e 包含变量,该积分没有显式,需作数值积分(4.3节介绍)。

4.2.4.2 等效节点力的计算

体力的等效节点力为

$$F_b^e = t \int_{-1}^{1}\int_{-1}^{1} N^{eT} F_b |J| \, \mathrm{d}\xi \mathrm{d}\eta \tag{4.47}$$

作用在 $\xi = 1$ 边上的面力为

$$F_s^e = t \int_{-1}^{1} N^{eT} F_s \sqrt{\left(\frac{\partial x}{\partial \eta}\right)^2 + \left(\frac{\partial y}{\partial \eta}\right)^2} \, \mathrm{d}\eta \tag{4.48}$$

而在 $\eta = 1$ 边上的面力为

$$F_s^e = t \int_{-1}^{1} N^{eT} F_s \sqrt{\left(\frac{\partial x}{\partial \xi}\right)^2 + \left(\frac{\partial y}{\partial \xi}\right)^2} \, \mathrm{d}\xi \tag{4.49}$$

注意:在式(4.48)和式(4.49)中,被积函数中的 N^{eT}、x 和 y 仅是在指定边界上的变量。

4.2.4.3 等参单元刚度矩阵

有了等参坐标变换,就可以把原先在实际单元域上的积分变换到在母单元上的积分,使积分的上下限统一。单元刚度矩阵 K^e 可以改写成

$$K^e = \int_{\Omega^e} B^{eT} DB^e t\, dA = \int_{-1}^{1} \int_{-1}^{1} B^{eT} DB^e t\, |J|\, d\xi d\eta \tag{4.50}$$

4.2.5　等参单元中微元面积、微元线段的计算

计算单元刚度矩阵和节点荷载时要用到实际单元的微元面积 dA 和微元线段 ds。本节讨论上述公式,如式(4.46)~(4.50)中微元面积和微元线段用局部坐标的微分表示,以便理解所有积分计算转换到母单元上进行。

4.2.5.1　曲边单元的矢量

在曲边单元中会用到矢量计算,下面讲述如何计算曲面单元的面积和体积。

例如,图4.5所示的矢量 V_{OI} 可表示为

$$V_{OI} = x_1 i + y_1 j + z_1 k \tag{4.51}$$

式中,i, j, k 分别为 x, y, z 方向的单位矢量;x_1, y_1, z_1 为 I 的坐标值。

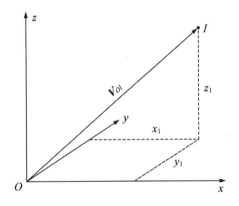

图4.5　矢量示意图

矢量 V_{OI} 也可用列阵表示,即

$$V_{OI} = \begin{bmatrix} x_1 \\ y_1 \\ z_1 \end{bmatrix} \tag{4.52}$$

矢量 $a = a_x i + a_y j + a_z k$ 的方向余弦由下式计算:

$$\begin{cases} l = \cos(a, x) = \dfrac{a_x}{a} \\[2mm] m = \cos(a, y) = \dfrac{a_y}{a} \\[2mm] n = \cos(a, z) = \dfrac{a_z}{a} \end{cases} \tag{4.53}$$

式中,$a = \sqrt{a_x^2 + a_y^2 + a_z^2}$,$(a, x)$ 为矢量 a 与 x 轴的夹角,(a, y) 为矢量 a 为 y 轴的夹角,(a, z) 为矢量 a 与 z 轴的夹角。

4.2.5.2　标量乘积

两个矢量的标量乘积定义为一个矢量的长度与另一矢量在它上面的投影长度的乘积,可按下式计算:

$$\boldsymbol{a} \cdot \boldsymbol{b} = ab\cos\theta = \boldsymbol{b} \cdot \boldsymbol{a} \tag{4.54}$$

式中,θ 为矢量 $\boldsymbol{a}$ 与 $\boldsymbol{b}$ 的夹角;a, b 为矢量 $\boldsymbol{a}, \boldsymbol{b}$ 的长度。

4.2.5.3　矢量乘积

两个矢量的矢量乘积定义为存在一个矢量,它与这两个矢量所在**平面正交**,大小等于两个矢量的长度的乘积再乘以其夹角的正弦,指向符合右手螺旋法则。

图 4.6 表示了 $\boldsymbol{a} \times \boldsymbol{b} = \boldsymbol{c}$,其中 $|\boldsymbol{c}| = ab\sin\theta$,根据上述定义有

$$\boldsymbol{a} \times \boldsymbol{b} = -\boldsymbol{b} \times \boldsymbol{a} \tag{4.55}$$

由图 4.6 可知,$\boldsymbol{c}$ 的长度等于以 $\boldsymbol{a}$ 和 $\boldsymbol{b}$ 为边的平行四边形的面积。

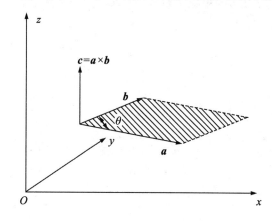

图 4.6　矢量的乘积

矢量的乘积又称为"叉乘积",可由下式计算:

$$\boldsymbol{a} \times \boldsymbol{b} = \begin{vmatrix} \boldsymbol{i} & \boldsymbol{j} & \boldsymbol{k} \\ a_x & a_y & a_z \\ b_x & b_y & b_z \end{vmatrix} \tag{4.56}$$

4.2.5.4　等参单元中微元面积的计算(曲线坐标系中的微元面积)

设实际单元中任一点微元面积为 dA,如图 4.7(a)阴影部分所示,在母单元上对应图 4.7(b)阴影部分面积。图中 $\mathrm{d}\boldsymbol{r}_\xi$ 为 ξ 坐标线上的微分矢量,$\mathrm{d}\boldsymbol{r}_\eta$ 为 η 坐标线上的微分矢量,即

$$\begin{cases} \mathrm{d}\boldsymbol{r}_\xi = \mathrm{d}x\boldsymbol{i} + \mathrm{d}y\boldsymbol{j} = \dfrac{\partial x}{\partial \xi}\mathrm{d}\xi\boldsymbol{i} + \dfrac{\partial y}{\partial \xi}\mathrm{d}\xi\boldsymbol{j} \\[3mm] \mathrm{d}\boldsymbol{r}_\eta = \dfrac{\partial x}{\partial \eta}\mathrm{d}\eta\boldsymbol{i} + \dfrac{\partial y}{\partial \eta}\mathrm{d}\eta\boldsymbol{j} \end{cases} \tag{4.57}$$

$$\mathrm{d}\boldsymbol{r}_\xi \times \mathrm{d}\boldsymbol{r}_\eta = \begin{vmatrix} \boldsymbol{i} & \boldsymbol{j} & \boldsymbol{k} \\ \dfrac{\partial x}{\partial \xi}\mathrm{d}\xi & \dfrac{\partial y}{\partial \xi}\mathrm{d}\xi & 0 \\ \dfrac{\partial x}{\partial \eta}\mathrm{d}\eta & \dfrac{\partial y}{\partial \eta}\mathrm{d}\eta & 0 \end{vmatrix} = \begin{vmatrix} \dfrac{\partial x}{\partial \xi} & \dfrac{\partial y}{\partial \xi} \\ \dfrac{\partial x}{\partial \eta} & \dfrac{\partial y}{\partial \eta} \end{vmatrix}\mathrm{d}\xi\mathrm{d}\eta\,\boldsymbol{k}$$

$$\mathrm{d}A = |\mathrm{d}\boldsymbol{r}_\xi \times \mathrm{d}\boldsymbol{r}_\eta| = \begin{vmatrix} \dfrac{\partial x}{\partial \xi} & \dfrac{\partial y}{\partial \xi} \\ \dfrac{\partial x}{\partial \eta} & \dfrac{\partial y}{\partial \eta} \end{vmatrix}\mathrm{d}\xi\mathrm{d}\eta = |J|\mathrm{d}\xi\mathrm{d}\eta \tag{4.58}$$

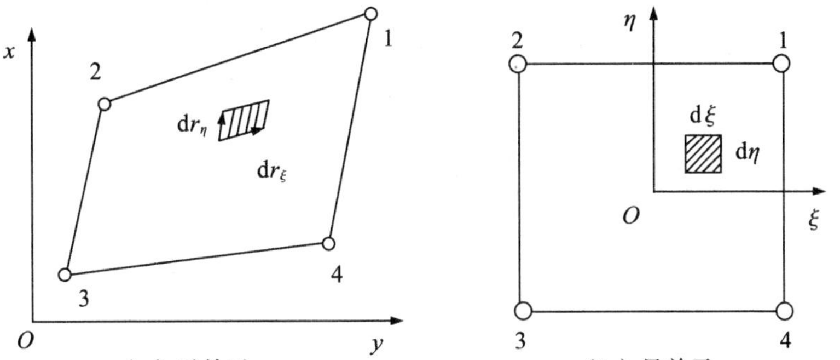

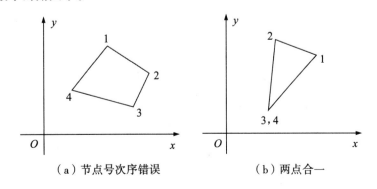

（a）子单元　　　　　　　（b）母单元

图 4.7　等参单元中微元面积

雅可比行列式 $|J|$ 是子单元微元面积与母单元微元面积的比值，相当于实际单元上微元面积的放大（缩小）系数。

对于等参单元，要避免以下两种错误的使用方法：

(1)单元内节点次序错误,会造成 $|J|<0$,如图 4.8(a)所示。

(2)两点合一,会造成 $|J|=0$,如图 4.8(b)所示。

上述两种错误都是绝对不允许存在的。另外,单元形状不好,也会影响计算精度,例如单元中最小的角太小。

（a）节点号次序错误　　　　　　　（b）两点合一

图 4.8　四节点等参单元不能允许的错误

4.2.5.5　等参单元中微元线段的计算

在 $\xi=\pm1$ 的边界上，$\mathrm{d}\boldsymbol{r}=\dfrac{\partial x}{\partial \eta}\mathrm{d}\eta\boldsymbol{i}+\dfrac{\partial y}{\partial \eta}\mathrm{d}\eta\boldsymbol{j}$，则

$$\mathrm{d}s=|\mathrm{d}\boldsymbol{r}|=\sqrt{\left(\frac{\partial x}{\partial \eta}\right)^2+\left(\frac{\partial y}{\partial \eta}\right)^2}\,\mathrm{d}\eta \tag{4.59}$$

同理，在 $\eta=\pm1$ 的边界上

$$\mathrm{d}s=\sqrt{\left(\frac{\partial x}{\partial \xi}\right)^2+\left(\frac{\partial y}{\partial \xi}\right)^2}\,\mathrm{d}\xi \tag{4.60}$$

对于四节点四边形等参单元，在 $\xi=1$ 的边界上有

$$\begin{cases}x=\dfrac{1}{2}(1-\eta)x_4+\dfrac{1}{2}(1+\eta)x_1\\[2mm]y=\dfrac{1}{2}(1-\eta)y_4+\dfrac{1}{2}(1+\eta)y_1\end{cases} \tag{4.61}$$

则有

$$\begin{cases}\dfrac{\partial x}{\partial \eta}=\dfrac{1}{2}(x_1-x_4)\\[2mm]\dfrac{\partial y}{\partial \eta}=\dfrac{1}{2}(y_1-y_4)\end{cases} \tag{4.62}$$

将式(4.62)代入式(4.59)，得

$$\mathrm{d}s=\frac{1}{2}\sqrt{(x_1-x_4)^2+(y_1-y_4)^2}\,\mathrm{d}\eta=\frac{1}{2}l_{41}\mathrm{d}\eta \tag{4.63}$$

同理，在 $\xi=-1$ 的边界上有

$$\mathrm{d}s=\frac{1}{2}l_{32}\mathrm{d}\eta \tag{4.64}$$

在 $\eta=1$ 的边界上有

$$\mathrm{d}s=\frac{1}{2}l_{12}\mathrm{d}\xi \tag{4.65}$$

在 $\eta=-1$ 的边界上有

$$\mathrm{d}s=\frac{1}{2}l_{34}\mathrm{d}\xi \tag{4.66}$$

式(4.63)～(4.66)中，$l_{41},l_{32},l_{12},l_{34}$ 分别表示各边界的长度。顺便指出，在程序设计中为了通用化，通常采用式(4.59)和式(4.60)计算微分长度，因为它们对任意单元类型都适用。

4.2.5.6　等参单元中单元外法向矢量的计算

实际单元如图4.7(a)所示，$\xi=1$ 的边界上某点的外法向矢量为 $\boldsymbol{n}$，设它的方向余弦和

正弦为 l 和 m。

$$l = \cos \alpha, \quad m = -\sin \alpha \tag{4.67}$$

该点的微分矢量为

$$\mathrm{d}\boldsymbol{r} = \frac{\partial x}{\partial \eta}\mathrm{d}\eta\boldsymbol{i} + \frac{\partial y}{\partial \eta}\mathrm{d}\eta\boldsymbol{j} \tag{4.68}$$

根据微分矢量 $\mathrm{d}\boldsymbol{r}$ 与外法向矢量 $\boldsymbol{n}$ 的正交几何关系有

$$l = \cos(\mathrm{d}\boldsymbol{r}, y) = \frac{\dfrac{\partial y}{\partial \eta}}{\sqrt{\left(\dfrac{\partial x}{\partial \eta}\right)^2 + \left(\dfrac{\partial y}{\partial \eta}\right)^2}} \tag{4.69}$$

$$m = -\sin \alpha = -\cos\left(\frac{\pi}{2} - \alpha\right) = -\cos(\mathrm{d}\boldsymbol{r}, x) = \frac{-\dfrac{\partial x}{\partial \eta}}{\sqrt{\left(\dfrac{\partial x}{\partial \eta}\right)^2 + \left(\dfrac{\partial y}{\partial \eta}\right)^2}} \tag{4.70}$$

同理可得到其他三个边界的外法向矢量的表达式。

在 $\xi = 1$ 的边界上，方向余弦为

$$\left\{ \begin{aligned} l &= \frac{-\dfrac{\partial y}{\partial \eta}}{\sqrt{\left(\dfrac{\partial x}{\partial \eta}\right)^2 + \left(\dfrac{\partial y}{\partial \eta}\right)^2}} \\[3mm] m &= \frac{\dfrac{\partial x}{\partial \eta}}{\sqrt{\left(\dfrac{\partial x}{\partial \eta}\right)^2 + \left(\dfrac{\partial y}{\partial \eta}\right)^2}} \end{aligned} \right. \tag{4.71}$$

在 $\eta = 1$ 的边界上，方向余弦为

$$\left\{ \begin{aligned} l &= \frac{-\dfrac{\partial y}{\partial \xi}}{\sqrt{\left(\dfrac{\partial x}{\partial \xi}\right)^2 + \left(\dfrac{\partial y}{\partial \xi}\right)^2}} \\[3mm] m &= \frac{\dfrac{\partial x}{\partial \xi}}{\sqrt{\left(\dfrac{\partial x}{\partial \xi}\right)^2 + \left(\dfrac{\partial y}{\partial \xi}\right)^2}} \end{aligned} \right. \tag{4.72}$$

在 $\eta = -1$ 的边界上，方向余弦为

$$\begin{cases} l = \dfrac{\dfrac{\partial y}{\partial \xi}}{\sqrt{\left(\dfrac{\partial x}{\partial \xi}\right)^2 + \left(\dfrac{\partial y}{\partial \xi}\right)^2}} \\[6mm] m = \dfrac{-\dfrac{\partial x}{\partial \xi}}{\sqrt{\left(\dfrac{\partial x}{\partial \xi}\right)^2 + \left(\dfrac{\partial y}{\partial \xi}\right)^2}} \end{cases} \tag{4.73}$$

4.2.6 等参单元等效节点荷载

基于等参坐标变换,体力引起的单元节点荷载为

$$\boldsymbol{F}_b^e = \int_{\Omega^e} \boldsymbol{N}^{eT} \boldsymbol{F}_b t \, \mathrm{d}A = \int_{-1}^1 \int_{-1}^1 \boldsymbol{N}^{eT} \boldsymbol{F}_b t \, |\boldsymbol{J}| \, \mathrm{d}\xi \mathrm{d}\eta \tag{4.74}$$

面力引起的单元节点荷载,如在 $\xi = \pm 1$ 的边界,有

$$\boldsymbol{F}_s^e = \int_{s^e} \boldsymbol{N}^{eT} \boldsymbol{F}_s t \, \mathrm{d}S = \int_{-1}^1 \boldsymbol{N}^{eT} \boldsymbol{F}_s t \sqrt{\left(\frac{\partial x}{\partial \eta}\right)^2 + \left(\frac{\partial y}{\partial \eta}\right)^2} \, \mathrm{d}\eta \tag{4.75}$$

在 $\eta = \pm 1$ 的边界,有

$$\boldsymbol{F}_s^e = \int_{S^e} \boldsymbol{N}^{eT} \boldsymbol{F}_s t \, \mathrm{d}S = \int_{-1}^1 \boldsymbol{N}^{eT} \boldsymbol{F}_s t \sqrt{\left(\frac{\partial x}{\partial \xi}\right)^2 + \left(\frac{\partial y}{\partial \xi}\right)^2} \, \mathrm{d}\xi \tag{4.76}$$

对于一些几何形状简单的单元,节点荷载可以显式地计算出来。如图 4.9 所示的平行四边形单元,底边长为 a,斜边长为 b,短边与横轴夹角为 θ。在自重 $\boldsymbol{F}_b = [0 \quad -\rho g]^T$ 作用下,单元节点荷载为

$$\begin{aligned} \boldsymbol{F}_b^e &= \int_{-1}^1 \int_{-1}^1 \boldsymbol{N}^{eT} \begin{bmatrix} 0 \\ -\rho g \end{bmatrix} t \, |\boldsymbol{J}| \, \mathrm{d}\xi \mathrm{d}\eta \\ &= -\rho g \int_{-1}^1 \int_{-1}^1 [0 \quad N_1 \quad 0 \quad N_2 \quad 0 \quad N_3 \quad 0 \quad N_4]^T |\boldsymbol{J}| t \, \mathrm{d}\xi \mathrm{d}\eta \end{aligned} \tag{4.77}$$

式中,雅可比行列式为 $|\boldsymbol{J}|$。

$$\begin{aligned} |\boldsymbol{J}| &= \begin{vmatrix} \dfrac{\partial x}{\partial \xi} & \dfrac{\partial y}{\partial \xi} \\[3mm] \dfrac{\partial x}{\partial \eta} & \dfrac{\partial y}{\partial \eta} \end{vmatrix} \\[3mm] &= \frac{1}{16} \begin{bmatrix} (1-\eta)(x_4-x_3)+(1+\eta)(x_1-x_2) & (1-\eta)(y_4-y_3)+(1+\eta)(y_1-y_2) \\ (1-\xi)(x_2-x_3)+(1+\xi)(x_1-x_4) & (1-\xi)(y_2-y_3)+(1+\xi)(y_1-y_4) \end{bmatrix} \\[3mm] &= \frac{1}{16} \begin{vmatrix} 2a & 0 \\ 2b\cos\theta & 2b\sin\theta \end{vmatrix} = \frac{1}{4} ab\sin\theta = \frac{1}{4} A \end{aligned}$$

$$\tag{4.78}$$

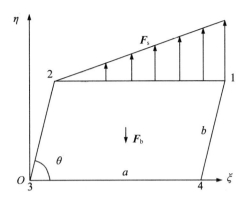

图4.9 平面四边形节点荷载

将形函数的表达式(4.13)及式(4.78)代入式(4.77),得

$$F_b^e = -\frac{\rho g t A}{4} \int_{-1}^{1} \int_{-1}^{1} \begin{bmatrix} 0 & N_1 & 0 & N_2 & 0 & N_3 & 0 & N_4 \end{bmatrix}^T d\xi d\eta$$

$$= -\frac{1}{4} \rho g t A \begin{bmatrix} 0 & 1 & 0 & 1 & 0 & 1 & 0 & 1 \end{bmatrix}^T \tag{4.79}$$

即把单元重量平均分配到4个节点上。

在$\eta=1$的边界(21边界)上受到三角形分布荷载(见图4.9),这时面力矢量为

$$F_s = \begin{bmatrix} \frac{1}{2}(1+\xi)q & 0 \end{bmatrix}^T \tag{4.80}$$

单元的节点荷载为

$$F_s^e = \int_{-1}^{1} N^{eT} \begin{bmatrix} \frac{1}{2}(1+\xi)q \\ 0 \end{bmatrix} t \sqrt{\left(\frac{\partial x}{\partial \xi}\right)^2 + \left(\frac{\partial y}{\partial \xi}\right)^2} d\xi$$

$$= \frac{1}{2}q \int_{-1}^{1} (1+\xi) \begin{bmatrix} N_1 & 0 & N_2 & 0 & N_3 & 0 & N_4 \end{bmatrix}^T t \frac{1}{2} a d\xi \tag{4.81}$$

考虑到在$\eta=1$的边界上$N_1 = \frac{1}{2}(1+\xi)$,$N_2 = \frac{1}{2}(1-\xi)$,$N_3=0$,$N_4=0$,代入式(4.81)得

$$F_s^e = \frac{1}{2} a t q \begin{bmatrix} \frac{2}{3} & 0 & \frac{1}{3} & 0 & 0 & 0 & 0 \end{bmatrix}^T \tag{4.82}$$

即把分布面力的合力的$\frac{2}{3}$分配到1节点,把$\frac{1}{3}$的合力分配到2节点。

如果在单元边界上受有法向分布力,式(4.75)和式(4.76)还可以进一步简化。设在边界$\xi=1$上法向分布面力的集度为$q(\eta)$,则面力矢量为

$$F_s = \begin{bmatrix} l \\ m \end{bmatrix} q(\eta) \tag{4.83}$$

将式(4.83)代入式(4.75)得

$$F_s^e = \int_{-1}^{1} N^{eT} \begin{bmatrix} l \\ m \end{bmatrix} q(\eta) t \sqrt{\left(\frac{\partial x}{\partial \eta}\right)^2 + \left(\frac{\partial y}{\partial \eta}\right)^2} \, d\eta$$

$$= \int_{-1}^{1} N^{eT} \begin{bmatrix} \dfrac{\partial y}{\partial \eta} \\ -\dfrac{\partial x}{\partial \eta} \end{bmatrix} q(\eta) tb \, d\eta \tag{4.84}$$

4.3 数值积分

在求解等参单元的刚度矩阵和等效节点荷载时,要作如下形式的积分:

$$\int_{-1}^{1}\int_{-1}^{1} f(\xi, \eta) \, d\xi \, d\eta \tag{4.85}$$

在一般情况下,式(4.85)中的被积函数 $f(\xi, \eta)$ 的表达式都很复杂,其求积分运算也相当烦琐。由于被积函数 $f(\xi, \eta)$ 没有原函数,无法求积分,因此为了简化计算,通常采用数值积分来取代函数积分。

4.3.1 数值求积的基本思想

依据人们所熟知的微积分基本定理,对于函数 $f(x)$ 在区间 $[a,b]$ 的积分

$$I = \int_{a}^{b} f(x) \, dx \tag{4.86}$$

只要找到被积函数 $f(x)$ 的原函数 $F(x)$,便可得到牛顿-莱布尼茨(Newton-Leibniz)公式,即

$$\int_{a}^{b} f(x) \, dx = F(b) - F(a) \tag{4.87}$$

但实际中使用这种求积方法往往比较困难,因为大量的被积函数,如 $\dfrac{\sin x}{x}$,$\sin x^2$ 等,找不到用初等函数表示的原函数;另外,当 $f(x)$ 是由测量或数值计算给出的一张数据表时,牛顿-莱布尼茨公式也不能直接运用。因此有必要研究积分的数值计算问题。数值积分是指在单元内选取若干个点作为积分点,在这些积分点上算出函数 $f(x)$ 的数值。根据这些积分点上的函数值可近似地得到积分值。

由积分中值定理可知,在积分区间 $[a,b]$ 内存在一点 ξ,使得下式成立。

$$\int_{a}^{b} f(x) \, dx = (b-a) f(\xi) \tag{4.88}$$

就是说,底为 $b-a$、高为 $f(\xi)$ 的矩形的面积等于所求曲边梯形的面积 I(见图4.10)。问题在于点 ξ 的具体位置一般是不知道的,因而难以准确算出 $f(\xi)$ 的值。我们将 $f(\xi)$ 称

为区间 $[a,b]$ 上的"平均高度"。这样,只要对平均高度 $f(\xi)$ 提供一种算法,相应地便可获得一种数值求积方法。

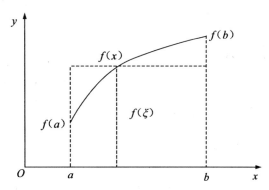

图 4.10　曲边梯形面积

如果用两端点的"高度" $f(a)$ 与 $f(b)$ 的算术平均值作为平均高度 $f(\xi)$ 的近似值,导出的求积公式为

$$T = \frac{b-a}{2}\big[f(a) + f(b)\big] \tag{4.89}$$

这便是人们所熟悉的梯形公式(几何意义参见图 4.11)。而如果改用区间中点 $c = \dfrac{a+b}{2}$ 的"高度" $f(c)$ 近似地取代平均高度 $f(\xi)$,则又可导出矩形公式

$$R = (b-a)f\left(\frac{a+b}{2}\right) \tag{4.90}$$

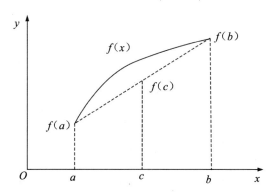

图 4.11　梯形公式几何意义

更一般地,可以在区间 $[a,b]$ 上适当选取某些节点 x_i,然后用 $f(x_i)$ 加权平均得到平均高度 $f(\xi)$ 的近似值,这样构造出的求积公式具有下列形式

$$\int_a^b f(x)\mathrm{d}x \approx \sum_{i=0}^n W_i f(x_i) \tag{4.91}$$

式中, x_i 为求积节点; W_i 为求积节点权系数,亦称伴随节点 x_i 的"权"。权系数 W_i 仅仅与

节点 x_i 的选取有关,而不依赖于被积函数 $f(x)$ 的具体形式。

这类数值积分方法的特点是将积分求值问题归结为函数值的计算,这就避免了牛顿-莱布尼茨公式需要寻求原函数的困难。

4.3.2 高斯求积法

与应用其他的求积法相比,应用高斯求积法可以用同样数目的积分点达到较高的精度,或者说,也可以用较少的积分点达到同样的精度。

4.3.2.1 一维高斯求积公式

一维高斯求积公式如下:

$$I = \int_{-1}^{1} f(\xi)\mathrm{d}\xi = \sum_{i=1}^{n} W_i f(\xi_i) + R[f] \tag{4.92}$$

式中, $f(\xi_i)$ 为被积函数 $f(x)$ 在积分点 ξ_i 处的数值; W_i 为加权系数; $R[f]$ 为截断误差; n 为所取积分点的数目。

与牛顿-莱布尼茨法不同,高斯求积法对积分点的位置有要求,即选最优积分点,而且还需 n 个加权系数,因此共有 $2n$ 个未知量。取 $2n-1$ 次多项式来表示被积函数(积分后最高次为 $2n$),就可定出积分点的位置和加权系数值。如果被积函数是 $2n-1$ 次多项式,那么求得结果是精确值,例如 $n=2$,积分函数为

$$I = \int_{-1}^{1} f(\xi)\mathrm{d}\xi = W_1 f(\xi_1) + W_2 f(\xi_2) \tag{4.93}$$

把被积函数表示成为 $2n-1$ 次多项式,则 $f(\xi) = C_0 + C_1\xi + C_2\xi^2 + C_3\xi^3$,它的积分值(注意积分后幂的阶次为奇数的值为0)为

$$I = \int_{-1}^{1} (C_0 + C_1\xi + C_2\xi^2 + C_3\xi^3)\mathrm{d}\xi = 2C_0 + \frac{2}{3}C_2 \\ = W_1 f(\xi_1) + W_2 f(\xi_2) \tag{4.94}$$

也就是

$$W_1(C_0 + C_1\xi_1 + C_2\xi_1^2 + C_3\xi_1^3) + W_2(C_0 + C_1\xi_2 + C_2\xi_2^2 + C_3\xi_2^3) \\ = 2C_0 + \frac{2}{3}C_2 \tag{4.95}$$

式中, C_0, C_1, C_2, C_3 为函数分数。

比较两边系数得

$$\begin{cases} W_1 + W_2 = 2 \\ W_1\xi_1 + W_2\xi_2 = 0 \\ W_1\xi_1^2 + W_2\xi_2^2 = \dfrac{2}{3} \\ W_1\xi_1^3 + W_2\xi_2^3 = 0 \end{cases}$$

解得

$$\begin{cases} \xi_1 = \dfrac{1}{\sqrt{3}} = 0.577350 \\[2mm] \xi_2 = -\dfrac{1}{\sqrt{3}} = -0.577350 \\[2mm] W_1 = 1 \\ W_2 = 1 \end{cases}$$

$n=1\sim5$ 的高斯求积公式中积分点坐标 ξ_i 和加权系数 W_i 的数值如表4.1所示。

表4.1　$n=1\sim5$ 的高斯求积公式中积分点坐标 ξ_i 和加权系数 W_i

n	i	ξ_i	W_i
1(线性)	1	0	2
2(三次)	1	0.577	1
	2	−0.577	1
3(五次)	1	0	8/9
	2	0.774	5/9
	3	−0.774	5/9
4(七次)	1	0.861	0.347
	2	−0.861	0.347
	3	0.339	0.652
	4	−0.339	0.652
5(九次)	1	0	0.568
	2	0.906	0.236
	3	−0.906	0.236
	4	0.538	0.478
	5	−0.538	0.478

4.3.2.2　二维高斯求积公式

二维高斯求积公式如下：

$$I = \int_{-1}^{1} \int_{-1}^{1} f(\xi, \eta) \, \mathrm{d}\xi \, \mathrm{d}\eta \tag{4.96}$$

先把 η 当作常数，求 $\displaystyle\int_{-1}^{1} f(\xi, \eta) \mathrm{d}\xi = \sum_{i=1}^{n} W_i f(\xi_i, \eta) = \varphi(\eta)$，代入式(4.96)得

$$I = \int_{-1}^{1} \varphi(\eta) \mathrm{d}\eta = \sum_{j=1}^{n} W_j \varphi(\eta_j)$$

$$= \sum_{j=1}^{n} W_j \sum_{i=1}^{n} W_i f(\xi_i, \eta_j) \qquad (4.97)$$

$$= \sum_{i=1}^{n} \sum_{j=1}^{n} W_i W_j f(\xi_i, \eta_j)$$

式(4.97)共有 n^2 项。

4.3.2.3　三维高斯求积公式

由前文可知,三维高斯求积公式如下:

$$I = \int_{-1}^{1} \int_{-1}^{1} \int_{-1}^{1} f(\xi, \eta, \zeta) \mathrm{d}\xi \mathrm{d}\eta \mathrm{d}\zeta = \sum_{i=1}^{n} \sum_{j=1}^{n} \sum_{m=1}^{n} W_i W_j W_m f(\xi_i, \eta_j, \zeta_m) \qquad (4.98)$$

式(4.98)共有 n^3 项。

4.3.2.4　积分点数问题

下面探讨对于平面等参单元刚度矩阵,在使用高斯求积法时,取多少个积分点比较合适。以单元刚度计算公式(二维高斯求积)为例,引入积分点的概念,则单元刚度矩阵为

$$K^{\mathrm{e}} = \int_{-1}^{1} \int_{-1}^{1} B^{\mathrm{eT}} D B^{\mathrm{e}} |J| \mathrm{d}\xi \mathrm{d}\eta \qquad (4.99)$$

若 $f(\xi, \eta)$ 是 m 次多项式,前面已经讨论,对于 m 次多项式被积函数,在取 n 个积分点时,若一维的高斯求积公式是精确的,则 m 应等于 $2n-1$。反过来,对于 m 次多项式被积函数,为了积分值完全精确,积分点的数目必须取 $n \geqslant \dfrac{m+1}{2}$。对于二维高斯求积公式,所需积分点的数目是 n^2。

先看一个简单的例子。矩形单元如图4.12所示,试求其等参数基本单元积分时所需积分点数,图中×表示高斯积分点,其个数和坐标可参照表4.1确定。

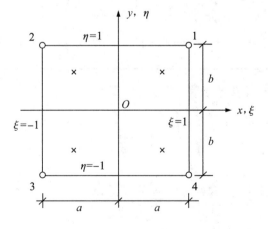

图4.12　矩形单元

证明：因为

$$K^e = \int_{-1}^{1} \int_{-1}^{1} B^{eT} D B^e |J| \mathrm{d}\xi \mathrm{d}\eta$$

由前面的介绍可知，坐标关系为

$$\begin{cases} x = a\xi = \sum_{i=1}^{4} N_i x_i \\ y = b\eta = \sum_{i=1}^{4} N_i y_i \end{cases}$$

根据坐标关系式，结合前文中的雅可比矩阵可得到

$$J = \begin{bmatrix} \dfrac{\partial x}{\partial \xi} & \dfrac{\partial y}{\partial \xi} \\ \dfrac{\partial x}{\partial \eta} & \dfrac{\partial y}{\partial \eta} \end{bmatrix} = \begin{bmatrix} a & 0 \\ 0 & b \end{bmatrix} \leftarrow 常数阵$$

$$J^{-1} = \frac{1}{ab} \begin{bmatrix} b & 0 \\ 0 & a \end{bmatrix}$$

$$\frac{\partial N_i}{\partial x} = \frac{1}{a} \cdot \frac{\partial N_i}{\partial \xi} + 0$$

$$\frac{\partial N_i}{\partial y} = 0 + \frac{1}{b} \cdot \frac{\partial N_i}{\partial \eta}$$

根据前面章节所推导的公式，我们可以得到以下位移和应变的公式：

$$\begin{cases} u = \sum_{i=1}^{4} N_i u_i \\ \quad = \dfrac{1}{4}(1+\xi)(1+\eta)u_1 + \dfrac{1}{4}(1-\xi)(1+\eta)u_2 \\ \qquad + \dfrac{1}{4}(1-\xi)(1-\eta)u_3 + \dfrac{1}{4}(1+\xi)(1-\eta)u_4 \\ v = \sum_{i=1}^{4} N_i v_i \\ \quad = \dfrac{1}{4}(1+\xi)(1+\eta)v_1 + \dfrac{1}{4}(1-\xi)(1+\eta)v_2 \\ \qquad + \dfrac{1}{4}(1-\xi)(1-\eta)v_3 + \dfrac{1}{4}(1+\xi)(1-\eta)v_4 \end{cases}$$

$$\boldsymbol{\varepsilon} = \begin{bmatrix} \varepsilon_x \\ \varepsilon_y \\ \gamma_{xy} \end{bmatrix} = \begin{bmatrix} \dfrac{\partial u}{\partial x} \\ \dfrac{\partial v}{\partial y} \\ \dfrac{\partial u}{\partial y} + \dfrac{\partial v}{\partial x} \end{bmatrix}_{3\times1} = \begin{bmatrix} \dfrac{1}{a} \cdot \dfrac{\partial u}{\partial \xi} \\ \dfrac{1}{b} \cdot \dfrac{\partial v}{\partial \eta} \\ \dfrac{1}{b} \cdot \dfrac{\partial u}{\partial \eta} + \dfrac{1}{a} \cdot \dfrac{\partial v}{\partial \xi} \end{bmatrix}_{3\times1} = \boldsymbol{B}^{\mathrm{e}} \boldsymbol{S}^{\mathrm{e}}$$

$$B^{\mathrm{e}} = \frac{1}{4} \cdot \frac{1}{ab} \begin{bmatrix} (1+\eta)b & 0 & -(1+\eta)b & 0 & -(1-\eta)b & 0 & (1-\eta)b & 0 \\ 0 & (1+\xi)a & 0 & (1-\xi)a & 0 & -(1-\xi)a & 0 & -(1+\xi)a \\ (1+\xi)a & (1+\eta)b & (1-\xi)a & -(1+\eta)b & -(1-\xi)a & -(1-\eta)b & -(1+\xi)a & (1-\eta)b \end{bmatrix}$$

矩阵中各式都是 ξ, η 的一次式,则

$$f(\xi, \eta) = f(\xi^2, \xi\eta, \eta^2)$$

因此 $m = 2$,取 $n = 2$,$n \geqslant \dfrac{m+1}{2}$,足够精确,因此可取 $n^2 = 2^2 = 4$ 个积分点。根据表 4.1 可知,当 $n = 2$ 时,$\xi_1 = 0.577$,$\xi_2 = -0.577$,对应的 $W_1 = W_2 = 1$;同理,$\eta_1 = 0.577$,$\eta_2 = -0.577$,对应的 $W_1 = W_2 = 1$。因此,$K^{\mathrm{e}} = \sum\limits_{i=1}^{2} \sum\limits_{j=1}^{2} W_i W_j [B^{\mathrm{eT}} DB^{\mathrm{e}} |J|](\xi_i, \eta_j) = \sum\limits_{i=1}^{2} \sum\limits_{j=1}^{2} [B^{\mathrm{eT}} DB^{\mathrm{e}} |J|](\xi_i, \eta_j)$。人工计算很繁琐,后面将采用程序实现。

4.4 高阶四边形等参单元

4.4.1 高阶四边形等参单元的形函数构建

前面提到,影响单元数值计算精度的因素之一是形函数,且四节点等参单元的计算精度仍然令人不满意。而要提高计算精度,首先是改进形函数。在一维问题中,一个单元上最简单的线性形函数如图 4.13 所示。

根据形函数的性质,为保证形函数在本点处的值为 1,其他点处的值为 0,即

$$N_i(\xi_k) = \delta_{ik}$$

式中,δ_{ik} 为克罗内克符号,代表 $i = k$ 时为 1,$i \neq k$ 时为 0。

定义在 $\xi_1 = 1$ 点上的形函数为

$$N_1(\xi) = \frac{1}{2}(1 + \xi) \tag{4.100}$$

定义在 $\xi_2 = -1$ 点上的形函数为

$$N_2(\xi) = \frac{1}{2}(1 - \xi) \tag{4.101}$$

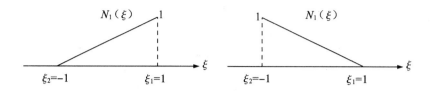

图4.13 一个单元上最简单的线性形函数

任意场函数 ϕ^e 在这个单元上可表示为

$$\phi^e = N_1\phi_1 + N_2\phi_2 \tag{4.102}$$

式中，ϕ_1，ϕ_2 分别为形函数 N_1，N_2 的场函数。

即可以通过调节 ϕ_1 和 ϕ_2 表示单元上的任意线性函数，或以线性函数的形式逼近其他函数。

取 $\xi_1=1$，$\xi_2=-1$，$\xi_3=0$，按照 $N_i(\xi_k)=\delta_{ik}$ 的原则可以构造二次形函数

$$\begin{cases} N_1 = \dfrac{1}{2}(1+\xi)\xi \\[2mm] N_2 = \dfrac{1}{2}(1-\xi)(-\xi) \\[2mm] N_3 = (1+\xi)(1-\xi) \end{cases} \tag{4.103}$$

式(4.103)就是在 $[-1,1]$ 区间上的等距三节点二次形函数(见图4.14)。

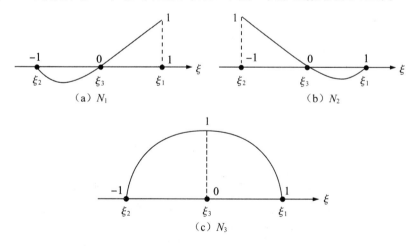

图4.14 一维二次形函数

换一个角度，可以对一次函数进行"修正"，即加一个中间点 ξ_3 来得到式(4.103)。先有

$$N_{10} = \frac{1}{2}(1+\xi), \ N_{20} = \frac{1}{2}(1-\xi)$$

当增加 ξ_3 点后就有形函数 N_3，而 N_3 必须在 $\xi=\pm1$ 处为0，在 $\xi_3=0$ 处为1，则

$$N_3 = (1+\xi)(1-\xi)$$

这时 $N_{10}(\xi_3) = \dfrac{1}{2} \neq 0$。为使 $N_1(\xi_3) = 0$，因此取

$$N_1 = N_{10} - \frac{1}{2} N_3$$

同理有

$$N_2 = N_{20} - \frac{1}{2} N_3$$

我们很容易验证该结果与式(4.103)相同。

定义在这个三节点一维线性单元上的场函数为

$$\phi^e = N_1 \phi_1 + N_2 \phi_2 + N_3 \phi_3 \tag{4.104}$$

上式可以描述单元上的任意二次函数，即用以上二次函数形式逼近其他函数。在逼近复杂连续函数时它比一次形函数逼近的程度更好。

二维情况下，已知四节点母单元的单元值形函数为

$$N_i = \frac{1}{4} (1 + \xi_i \xi)(1 + \eta_i \eta)$$

即 ξ, η 两个方向的线性形函数相乘，因此称之为"双线性形函数"。

4.4.2　八节点四边形等参单元

在平面四节点四边形单元各边中点处增设一个节点，使其变为有8个节点的四边形等参单元，如图4.15所示。八节点四边形单元的边界可以是曲线边界[见图4.15(a)]，经等参变换后母单元仍然是正方形[见图4.15(b)]。

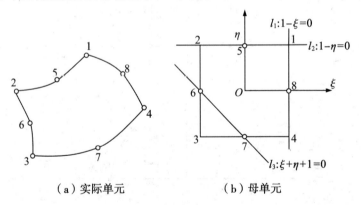

（a）实际单元　　　　　　（b）母单元

图4.15　八节点四边形单元

坐标变换为

$$\begin{cases} x = \displaystyle\sum_{i=1}^{8} N_i x_i \\[2mm] y = \displaystyle\sum_{i=1}^{8} N_i y_i \end{cases}$$

位移模式为

$$\begin{cases} u = \sum_{i=1}^{8} N_i u_i \\ v = \sum_{i=1}^{8} N_i v_i \end{cases}$$

采用待定系数法来确定定义在母单元上的形函数 N_i，以 N_3 为例，设

$$N_3 = \alpha_1 + \alpha_2 \xi + \alpha_3 \eta + \alpha_4 \xi\eta + \alpha_5 \xi^2 + \alpha_6 \eta^2 + \alpha_7 \xi^2 \eta + \alpha_8 \xi\eta^2 \qquad (4.105)$$

根据形函数的基本性质可得

$$N_i(\xi_k, \eta_k) = \delta_{ik} \quad (k = 1, 2, \cdots, 8) \qquad (4.106)$$

式（4.106）可以列出 8 个条件，将式（4.105）代入，得到关于 $\alpha_i (i = 1, 2, \cdots, 8)$ 的 8 个联立方程组，求解该方程组便可求出待定系数 α_i。对于高次单元，节点数较多，求解高阶方程组比较困难。因此，在具体构造形函数 N_i 时，基本不用此方法，而是直接根据形函数的基本性质，采用几何的方法来确定形函数。

以 N_3 为例，N_3 需要满足条件（4.106），即在 3 节点处 $N_3 = 1$，在其他所有节点处 $N_3 = 0$。由图 4.15(b) 很容易知道，l_1 的方程为 $1 - \xi = 0$，它穿过 1、8、4 节点；l_2 的方程为 $1 - \eta = 0$，它穿过 1、5、2 节点；l_3 的方程为 $\xi + \eta + 1 = 0$，它穿过 6、7 节点。因此只剩 3 节点没有直线通过。三个直线（l_1，l_2，l_3）方程的左边项相乘就能保证除 3 节点外，其他所有节点处 $N_3 = 0$。由此，可设

$$N_3 = A(1 - \xi)(1 - \eta)(\xi + \eta + 1)$$

再根据 $N_3 = 1$ 的条件，将 3 节点的坐标 $(-1, -1)$ 代入上式，确定 $A = -\dfrac{1}{4}$，则

$$N_3 = \frac{1}{4}(1 - \xi)(1 - \eta)(-\xi - \eta - 1)$$

同理可得其他各节点的形函数

$$N_i = \frac{1}{4}(1 + \xi_i \xi)(1 + \eta_i \eta)(\xi_i \xi + \eta_i \eta - 1) \quad (i = 1, 2, 3, 4)$$

$$N_5 = \frac{1}{2}(1 - \xi^2)(1 + \eta)$$

$$N_6 = \frac{1}{2}(1 - \eta^2)(1 - \xi)$$

$$N_7 = \frac{1}{2}(1 - \xi^2)(1 - \eta)$$

$$N_8 = \frac{1}{2}(1 - \eta^2)(1 + \xi)$$

下面是整理后八节点四边形等参单元的形函数

$$\begin{cases} N_{i0} = \dfrac{1}{4}(1+\xi_i\xi)(1+\eta_i\eta) & (i=1,2,3,4) \\[2mm] N_j = \dfrac{1}{2}(1-\xi^2)(1+\eta_j\eta)\eta_j\eta & (j=5,7) \\[2mm] N_j = \dfrac{1}{2}(1-\eta^2)(1+\xi_j\xi)\xi_j\xi & (j=6,8) \\[2mm] N_1 = N_{10} - \dfrac{1}{2}N_5 - \dfrac{1}{2}N_8 \\[2mm] N_2 = N_{20} - \dfrac{1}{2}N_6 - \dfrac{1}{2}N_5 \\[2mm] N_3 = N_{30} - \dfrac{1}{2}N_7 - \dfrac{1}{2}N_6 \\[2mm] N_4 = N_{40} - \dfrac{1}{2}N_8 - \dfrac{1}{2}N_7 \end{cases} \tag{4.107}$$

从计算精度来说,八节点四边形等参单元显著地高于同样边数的四节点四边形等参单元。由于几何变换的形函数也是二次的,因此形函数可以应用于由二次曲线构成的曲边四边形,使模拟曲线边界更精确。但曲边四边形更要注意防止"坏形状单元"出现。除了边长比不能太大之外,还要避免因"曲边界"而带来的内角(边切线夹角)太大、太小以及中点位置错误(见图4.16)。

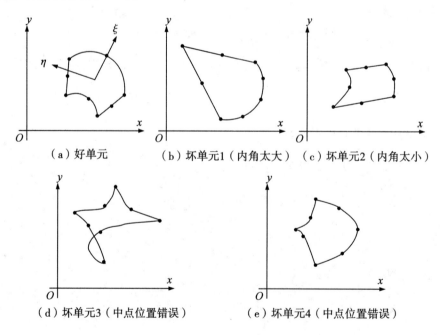

图4.16 八节点四边形等参单元的好坏

八节点四边形等参单元还有一个优点就是边的中点可有可无,这增加了单元连接的灵活性。这种可变中点类型的单元由辛克维奇发现,称为"Serendipity单元",即奇妙单元族。因应用较少且篇幅有限,此处不再赘述。

4.4.3　九节点四边形等参单元

由两个方向相乘的想法,容易推出二维的二次单元应当有9个节点(见图4.17)、9个形函数。

通过增加中间节点来"修正"一次形函数而得到二次形函数的方法,可以得到没有9个节点的单元。

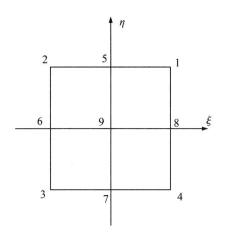

图4.17　九节点四边形等参单元

二维的九节点四边形等参单元的行函数如下:

$$
\begin{cases}
N_i = \dfrac{1}{4}(1+\xi_i\xi)(1+\eta\eta_i)\xi\xi_i\eta\eta_i & (i=1,2,3,4)\\[2mm]
N_j = \dfrac{1}{2}(1-\xi^2)(1+\eta_j\eta)\eta_j\eta & (j=5,7)\\[2mm]
N_j = \dfrac{1}{2}(1-\eta^2)(1+\xi_i\xi)\xi_i\xi & (j=6,8)\\[2mm]
N_9 = (1-\xi^2)(1-\eta^2) &
\end{cases}
\tag{4.108}
$$

九节点四边形等参单元很"规范",精度大大高于四节点等参单元,但它有一个中心节点,这个中心节点与其他单元不连接。

而九节点四边形等参单元的形函数是一种标准的拉格朗日插值函数,一般称为"拉格朗日单元"。

按照以上的原则当然也可以构造三次、四次单元,但最常用的还是二次单元。

4.5 单元应力磨平与高斯点应力外推节点应力

4.5.1 单元应力磨平

以节点位移作为基本未知量的有限单元法被称为"位移元法"。等参单元得到的位移解在全域是连续的,应力在单元内部是连续的,而在相邻单元交界面上是不连续的。由于应力是在高斯积分点上计算的,在应力边界上,应力一般也不一定满足应力边界条件。等参单元在高斯积分点上的应力具有较高的精度,但在节点或边界上的应力精度却较差。然而在实际工程问题中,人们往往关注的是单元边缘和节点上的应力,因此需要对应力结果进行处理,以提高应力精度,并使应力在全域连续。这种对应力结果进行再处理的方法称为"应力光滑化",也称"应力磨平",如图4.18所示。

在各种应力光滑化方法中,最实用、有效的方法是单元磨平法,即先对每个单元进行应力磨平,得到改进的单元应力,然后将绕节点单元的应力的平均值作为该节点的应力。

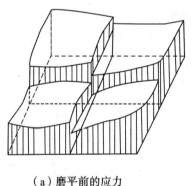
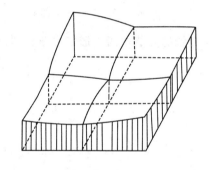

（a）磨平前的应力　　　　　　　　　　（b）磨平后的应力

图4.18　磨平前与磨平后的应力

4.5.2 单元高斯点应力外推节点应力

设单元内应力分量的改进值为 σ^*,它可用单元节点应力的插值表示,即

$$\sigma^* = \sum_{i=1}^{m} N_i^* \sigma_i^* \tag{4.109}$$

式中,σ_i^* 为经改进的节点处的应力;N_i^* 为改进应力的形函数,它与位移模式的形函数 N_i 可以是不同阶次的,例如 N_i 是二次式,N_i^* 可以取一次式;m 为用于应力插值的节点数,与位移插值的节点数也可以不相同。例如,对于平面八节点四边形等参单元,用于位移插值的节点有8个,而用于应力插值的节点可以是4个角节点。改进应力与原来的计算应

力 σ 的误差 $e(\varepsilon,\eta)$ 为

$$e(\varepsilon,\eta)=\sigma^{*}-\sigma \tag{4.110}$$

利用最小二乘法,使误差的平方和最小,即

$$\frac{\partial E}{\partial \sigma_i^*}=0 \quad (i=1,2,\cdots,m) \tag{4.111}$$

式中

$$E=\int_{\Omega^e}(\sigma^*-\sigma)^2\mathrm{d}\Omega^e \tag{4.112}$$

将式(4.109)代入式(4.111),由式(4.110)便可得到 m 个线性代数方程

$$\int_{\Omega^e}(\sigma_i^*-\sigma)^2 N_i^*\mathrm{d}\Omega^e=0 \quad (i=1,2,\cdots,m) \tag{4.113}$$

式(4.113)是关于单元节点应力 σ_i^* 的线性代数方程组,利用高斯积分求出各方程的系数后,可解出 σ^*,再由式(4.109)计算单元内任一点的应力值。

对于等参单元,还可以利用应力节点应力精度较高的性质来改进节点应力。以平面八节点四边形等参单元为例,由上一节分析知,该单元在 2×2 个高斯积分点上应力 σ 具有较高的精度。单元应力用四节点插值函数表示,由式(4.109)可得

$$\begin{aligned}
\sigma^*&=N_1^*\sigma_1^*+N_2^*\sigma_2^*+N_3^*\sigma_3^*+N_4^*\sigma_4^*\\
N_i^*&=\frac{1}{4}(1+\xi_i\xi)(1+\eta_i\eta)
\end{aligned} \tag{4.114}$$

由表4.1可知,4个高斯积分点的坐标(见图4.19)分别为

$$\mathrm{I}:(0.577,0.577) \qquad \mathrm{II}:(-0.577,0.577)$$
$$\mathrm{III}:(-0.577,-0.577) \qquad \mathrm{IV}:(0.577,-0.577)$$

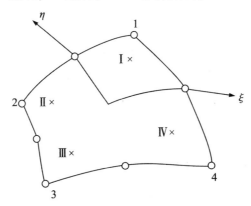

图4.19　高斯积分点坐标

在这4个高斯积分点上计算的应力有较高的精度,令改进应力 σ^* 在这4个高斯积分点处的值等于计算应力,即

$$\sigma_{(\mathrm{I})}^*=\sigma_{\mathrm{I}}, \quad \sigma_{(\mathrm{II})}^*=\sigma_{\mathrm{II}}$$
$$\sigma_{(\mathrm{III})}^*=\sigma_{\mathrm{III}}, \quad \sigma_{(\mathrm{IV})}^*=\sigma_{\mathrm{IV}}$$

写成矩阵形式为

$$
\begin{bmatrix} \sigma_{\mathrm{I}} \\ \sigma_{\mathrm{II}} \\ \sigma_{\mathrm{III}} \\ \sigma_{\mathrm{IV}} \end{bmatrix} = \begin{bmatrix} N_1^*(\mathrm{I}) & N_2^*(\mathrm{I}) & N_3^*(\mathrm{I}) & N_4^*(\mathrm{I}) \\ N_1^*(\mathrm{II}) & N_2^*(\mathrm{II}) & N_3^*(\mathrm{II}) & N_4^*(\mathrm{II}) \\ N_1^*(\mathrm{III}) & N_2^*(\mathrm{III}) & N_3^*(\mathrm{III}) & N_4^*(\mathrm{III}) \\ N_1^*(\mathrm{IV}) & N_2^*(\mathrm{IV}) & N_3^*(\mathrm{IV}) & N_4^*(\mathrm{IV}) \end{bmatrix} \begin{bmatrix} \sigma_1^* \\ \sigma_2^* \\ \sigma_3^* \\ \sigma_4^* \end{bmatrix} \tag{4.115}
$$

式中，$\sigma_{\mathrm{I}}, \sigma_{\mathrm{II}}, \sigma_{\mathrm{III}}, \sigma_{\mathrm{IV}}$ 为有限元已求出的 4 个高斯积分点的应力；$\sigma_1^*, \sigma_2^*, \sigma_3^*, \sigma_4^*$ 为待求节点处的应力值。将高斯积分点坐标代入后并求解，得

$$
\begin{bmatrix} \sigma_1^* \\ \sigma_2^* \\ \sigma_3^* \\ \sigma_4^* \end{bmatrix} = \begin{bmatrix} a & b & c & b \\ b & a & b & c \\ c & b & a & b \\ b & c & b & a \end{bmatrix} \begin{bmatrix} \sigma_{\mathrm{I}} \\ \sigma_{\mathrm{II}} \\ \sigma_{\mathrm{III}} \\ \sigma_{\mathrm{IV}} \end{bmatrix} \tag{4.116}
$$

其中

$$
a = 1.866, \quad b = -0.5, \quad c = 0.134
$$

各应力分量均可用式(4.116)进行求解。

如果在式(4.113)中也采用 2×2 个高斯积分点，将得到与式(4.116)相同的结果。但式(4.116)的概念更为简明。这种求节点应力的方法称为"应力插值外推"。求得节点应力值后，就可以用式(4.114)计算单元内任一点的应力。

4.6　四边形等参单元有限元编程

4.6.1　悬臂梁算例

钢质悬臂梁模型如图 4.20(a)所示，其弹性模量为 200 GPa，泊松比为 0.3，长 4 m，高 1 m，厚度 0.1 m，在右下角处受到一个集中力 $F_c = -1000$ N。假设采用四节点四边形等参单元进行有限元编程计算，划分的离散化网格如图 4.20(b)所示。

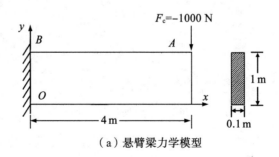

（a）悬臂梁力学模型

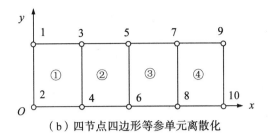

（b）四节点四边形等参单元离散化

图4.20 悬臂梁模型

4.6.2 等参单元有限元程序设计

4.6.2.1 有限元编程概述

下面介绍平面问题等参单元的有限元计算程序,此程序是在王元汉等编著的《有限单元法基础与程序设计》一书中提供的源程序PARA.FOR的基础上,采用Fortran语言新标准自由格式重新编写的,其中采用了MODULE模块化编程和可变数组。程序中包括有限单元法计算的主要步骤,例如应变矩阵、应力矩阵的计算,单元刚度矩阵的生成,整体刚度矩阵的组装,边界条件的引入,线性方程组的求解等。本程序虽短,但经过适当改写,可以很容易地推广到其他单元、其他问题的计算。

4.6.2.2 有限元编程步骤与程序框图

有限单元法的一个显著特点是为不同的工程问题提供一个统一的分析方法,解题的具体步骤可用图4.21表示。

在图4.21所示框图中,整体刚度矩阵的形成、存储和线性方程组的求解是有限单元法程序设计的关键部分。在本章介绍的简单程序中,暂不考虑整体刚度矩阵的存储技巧（如二维等带宽存储方法）,而将其整体存储。解方程组也是选用最简单的高斯消元法。

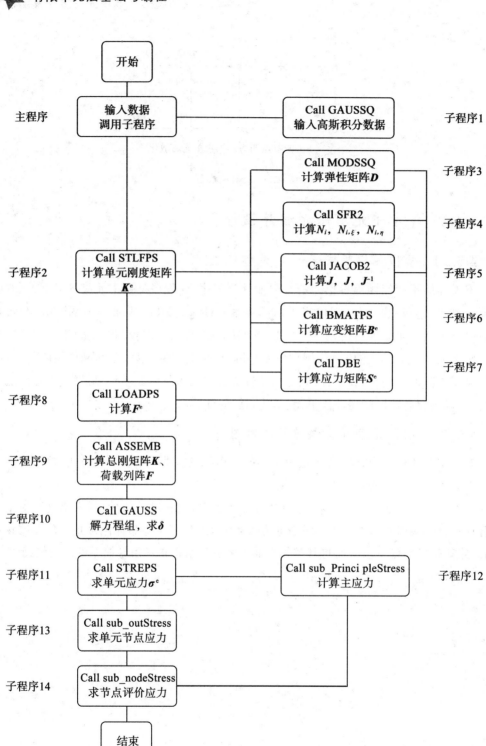

图 4.21   有限单元法程序框图

4.6.2.3　平面问题四/八节点四边形等参单元有限元源程序与注解

（1）主程序（源程序可扫描右侧二维码下载）：

```
!------------------------------------------------------------
!####   平面问题四/八节点四边形等参单元有限元程序
 ########
!------------------------------------------------------------
program Main

        USE Shear_Data              ! 引用模块 Shear_Data,定义相关变量、数组
        USE Module_subroutine       ! 引用模块 Module_subroutine,子程序模块
        Implicit none
        INTEGER:: I, INODE, IELEM, LELEM, IDOFN, IPOIN, JPOIN
        INTEGER:: IMATS, IPROP, IVFIX, NGASP, NUMAT
        WRITE(*,"(/3X,'请输入计算数据文件名:')")
        READ(*,"(A50)") NAME
        REWIND 1
        REWIND 3
        OPEN(5,FILE=NAME,status='old')
        OPEN(1,FILE='STIF.dat',form='unformatted')
        OPEN(3,FILE='SMAT.dat',form='unformatted')
!输入控制参数
        READ(5,*)NPOIN,NELEM,NVFIX,NMATS,NGAUS,NTYPE,NNODE

        NDOFN=2                     ! 每个节点自由度数
        NEVAB=NNODE*NDOFN           ! 每个单元的总自由度数
        NTOTV=NPOIN*NDOFN           ! 整体结构的总自由度数
        NSTRE=3                     ! 单元应力分量
        NPROP=4                     ! 单元材料参数数量:弹性模量/泊松比/厚度/
重度

        IF(NGAUS>3) THEN
          PRINT   *,'高斯积分点个数请输入整数:2 或 3 ! '
          STOP
        END IF
```

```
      NGASP＝NGAUS*NGAUS                !单元内高斯点总个数

      allocate(LNODS(NELEM,NNODE))     !LNODS(NE,4)或LNODS(NE,8)
      allocate(MATNO(NELEM))           !MATNO(NE)
      allocate(NOFIX(NVFIX))
      allocate(IFPRE(NVFIX,NDOFN))

      allocate(PROPS(NMATS,NPROP))          !PROPS(NE,4)
      allocate(ELOAD(NELEM,NEVAB))     !ELOAD(NE,8)或ELOAD(NE,16)
      allocate(SMATX(NSTRE,NEVAB,NELEM))    !SMATX(3,8,NE)或
SMATX(3,16,NE)

      allocate(ASLOD(NTOTV))                !ASLOD(NP*2)
      allocate(ASTIF(NTOTV,NTOTV))          !ASTIF(NP*2,NP*2)
      allocate(ASDIS(NTOTV))                !ASDIS(NP*2)
      allocate(PRESC(NPOIN,NDOFN))          !PRESC(NP,2)
      allocate(COORD(NPOIN,NDOFN))          !COORD(NP,2)

      allocate(ELCOD(NDOFN,NNODE))          !ELCOD(2,4)或ELCOD(2,8)
      allocate(SHAPE(NNODE))                !SHAPE(4)或SHAPE(8)
      allocate(DERIV(NDOFN,NNODE))          !DERIV(2,4)或DERIV(2,8)
      allocate(CARTD(NDOFN,NNODE))          !CARTD(2,4)或CARTD(2,8)

      allocate(POSGP(NGAUS))                !POSGP(2)或POSGP(3)
      allocate(WEIGP(NGAUS))                !WEIGP(2)或WEIGP(3)
      allocate(GPCOD(NDOFN,NGASP))          !GPCOD(2,4)或GPCOD(2,9)

      allocate(BMATX(3,NEVAB))              !BMATX(3,8)或BMATX(3,16)
      allocate(DBMAT(3,NEVAB))              !DBMAT(3,8)或DBMAT(3,16)
      allocate(ESTIF(NEVAB,NEVAB))          !ESTIF(8,8)ESTIF(16,16)
      allocate(StressArray(4*NELEM,4))      !单元高斯点应力保存在两位数组
      allocate(OutStress(4*NELEM,4))        !单元应力外推节点应力
      allocate(nodeStress(NPOIN,4))         !绕节点平均应力
```

```fortran
    OPEN(6,FILE='OUT-RESULT.txt')          !打开输出文件

    WRITE(6,"(1X,'NPOIN=',I3,1X,'NELEM=',I3,1X,'NVFIX=',I3,1X,
   'NMATS='I3,1X,'NGAUS='I2,1X,'NTYPE=',I2)")NPOIN,NELEM,
      NVFIX,NMATS,NGAUS,NTYPE
    WRITE(6,"(/1X,'单元',3X,'材料号',3X,'单元节点信息')")
    DO LELEM=1,NELEM
    READ(5,*) IELEM,MATNO(IELEM),(LNODS(IELEM,INODE),INODE
=1,NNODE)
    WRITE(6,"(1X,I5,I9,6X,8I4)") IELEM,MATNO(IELEM),&
      (LNODS(IELEM,INODE),INODE=1,NNODE)
    END DO

    WRITE(6,"(/,1X '节点坐标:')")
    WRITE(6,"(1X,'节点',10X,'X',10X,'Y',7X,'节点',10X,'X',10X,'Y')")

    DO IPOIN=1,NPOIN
     READ(5,*) JPOIN,(COORD(JPOIN,IDOFN),IDOFN=1,NDOFN)
END DO

    WRITE(6,"(2(1X,I4,2X,2F10.3,2X))")(I,(COORD(I,IDOFN),&
IDOFN=1,NDOFN),I=1,NPOIN)
    WRITE(6,"(/,'受约束的节点:')")
    WRITE(6,"(1X,'节点号',4X,'方向代码',6X,'XY固定值')")

    DO IVFIX=1,NVFIX
     READ(5,*) NOFIX(IVFIX),(IFPRE(IVFIX,IDOFN),IDOFN=1,
NDOFN),&(PRESC(IVFIX,IDOFN),IDOFN=1,NDOFN)
    WRITE(6,"(1X,I4,12X,2I1,5X,2F10.2)") NOFIX(IVFIX),(IFPRE(IVFIX,
IDOFN),IDOFN=1,NDOFN),(PRESC(IVFIX,IDOFN),IDOFN=1,NDOFN)
    END DO
    WRITE(6,"(/1X,'材料属性:')")
    WRITE(6,"(1X,'序号',12X,'弹性模量   泊松比   厚度   重度')")
    DO IMATS=1,NMATS
```

```
      READ(5,*) NUMAT,(PROPS(NUMAT,IPROP),IPROP=1,NPROP)
      WRITE(6,"(1X,I4,4X,E14.3,3F8.2)") NUMAT,(PROPS(NUMAT,
IPROP),IPROP=1,NPROP)
      END DO

      CALL GAUSSQ
      CALL STIFPS
      CALL LOADPS
      CALL ASSEMB
      CALL GAUSS(ASTIF,ASLOD,NTOTV)

      DO I=1,NTOTV
        ASDIS(I)=ASLOD(I)
      END DO

      WRITE(6,"(/2X,'节点',5X,'水平位移',5X,'垂直位移')")
      WRITE(6,"(1X,I4,2E15.3)") (I,ASDIS(2*I-1),ASDIS(2*I),I=1,NPOIN)

      CALL STREPS
      CALL sub_outStress
      CALL sub_nodeStress

      CLOSE(1)
      CLOSE(3)
      CLOSE(5)
      CLOSE(6)
      END PROGRAM
```

(2)定义变量程序模块：

```
      MODULE Shear_Data
        IMPLICIT NONE
        SAVE
!NPOIN-总节点数,NELEM-总单元数,NNODE-单元的节点数,NTYPE-问题
类型
```

!NDOFN-自由度数,NEVAB-单元总自由度数,NTOTV-整体总自由度数,NVFIX-约束自由度数

!NGAUS-高斯点数n,NSTRE-应力分量数,NPROP-材料数,NMATS-材料参数数量

  INTEGER:: NPOIN, NELEM, NNODE, NTYPE, NDOFN, NEVAB, NTOTV

  INTEGER:: NVFIX,NGAUS,NSTRE,NPROP,NMATS

!弹性矩阵D

  REAL:: DMATX(3,3)

!LNODS-单元节点信息数组,MATNO-单元材料号数组

!NOFIX-约束自由度号矩阵,IFPRE-约束标记

  INTEGER, ALLOCATABLE:: LNODS(:,:),MATNO(:),NOFIX(:),IFPRE(:,:)

!ELCOD-单元节点坐标矩阵,CARTD-节点坐标数组

!POSGP-高斯点个数2或3,WEIGP-高斯点的权系数

!GPCOD-高斯点处的坐标值(ξ_i, η_j)

  REAL,ALLOCATABLE:: ELCOD(:,:),CARTD(:,:), POSGP(:),WEIGP(:),GPCOD(:,:)

!BMATX-单元应变矩阵Be,DBMAT-单元应力矩阵Se,ESTIF-单元刚度矩阵Ke

!SHAPE-形函数矩阵,DERIV-形函数偏导数组

  REAL,ALLOCATABLE:: BMATX(:,:),DBMAT(:,:),ESTIF(:,:),SHAPE(:),DERIV(:,:)

!PROPS-单元材料参数表,ELOAD-单元节点荷载列阵,SMATX-三维数组保存的单元应力矩阵

  REAL,ALLOCATABLE:: PROPS(:,:),ELOAD(:,:),SMATX(:,:,:)

!ASLOD-整体节点荷载列阵,ASTIF-整体刚度矩阵,ASDIS-整体节点位移列阵

!PRESC-约束点位移值,COORD-节点坐标

  REAL,ALLOCATABLE:: ASLOD(:),ASTIF(:,:),ASDIS(:),PRESC(:,:),COORD(:,:)

  REAL,ALLOCATABLE:: StressArray(:,:),OutStress(:,:),nodeStress(:,:)

  CHARACTER(50):: NAME,FMT1,FMT2

  END MODULE Shear_Data

(3)子程序模块如下:

```
      MODULE Module_subroutine

      USE Shear_Data
      Contains
!------------------------------------------------------------------
!      子程序GAUSSQ,给出高斯积分点的坐标和权系数
!------------------------------------------------------------------
      SUBROUTINE GAUSSQ
      IMPLICIT NONE
      INTEGER:: IGASH,JGASH,KGAUS

      IF(NGAUS==2) THEN
         POSGP(1)=-0.577350269189626
         WEIGP(1)=1.0
      ELSE IF(NGAUS==3) then
         POSGP(1)=-0.774596669241483
         POSGP(2)=0.0
         WEIGP(1)=0.5555555555555556
         WEIGP(2)=0.8888888888888889
      END IF
      KGAUS=NGAUS/2
      DO IGASH=1,KGAUS
         JGASH=NGAUS+1-IGASH
         POSGP(JGASH)=-POSGP(IGASH)
         WEIGP(JGASH)=WEIGP(IGASH)
      END DO
      RETURN
      END SUBROUTINE GAUSSQ


!------------------------------------------------------------------
!      子程序STIFPS,计算单元刚度矩阵EK
!------------------------------------------------------------------
      SUBROUTINE STIFPS
        IMPLICIT NONE
```

```
        INTEGER:: IELEM,INODE,IGAUS,JGAUS,IDOFN,IEVAB,JEVAB
        INTEGER:: ISTRE,KGASP,LNODE,LPROP
        REAL:: DVOLU,EXISP,ETASP,THICK,DJACB
    DO IELEM=1,NELEM
    LPROP=MATNO(IELEM)
```

!取出单元节点坐标

```
    DO  INODE=1,NNODE
      LNODE=LNODS(IELEM,INODE)
    DO  IDOFN=1,NDOFN
      ELCOD(IDOFN,INODE)=COORD(LNODE,IDOFN)
    END DO
  END DO
```

```
    CALL MODPS(LPROP)                  !调用子程序,计算弹性矩阵D
```

```
    THICK=PROPS(LPROP,3)
```

```
    DO  IEVAB=1,NEVAB
      DO  JEVAB=1,NEVAB
        ESTIF(IEVAB,JEVAB)=0.0
      END DO
    END DO
```

```
    KGASP=0
```

!通过高斯积分计算单元刚度矩阵

```
    DO  IGAUS=1,NGAUS
      DO  JGAUS=1,NGAUS
    KGASP=KGASP+1
    EXISP=POSGP(IGAUS)
    ETASP=POSGP(JGAUS)
    CALL SFR2(EXISP,ETASP)         !调用子程序,计算形函数及其偏导数
    CALL JACOB2(IELEM,DJACB,KGASP)  !调用子程序,计算雅可比矩阵及
```

其模

```
    DVOLU=DJACB*WEIGP(IGAUS)*WEIGP(JGAUS)
    IF (THICK/=0.0) THEN
        DVOLU=DVOLU*THICK
    END IF


    CALL BMATPS                !调用子程序,计算应变矩阵B
    CALL DBE                   !调用子程序,计算应力矩阵S

!计算单元刚度矩阵(见3.3.1节)
    DO   IEVAB=1,NEVAB
      DO   JEVAB=IEVAB,NEVAB
        DO  ISTRE=1,NSTRE
          ESTIF(IEVAB,JEVAB)=ESTIF(IEVAB,JEVAB)+&
BMATX(ISTRE,IEVAB)*DBMAT(ISTRE,JEVAB)*DVOLU
    END DO
      END DO
        END DO


!保存S矩阵到三维矩阵,计算应力矩阵时用到[见式(3.48)]
    DO   ISTRE=1,NSTRE
      DO   IEVAB=1,NEVAB
        SMATX(ISTRE,IEVAB,KGASP)=DBMAT(ISTRE,IEVAB)
      END DO
    END DO


      END DO
    END DO
!CONSTRUCT THE LOWER TRIAGLE OF K
    DO   IEVAB=1,NEVAB
      DO   JEVAB=1,NEVAB
        ESTIF(JEVAB,IEVAB)=ESTIF(IEVAB,JEVAB)
      END DO
    END DO
```

```
        WRITE(1) ESTIF
        WRITE(3) SMATX,GPCOD
!-----生成与总自由度数 NEVAB 相关的格式化控制变量,FMT="16(16E15.2)"
        WRITE(FMT2,'("(1X,", I0, "(",I0,"F15.2/))")') NEVAB,NEVAB
        WRITE(6,"(/,1X,'单元',I0,'刚度矩阵:')")IELEM
        WRITE(6,FMT2) ((ESTIF(IEVAB,JEVAB),IEVAB=1,NEVAB),JEVAB
=1,NEVAB)


      END DO
      RETURN


      END SUBROUTINE STIFPS


!-------------------------------------------------------
!      子程序 MODPS,计算弹性矩阵 D[见式(2.35)]
!-------------------------------------------------------
      SUBROUTINE MODPS(LPROP)


!      MPLICIT NONE


      YOUNG=PROPS(LPROP,1)
      POISS=PROPS(LPROP,2)
      DO   ISTRE=1,NSTRE
      DO   JSTRE=1,NSTRE
          DMATX(ISTRE,JSTRE)=0.0
      END DO
    END DO


    IF (NTYPE==1) THEN        !平面应力模型
      CONST=YOUNG/(1.0-POISS**2)
      DMATX(1,1)=CONST
      DMATX(2,2)=CONST
      DMATX(1,2)=CONST*POISS
      DMATX(2,1)=CONST*POISS
```

```
      DMATX(3,3)=(1.0-POISS)*CONST/2.0

   ELSE IF (NTYPE==2) THEN        !平面应变模型

      CONST=YOUNG*(1.0-POISS)/((1.0+POISS)*(1.0-2.0*POISS))
   DMATX(1,1)=CONST
   DMATX(2,2)=CONST
   DMATX(1,2)=CONST*POISS/(1.0-POISS)
   DMATX(2,1)=CONST*POISS/(1.0-POISS)
   DMATX(3,3)=CONST*(1.0-2.0*POISS)/(2.0*(1.0-POISS))

   END IF
   RETURN
 END SUBROUTINE MODPS
!-------------------------------------------------------
!        子程序SFR2,计算形函数及其偏导数
!-------------------------------------------------------
   SUBROUTINE SFR2(S,T)

   SELECT CASE (NNODE)
   CASE(4)        !4节点等参单元

!SHAPE FUNCTIONS,四节点四边形等参单元形函数[见式(4.13)]
   SHAPE(1)=(1+S)*(1+T)/4.0
   SHAPE(2)=(1-S)*(1+T)/4.0
   SHAPE(3)=(1-S)*(1-T)/4.0
   SHAPE(4)=(1+S)*(1-T)/4.0

!DERIVATIVES,四节点四边形等参单元形函数的倒数
   DERIV(1,1)=(1+T)/4.0
   DERIV(1,2)=(-1-T)/4.0
   DERIV(1,3)=-(1-T)/4.0
   DERIV(1,4)=(1-T)/4.0
```

DERIV(2,1)=(1+S)/4.0

DERIV(2,2)=(1−S)/4.0

DERIV(2,3)=(S−1)/4.0

DERIV(2,4)=(−1−S)/4.0

CASE(8)　　　　!八节点四边形等参单元

S2=S*2.0

T2=T*2.0

SS=S*S

TT=T*T

ST=S*T

SST=S*S*T

STT=S*T*T

ST2=S*T*2.0

!SHAPE FUNCTIONS,八节点四边形等参单元形函数[见式(4.107)]

SHAPE(1)=(−1.0+ST+SS+TT−SST−STT)/4.0

SHAPE(2)=(1.0−T−SS+SST)/2.0

SHAPE(3)=(−1.0−ST+SS+TT−SST+STT)/4.0

SHAPE(4)=(1.0+S−TT−STT)/2.0

SHAPE(5)=(−1.0+ST+SS+TT+SST+STT)/4.0

SHAPE(6)=(1.0+T−SS−SST)/2.0

SHAPE(7)=(−1.0−ST+SS+TT+SST−STT)/4.0

SHAPE(8)=(1.0−S−TT+STT)/2.0

!DERIVATIVES,八节点四边形等参单元形函数的倒数

DERIV(1,1)=(T+S2−ST2−TT)/4.0

DERIV(1,2)=−S+ST

DERIV(1,3)=(−T+S2−ST2+TT)/4.0

DERIV(1,4)=(1.0−TT)/2.0

DERIV(1,5)=(T+S2+ST2+TT)/4.0

DERIV(1,6)=−S−ST

```
        DERIV(1,7)=(-T+S2+ST2-TT)/4.0
        DERIV(1,8)=(-1.0+TT)/2.0
        DERIV(2,1)=(S+T2-SS-ST2)/4.0
        DERIV(2,2)=(-1.0+SS)/2.0
        DERIV(2,3)=(-S+T2-SS+ST2)/4.0
        DERIV(2,4)=-T-ST
        DERIV(2,5)=(S+T2+SS+ST2)/4.0
        DERIV(2,6)=(1.0-SS)/2.0
        DERIV(2,7)=(-S+T2+SS-ST2)/4.0
        DERIV(2,8)=-T+ST
    END SELECT
    RETURN
    END SUBROUTINE SFR2


!-------------------------------------------------------------

!        子程序JACOB2,计算雅可比矩阵及其模

!-------------------------------------------------------------
    SUBROUTINE JACOB2(IELEM,DJACB,KGASP)

    REAL:: XJACM(2,2),XJACI(2,2)

    DO IDOFN=1,NDOFN  ! 子单元与母单元的坐标变换[见式(4.38)~(4.39)]
      GPCOD(IDOFN,KGASP)=0.0
    DO INODE=1,NNODE
      GPCOD(IDOFN,KGASP)=GPCOD(IDOFN,KGASP)+&
ELCOD(IDOFN,INODE)*SHAPE(INODE)
    END DO
    END DO

    DO  IDOFN=1,NDOFN   !计算整体坐标对自然坐标的偏导[见式(4.11)]
    DO  JDOFN=1,NDOFN
    XJACM(IDOFN,JDOFN)=0.0
    DO  INODE=1,NNODE
    XJACM(IDOFN,JDOFN)=XJACM(IDOFN,JDOFN)+&
```

```
DERIV(IDOFN,INODE)*ELCOD(JDOFN,INODE)
    END DO
    END DO
  END DO

    DJACB=XJACM(1,1)*XJACM(2,2)-XJACM(1,2)*XJACM(2,1)
!雅可比矩阵的模

  IF (DJACB>0.0) THEN         !计算雅可比矩阵的逆矩阵[见式(4.43)]
    XJACI(1,1)=XJACM(2,2)/DJACB
    XJACI(2,2)=XJACM(1,1)/DJACB
    XJACI(1,2)=-XJACM(1,2)/DJACB
    XJACI(2,1)=-XJACM(2,1)/DJACB
  ELSE
    WRITE(*,"(1X,'面积≤0! ',3X,'单元号:',I3)") IELEM
    WRITE(6,"(1X,'面积≤0! ',3X,'单元号:',I3)") IELEM
    STOP
  END IF
!计算形函数对整体坐标X,Y的偏导,即应变矩阵B的元素[见式(4.44)]
  DO IDOFN=1,NDOFN
    DO INODE=1,NNODE
      CARTD(IDOFN,INODE)=0.0
    DO JDOFN=1,NDOFN
        CARTD(IDOFN,INODE)=CARTD(IDOFN,INODE)+&
                  XJACI(IDOFN,JDOFN)*DERIV(JDOFN,INODE)
    END DO
    END DO
  END DO

  RETURN
  END SUBROUTINE JACOB2

!--------------------------------------------------------------
!     子程序BMATPS,计算应变矩阵B[见式(4.44)]
!--------------------------------------------------------------
```

```fortran
      SUBROUTINE BMATPS
      NGASH=0.
      DO INODE=1,NNODE
        MGASH=NGASH+1
        NGASH=MGASH+1
        BMATX(1,MGASH)=CARTD(1,INODE)
        BMATX(1,NGASH)=0.0
        BMATX(2,MGASH)=0.0
        BMATX(2,NGASH)=CARTD(2,INODE)
        BMATX(3,MGASH)=CARTD(2,INODE)
        BMATX(3,NGASH)=CARTD(1,INODE)
      END DO
      RETURN
    END SUBROUTINE BMATPS
```

!--

!   子程序DBE,计算应力矩阵S[见式(4.45)]

!--

```fortran
      SUBROUTINE DBE

      DO ISTRE=1,NSTRE
        DO IEVAB=1,NEVAB
        DBMAT(ISTRE,IEVAB)=0.0
        DO JSTRE=1,NSTRE
          DBMAT(ISTRE,IEVAB)=DBMAT(ISTRE,IEVAB)+&
DMATX(ISTRE,JSTRE)*BMATX(JSTRE,IEVAB)
          END DO
        END DO
      END DO
      RETURN
    END SUBROUTINE DBE
```

!--

!   子程序LOADPS,形成荷载列阵F

!--

```fortran
      SUBROUTINE LOADPS
```

```
INTEGER:: NOPRS(3)
REAL:: POINT(2),PRESS(3,2),PGASH(2),DGASH(2)


DO IELEM=1,NELEM              !单元荷载列阵赋零
DO IEVAB=1,NEVAB
  ELOAD(IELEM,IEVAB)=0.0
END DO
END DO


READ(5,*) IPLOD,IGRAV,IEDGE      !分别读取有无:集中力、体力/面力
WRITE(6,"(/1X,'集中力、体力、面力=',3I5/)") IPLOD,IGRAV,IEDGE
```

!如有集中力,直接将读取的集中力叠加到单元荷载列阵中
```
IF (IPLOD/=0) THEN
WRITE(6,"(1X,'作用节点',3X,'水平力',3X,'垂直力')")
IF (LODPT<NPOIN) THEN
  READ(5,*) LODPT,(POINT(IDOFN),IDOFN=1,NDOFN)
   WRITE(6,"(1X,I5,2F15.2)") LODPT,(POINT(IDOFN),IDOFN=1,
NDOFN)
END IF
DO IELEM=1,NELEM
DO INODE=1,NNODE
NLOCA=LNODS(IELEM,INODE)
IF (LODPT==NLOCA)THEN
  DO IDOFN=1,NDOFN
    NGASH=(INODE-1)*NDOFN+IDOFN
      ELOAD(IELEM,NGASH)=POINT(IDOFN)
      END DO
   END IF
  END DO
END DO
END IF
```
!如有体力,需要将体力等效移植再叠加到单元荷载列阵中

```
IF (IGRAV/==0) THEN
READ(5,*) THETA,GRAVY
WRITE(6,"(1X,'THETA,GRAVY=', 2E10.5)") THETA,GRAVY

THETA=THETA/57.295779514    !角度转为弧度

DO IELEM=1,NELEM
  LPROP=MATNO(IELEM)
  THICK=PROPS(LPROP,3)
  DENSE=PROPS(LPROP,4)
  IF (DENSE/=0.0) THEN
    GXCOM= DENSE*GRAVY*SIN(THETA)
    GYCOM=-DENSE*GRAVY*COS(THETA)

    DO INODE=1,NNODE
      LNODE=LNODS(IELEM,INODE)
      DO IDOFN=1,NDOFN
      ELCOD(IDOFN,INODE)=COORD(LNODE,IDOFN)
    END DO
  END DO

DO  IGAUS=1,NGAUS   !利用高斯积分计算体力等效荷载(见式[4.74])
DO  JGAUS=1,NGAUS
  EXISP=POSGP(IGAUS)
  ETASP=POSGP(JGAUS)
  CALL SFR2(EXISP,ETASP)          !调用子程序计算高斯点处的形函数值
  KGASP=1
  CALL JACOB2(IELEM,DJACB,KGASP)    !计算单元的雅可比矩阵及
其模
  DVOLU=DJACB*WEIGP(IGAUS)*WEIGP(JGAUS)
  IF (THICK/=0.0) THEN
    DVOLU=DVOLU*THICK
  END IF
  DO INIDE=1,NNODE
```

```
        NGASH=(INODE-1)*NDOFN+1
        MGASH=(INODE-1)*NDOFN+2
      ELOAD(IELEM,NGASH)=ELOAD(IELEM,NGASH)+&
          GXCOM*SHAPE(INODE)*DVOLU
      ELOAD(IELEM,MGASH)=ELOAD(IELEM,MGASH)+&
          GYCOM*SHAPE(INODE)*DVOLU
        END DO
       END DO
      END DO
     END IF
    END DO
   END IF


!如有面力,需要将面力等效移植再叠加到单元荷载列阵中
    IF (IEDGE/=0) THEN

    READ(5,*) NEDGE
    NODEG=3         !每条边的节点数
    WRITE(6,"(1X,'NEDGE=',I5/)") NEDGE

    DO IEDGE=1,NEDGE
      READ(5,*) NEASS,(NOPRS(IODEG),IODEG=1,NODEG)
      WRITE(6,"(1X,4I5)") NEASS,(NOPRS(IODEG),IODEG=1,NODEG)

      READ(5,*) ((PRESS(IODEG,IDOFN),IODEG=1,NODEG),IDOFN=
1,NDOFN)
       WRITE(6,"(1X,6F10.3/)")((PRESS(IODEG,IDOFN),IODEG=1,
NODEG),IDOFN=1,NDOFN)
      ETASP=-1.0       !定义为η=-1的那条边

    DO IODEG=1,NODEG
    LNODE=NOPRS(IODEG)
    DO IDOFN=1,NDOFN
      ELCOD(IDOFN,IODEG)=COORD(LNODE,IDOFN)
```

```
        END DO
      END DO

DO IGAUS=1,NGAUS !利用高斯积分计算面力等效荷载[见式(4.75)~(4.76)]
      EXISP=POSGP(IGAUS)
      CALL SFR2(EXISP,ETASP)   !调用子程序计算高斯点处的形函数值
      DO IDOFN=1,NDOFN
        PGASH(IDOFN)=0.0
        DGASH(IDOFN)=0.0
        DO IODEG=1,NODEG
          PGASH(IDOFN)=PGASH(IDOFN)+&
PRESS(IODEG,IDOFN)*SHAPE(IODEG)
          DGASH(IDOFN)=DGASH(IDOFN)+&
ELCOD(IDOFN,IODEG)*DERIV(1,IODEG)
      END DO
      END DO
      DVOLU=WEIGP(IGAUS)
      PXCOM=DGASH(1)*PGASH(2)−DGASH(2)*PGASH(1)
      PYCOM=DGASH(1)*PGASH(1)+DGASH(2)*PGASH(2)

      DO INODE=1,NNODE
        NLOCA=LNODS(NEASS,INODE)                !遍历单元节点
        IF (NLOCA==NOPRS(1)) THEN          !找到单元作用有面力的边界节点
          JNODE=INODE+NODEG−1
          KOUNT=0
          DO KNODE=INODE,JNODE
            KOUNT=KOUNT+1
            NGASH=(KNODE−1)*NDOFN+1
            MGASH=(KNODE−1)*NDOFN+2
            IF (KNODE>NNODE)THEN
            MGASH=2
          END IF
            ELOAD(NEASS,NGASH)=ELOAD(NEASS,NGASH)+&
SHAPE(KOUNT)*PXCOM*DVOLU
```

```
            ELOAD(NEASS,MGASH)＝ELOAD(NEASS,MGASH)＋&
SHAPE(KOUNT)*PYCOM*DVOLU
                END DO
             END IF
          END DO
          END DO
        END DO
     END IF
!    输出荷载列阵
        WRITE(6,"(/,1X,'单元荷载列阵:')")
!生成与总自由度数NEVAB相关的格式化控制变量,FMT="16(16E15.2)"
        WRITE(FMT2,'("(1X,I5,",I0,"F15.2))")') NEVAB
        WRITE (6,FMT2) (IELEM,(ELOAD(IELEM,IEVAB),IEVAB=1,
NEVAB),IELEM=1,NELEM)
        RETURN
     END SUBROUTINE LOADPS
!-------------------------------------------------------------------
!       子程序ASSEMB,组装整体刚度矩阵K(见3.6.1节)
!-------------------------------------------------------------------
     SUBROUTINE ASSEMB

     REWIND 1
     DO ITOTV=1,NTOTV
        ASLOD(ITOTV)=0.0
        DO JTOTV=1,NTOTV
           ASTIF(ITOTV,JTOTV)=0.0
        END DO
     END DO
     DO IELEM=1,NELEM
        READ(1) ESTIF
     DO INODE=1,NNODE
        NODEI=LNODS(IELEM,INODE)
     DO IDOFN=1,NDOFN
     NROWS=(NODEI－1)*NDOFN＋IDOFN
```

```
        NROWE=(INODE-1)*NDOFN+IDOFN
        ASLOD(NROWS)=ASLOD(NROWS)+ELOAD(IELEM,NROWE)
        DO JNODE=1,NNODE
          NODEJ=LNODS(IELEM,JNODE)
        DO JDOFN=1,NDOFN
          NCOLS=(NODEJ-1)*NDOFN+JDOFN
          NCOLE=(JNODE-1)*NDOFN+JDOFN
          ASTIF(NROWS,NCOLS)=ASTIF(NROWS,NCOLS)+&
                            ESTIF(NROWE,NCOLE)
            END DO
          END DO
        END DO
      END DO
    END DO
!-----生成与总自由度数NEVAB相关的格式化控制变量,FMT="16(16E15.2)"
!      WRITE(FMT2,'("(1X,", I0, "(",I0,"F15.2/))")') NTOTV,NTOTV
!      WRITE(6,"(/,1X,'整体刚度矩阵:')")    !需要查看时取消注释符号"!"
!      WRITE(6,FMT2) ((ASTIF(NROWS,NCOLS),NROWS=1,NTOTV),
NCOLS=1,NTOTV)
    DO IVFIX=1,NVFIX
      DO IDOFN=1,NDOFN
        IF (IFPRE(IVFIX,IDOFN)/=0) THEN
            IX1=2*NOFIX(IVFIX)-1
            X2=2*NOFIX(IVFIX)
            IF (IDOFN==1) THEN
              IXX=IX1
            END IF
            IF (IDOFN==2) THEN
              IXX=IX2
            END IF
            ASTIF(IXX,IXX)=ASTIF(IXX,IXX)*1.0E15
        END IF
      END DO
    END DO
```

```
      RETURN
    END SUBROUTINE ASSEMB
!-------------------------------------------------------
!      子程序GAUSS,高斯消元法求解有限元方程组(见3.7.3节)
!-------------------------------------------------------
    SUBROUTINE GAUSS(A,B,N)

    IMPLICIT NONE
    INTEGER:: N,I,J,I1,M
    REAL:: A(N,N),B(N)
    DO  I=1,N
       I1=I+1
       DO J=I1,N
          A(I,J)=A(I,J)/A(I,I)
       END DO
       B(I)=B(I)/A(I,I)
       A(I,I)=1.0

       DO J=I1,N
          DO M=I1,N
             A(J,M)=A(J,M)-A(J,I)*A(I,M)
          END DO
          B(J)=B(J)-A(J,I)*B(I)
       END DO
    END DO

       DO I=N-1,1,-1
          DO J=I+1,N
             B(I)=B(I)-A(I,J)*B(J)
          END DO
       END DO
    RETURN
    END SUBROUTINE GAUSS
!-------------------------------------------------------
```

```
!       子程序STREPS,计算单元应力及主应力
!-------------------------------------------------------------
        SUBROUTINE STREPS

        IMPLICIT NONE
        INTEGER:: IDOFN,IELEM,IGAUS,JGAUS,INODE,ISTR1,ISTRE
        INTEGER:: LPROP, NPOSN, NSTR1, LNODE,KGASH,KGASP,KGAST
        REAL:: POISS,ELDIS(2,8),STRSP(3),STRSG(4)

        REWIND 3
        NSTR1=NSTRE+1
        WRITE(6,"(/1X,'单元号',3X,'ξi',4X,'ηi',7X,'X-STR',9X,'Y-STR',&
            & 10X, 'XY-STR', 8X, 'Z-STR', 8X, 'MAX-STR', 4X, 'MIN-STR', 6X,
'ANG')")
        KGASP=0

        DO IELEM=1,NELEM
          LPROP=MATNO(IELEM)
          POISS=PROPS(LPROP,2)

          READ(3) SMATX,GPCOD
          WRITE(6,"(1X,'单元号：',I4)") IELEM
          DO INODE=1,NNODE
            LNODE=LNODS(IELEM,INODE)
            NPOSN=(LNODE-1)*NDOFN
          DO IDOFN=1,NDOFN
            NPOSN=NPOSN+1
            ELDIS(IDOFN,INODE)=ASDIS(NPOSN)
          END DO
        END DO
        KGASP=0
!计算单元应力分量
        DO IGAUS=1,NGAUS
          DO JGAUS=1,NGAUS
```

```
            KGAST=KGAST+1
            KGASP=KGASP+1
            DO ISTRE=1,NSTRE
              STRSG(ISTRE)=0.0
              KGASH=0
              DO INODE=1,NNODE
                DO IDOFN=1,NDOFN
                  KGASH=KGASH+1
                  STRSG(ISTRE)=STRSG(ISTRE)+&
SMATX(ISTRE,KGASH,KGASP)*ELDIS(IDOFN,INODE)
                END DO
              END DO
            END DO
            IF (NTYPE==2) THEN
              STRSG(4)=POISS*(STRSG(1)+STRSG(2))
            END IF
            IF (NTYPE==1) THEN
              STRSG(4)=0.0
            END IF
            DO ISTRE=1,4              !将单元高斯点应力保存在两位数组中
              StressArray(4*IELEM,ISTRE)=STRSG(ISTRE)
            END DO

!计算主应力－－高斯点处的应力
            CALL sub_PrincipleStress(STRSG,STRSP)
            WRITE(6,"(1X,I2,2F7.3,6E12.3,F10.3)") KGASP,(GPCOD(IDOFN,
KGASP),IDOFN=1,NDOFN),(STRSG(ISTR1),ISTR1=1,NSTR1),&(STRSP
(ISTRE),ISTRE=1,NSTRE)
            END DO
          END DO
        END DO
      RETURN
    END SUBROUTINE STREPS
!--------------------------------------------------------------------------
```

```
!        高斯积分点应力外推到4个节点[见式(4.114)~(4.116)]

!---------------------------------------------------------------

      SUBROUTINE sub_outStress
        IMPLICIT NONE
        INTEGER:: i, m, n
        REAL:: outMatrix(4,4),outStress1(4,4)
        REAL:: m1, m2, m3
        m1 = 1.866
        m2 = -0.50
        m3 = 0.134


        outMatrix(1, :)= [ m3, m2, m1, m2 ]
        outMatrix(2, :)= [ m2, m3, m2, m1 ]
        outMatrix(3, :)= [ m1, m2, m3, m2 ]
        outMatrix(4, :)= [ m2, m1, m2, m3 ]


        WRITE(6,"(/,T5,'应力外推结果:')")
        DO i = 1,NELEM
          outStress1 =0.0
          outStress1 = matmul(outMatrix,StressArray(4*i-3:4*i,:))
          OutStress(4*i-3:4*i,:) = outStress1
          WRITE(6,"(/,T5,'ELEMENT',I3)")i
          WRITE(6,"(4(4E18.4/))")( (outStress1(m,n) ,n = 1,4),m = 1,4 )
        END DO
      END SUBROUTINE sub_outStress

!---------------------------------------------------------------

!      节点应力磨平[见式(4.116)]

!---------------------------------------------------------------

      SUBROUTINE sub_nodeStress
        IMPLICIT NONE
        INTEGER:: i,j,k,weigh,ISTR1,ISTRE
        REAL:: tempStress(4),STRSP(3)
        REAL:: elemStress(NNODE,4)
        REAL:: STRSG(4)
```

```
        nodeStress = 0.0
        elemStress = 0.0
        WRITE(6,"(1X,'单元',8X,'σx'15X,'σy',15X,'σxy',15X,'σz',15X,'σ1',15X,'σ2',
15X,'α')")
        DO i = 1,NPOIN
          tempStress = 0.0
          weigh = 0
          DO j = 1,NELEM
            elemStress = OutStress(4*j-3:4*j,:)
          DO k = 1,NNODE
            IF ( i == LNODS(j,k) ) THEN
              tempStress = tempStress + elemStress(k,:)
              weigh=weigh+1
            END IF
          END DO
        END DO
        nodeStress(i,:)=tempStress/weigh
!计算主应力--节点处的应力
        STRSG=nodeStress(i,:)
        CALL sub_PrincipleStress(STRSG,STRSP)
        WRITE(6,"(1X,I4,6E12.3,F9.3)") i,(STRSG(ISTR1),ISTR1=1,4),&
(STRSP(ISTRE),ISTRE=1,3)
        END DO
      END SUBROUTINE sub_nodeStress
!-------------------------------------------------------------------
!  计算主应力[见式(3.115)]
!-------------------------------------------------------------------
      SUBROUTINE sub_PrincipleStress(STRSG,STRSP)
      IMPLICIT NONE
      REAL:: XGASH,XGESH,XGISH,XGOSH,STRSP(3),STRSG(4)

      XGASH=(STRSG(1)+STRSG(2))/2.
      XGISH=(STRSG(1)-STRSG(2))/2.
```

```
        XGESH=STRSG(3)
        XGOSH=SQRT(XGISH**2+XGESH**2)
        STRSP(1)=XGASH+XGOSH
        STRSP(2)=XGASH-XGOSH
        IF (XGISH==0.0)THEN
          XGISH=0.1E-20
          END IF
          STRSP(3)=ATAN(XGESH/XGISH)*28.647889757


        END SUBROUTINE sub_PrincipleStress

END MODULE Module_subroutine
```

4.6.3　程序算例与结果对比

4.6.3.1　输入文件

程序输入文件 Input.txt 中的内容如下：

```
10,4,4,1,2,1,4
1,1,3,1,2,4
2,1,5,3,4,6
3,1,7,5,6,8
4,1,9,7,8,10
1,0.0,1.
2,0.0,0.
3,1.0,1.
4,1.0,0.
5,2.0,1.
6,2.0,0.
7,3.0,1.
8,3.0,0.
9,4.0,1.
10,4.0,0.
1,1,0,0.,0.
2,1,0,0.,0.
1,0,1,0.,0.
```

```
2,0,1,0.,0.
1,2.E11,0.3,0.1,0.
1,0,0
10,0,-10000
```

4.6.3.2 输出文件

程序输出文件 Out.txt 中的内容如下：

```
NPOIN= 10 NELEM= 4 NVFIX= 4 NMATS= 1 NGAUS= 2 NTYPE= 1
```

单元	材料号	单元节点信息
1	1	3 1 2 4
2	1	5 3 4 6
3	1	7 5 6 8
4	1	9 7 8 10

节点坐标：

节点	X	Y	节点	X	Y
1	0.000	1.000	2	0.000	0.000
3	1.000	1.000	4	1.000	0.000
5	2.000	1.000	6	2.000	0.000
7	3.000	1.000	8	3.000	0.000
9	4.000	1.000	10	4.000	0.000

受约束的节点：

节点号	方向代码	XY固定值	
1	10	0.00	0.00
2	10	0.00	0.00
1	01	0.00	0.00
2	01	0.00	0.00

材料属性：

序号	弹模	泊松比	厚度	重度
1	0.200E+12	0.30	0.10	0.00

集中力、体力、面力= 1 0 0

作用节点	水平力	垂直力
10	0.00	-10000.00

单元荷载列阵：

1	0.00	0.00	0.00	0.00	0.00	0.00	0.00	0.00

2	0.00	0.00	0.00	0.00	0.00	0.00	0.00	0.00
3	0.00	0.00	0.00	0.00	0.00	0.00	0.00	0.00
4	0.00	0.00	0.00	0.00	0.00	0.00	0.00	−10000.00

节点	水平位移	垂直位移
1	0.404E−20	−0.505E−21
2	−0.404E−20	−0.506E−21
3	0.708E−05	−0.838E−05
4	−0.708E−05	−0.838E−05
5	0.121E−04	−0.289E−04
6	−0.121E−04	−0.289E−04
7	0.152E−04	−0.576E−04
8	−0.152E−04	−0.574E−04
9	0.161E−04	−0.898E−04
10	−0.163E−04	−0.905E−04

单元号 ξ_i η_i X-STR Y-STR XY-STR Z-STR MAX-STR MIN-STR ANG

单元号： 1

1	0.211	0.211	−0.898E+06	−0.270E+06	−0.414E+06	0.000E+00	−0.638E+05	−0.110E+07	26.409
2	0.211	0.789	0.898E+06	0.269E+06	−0.414E+06	0.000E+00	0.110E+07	0.635E+05	−26.405
3	0.789	0.211	−0.898E+06	−0.270E+06	0.214E+06	0.000E+00	−0.204E+06	−0.964E+06	−17.161
4	0.789	0.789	0.898E+06	0.269E+06	0.214E+06	0.000E+00	0.964E+06	0.203E+06	17.126

单元号： 2

1	1.211	0.211	−0.642E+06	−0.192E+06	−0.325E+06	0.000E+00	−0.218E+05	−0.812E+06	27.664
2	1.211	0.789	0.641E+06	0.193E+06	−0.324E+06	0.000E+00	0.811E+06	0.229E+05	−27.658
3	1.789	0.211	−0.641E+06	−0.189E+06	0.124E+06	0.000E+00	−0.157E+06	−0.673E+06	−14.374
4	1.789	0.789	0.642E+06	0.196E+06	0.125E+06	0.000E+00	0.675E+06	0.163E+06	14.641

单元号： 3

1	2.211	0.211	−0.382E+06	−0.116E+06	−0.231E+06	0.000E+00	−0.176E+05	−0.516E+06	30.076
2	2.211	0.789	0.388E+06	0.117E+06	−0.238E+06	0.000E+00	0.525E+06	−0.233E+05	−30.070
3	2.789	0.211	−0.388E+06	−0.135E+06	0.379E+05	0.000E+00	−0.129E+06	−0.393E+06	−8.357
4	2.789	0.789	0.382E+06	0.960E+05	0.315E+05	0.000E+00	0.386E+06	0.926E+05	6.206

单元号： 4

1	3.211	0.211	−0.144E+06	−0.327E+05	−0.163E+06	0.000E+00	0.842E+05	−0.261E+06	35.588
2	3.211	0.789	0.112E+06	0.442E+05	−0.126E+06	0.000E+00	0.209E+06	−0.526E+05	−37.452
3	3.789	0.211	−0.112E+06	0.732E+05	−0.736E+05	0.000E+00	0.989E+05	−0.138E+06	19.215
4	3.789	0.789	0.144E+06	0.150E+06	−0.366E+05	0.000E+00	0.184E+06	0.111E+06	42.661

应力外推结果：

单元 1

$-0.4490E+06$	$-0.1344E+06$	$-0.1071E+06$	$0.0000E+00$
$0.1676E+07$	$0.5016E+06$	$0.3998E+06$	$0.0000E+00$
$-0.4490E+06$	$-0.1344E+06$	$-0.1071E+06$	$0.0000E+00$
$0.1203E+06$	$0.3602E+05$	$0.2871E+05$	$0.0000E+00$

单元　2

$-0.3210E+06$	$-0.9792E+05$	$-0.6254E+05$	$0.0000E+00$
$0.1198E+07$	$0.3654E+06$	$0.2334E+06$	$0.0000E+00$
$-0.3210E+06$	$-0.9792E+05$	$-0.6254E+05$	$0.0000E+00$
$0.8603E+05$	$0.2624E+05$	$0.1676E+05$	$0.0000E+00$

单元　3

$-0.1911E+06$	$-0.4800E+05$	$-0.1574E+05$	$0.0000E+00$
$0.7131E+06$	$0.1792E+06$	$0.5875E+05$	$0.0000E+00$
$-0.1911E+06$	$-0.4800E+05$	$-0.1574E+05$	$0.0000E+00$
$0.5121E+05$	$0.1287E+05$	$0.4219E+04$	$0.0000E+00$

单元　4

$-0.7210E+05$	$-0.7509E+05$	$0.1828E+05$	$0.0000E+00$
$0.2691E+06$	$0.2802E+06$	$-0.6821E+05$	$0.0000E+00$
$-0.7210E+05$	$-0.7509E+05$	$0.1828E+05$	$0.0000E+00$
$0.1932E+05$	$0.2012E+05$	$-0.4898E+04$	$0.0000E+00$

节点	σx	σy	σxy	σz	$\sigma 1$	$\sigma 2$	α
1	$0.168E+07$	$0.502E+06$	$0.400E+06$	$0.000E+00$	$0.180E+07$	$0.378E+06$	17.128
2	$-0.449E+06$	$-0.134E+06$	$-0.107E+06$	$0.000E+00$	$-0.101E+06$	$-0.482E+06$	17.128
3	$0.374E+06$	$0.116E+06$	$0.631E+05$	$0.000E+00$	$0.389E+06$	$0.101E+06$	12.999
4	$-0.100E+06$	$-0.309E+05$	$-0.169E+05$	$0.000E+00$	$-0.270E+05$	$-0.104E+06$	12.998
5	$0.196E+06$	$0.406E+05$	$-0.190E+04$	$0.000E+00$	$0.196E+06$	$0.406E+05$	-0.699
6	$-0.525E+05$	$-0.109E+05$	$0.510E+03$	$0.000E+00$	$-0.109E+05$	$-0.525E+05$	-0.701
7	$0.390E+05$	$0.116E+06$	$-0.420E+05$	$0.000E+00$	$0.135E+06$	$0.206E+05$	23.716
8	$-0.104E+05$	$-0.311E+05$	$0.112E+05$	$0.000E+00$	$-0.550E+04$	$-0.361E+05$	23.714
9	$-0.721E+05$	$-0.751E+05$	$0.183E+05$	$0.000E+00$	$-0.553E+05$	$-0.919E+05$	42.661
10	$0.193E+05$	$0.201E+05$	$-0.490E+04$	$0.000E+00$	$0.246E+05$	$0.148E+05$	42.661

4.6.3.3　结果可视化

采用与第 3 章相同的方法,将计算结果按照节点数据展示的 Tecplot 数据文件编辑为文本文件。在 Tecplot 中,通过单击 File→Load Data…读入文本文件,再通过设置即可得到位移云图。

```
TITLE = "Example：2D Finite-Element Data"
VARIABLES = "X", "Y", "Xdisp", "Ydisp","Disp"
ZONE T= "2DFE", N=10, E=4, F=FEPOINT, ET=QUADRILATERAL, C=
RED
```

0	1	$4.04E-21$	$-5.05E-22$	$4.07E-21$
0	0	$-4.04E-21$	$-5.06E-22$	$4.07E-21$
1	1	$7.08E-06$	$-8.38E-06$	$1.10E-05$
1	0	$-7.08E-06$	$-8.38E-06$	$1.10E-05$
2	1	$1.21E-05$	$-2.89E-05$	$3.13E-05$
2	0	$-1.21E-05$	$-2.89E-05$	$3.13E-05$
3	1	$1.52E-05$	$-5.76E-05$	$5.96E-05$
3	0	$-1.52E-05$	$-5.74E-05$	$5.94E-05$
4	1	$1.61E-05$	$-8.98E-05$	$9.12E-05$
4	0	$-1.63E-05$	$-9.05E-05$	$9.20E-05$
3	1	2	4	
5	3	4	6	
7	5	6	8	
9	7	8	10	

计算得到的位移云图如图4.22所示。

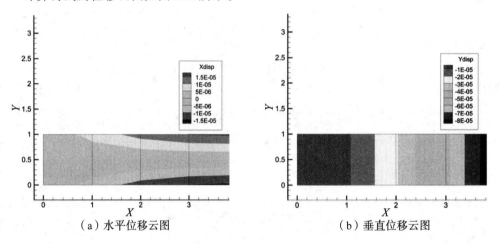

（a）水平位移云图　　　　　　　　　（b）垂直位移云图

图4.22　程序计算位移云图

同样,将计算结果按照单元中心点数据展示的Tecplot数据文件编辑为文本文件,在Tecplot中读入该文本文件,设置后得到应力云图(见图4.23)及位移云图(见图4.24)。

TITLE = "Example：2D Finite-Element Data"
VARIABLES = "X", "Y", "SXX", "SYY","SXY", "SMAX", "SMIN"
ZONE T= "2DFE", N=10, E=4, F=FEPOINT, ET=QUADRILATERAL, C=
RED

0	1	1.68E + 06	5.02E + 05	4.00E + 05	1.80E + 06	3.78E + 05
0	0	−4.49E + 05	−1.34E + 05	−1.07E + 05	−1.01E + 05	−4.82E + 05
1	1	3.74E + 05	1.16E + 05	6.31E + 04	3.89E + 05	1.01E + 05
1	0	−1.00E + 05	−3.09E + 04	−1.69E + 04	−2.70E + 04	−1.04E + 05
2	1	1.96E + 05	4.06E + 04	−1.90E + 03	1.96E + 05	4.06E + 04
2	0	−5.25E + 04	−1.09E + 04	5.10E + 02	−1.09E + 04	−5.25E + 04
3	1	3.90E + 04	1.16E + 05	−4.20E + 04	1.35E + 05	2.06E + 04
3	0	−1.04E + 04	−3.11E + 04	1.12E + 04	−5.50E + 03	−3.61E + 04
4	1	−7.21E + 04	−7.51E + 04	1.83E + 04	−5.53E + 04	−9.19E + 04
4	0	1.93E + 04	2.01E + 04	−4.90E + 03	2.46E + 04	1.48E + 04

	3	1	2	4
	5	3	4	6
	7	5	6	8
	9	7	8	10

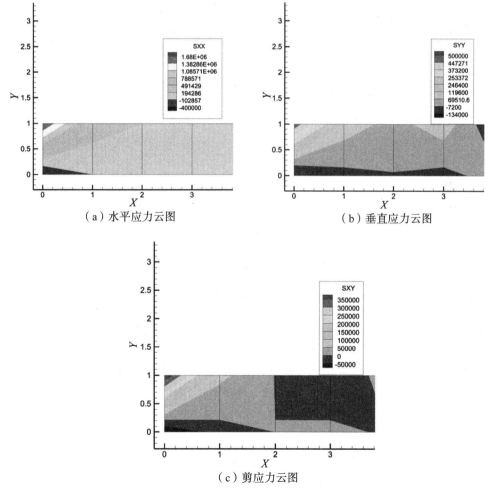

（a）水平应力云图   （b）垂直应力云图

（c）剪应力云图

图4.23 程序计算应力云图

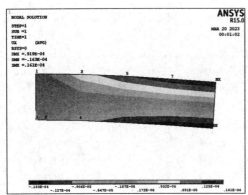

（a）水平位移云图　　　　　　　　　　（b）垂直位移云图

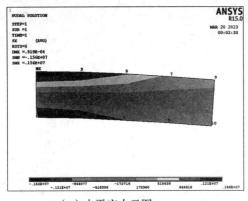
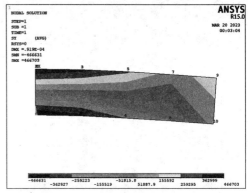

（c）水平应力云图　　　　　　　　　　（d）垂直应力云图

图4.24　ANSYS计算位移、应力云图

课后习题

4.1　矩形单元的特点是什么？

4.2　简述等参单元的概念。

4.3　有限单元法中等参单元的主要优点是什么？

4.4　四节点四边形等参单元如图4.25所示，其节点与母单元一一对应，其节点1 $(7.0,12.0)$对应于母单元中的节点$1(1,1)$。母单元中存在一点：$\xi=0.5, \eta=0.5$，试确定其在子单元中的坐标(x,y)。

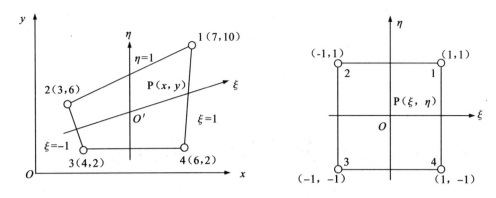

图 4.25　受内压的厚壁圆筒

4.5　简述四节点四边形等参单元的平面问题分析过程。

4.6　对于平面八节点四边形等参单元，根据形函数的性质，建立 $N_i(\xi, \eta)$ $(i=1, 2, \cdots, 8)$的表达式。

4.7　请写出四节点等参单元的形函数(N_i)及形函数的导数矩阵(B_i)。

4.8　将例题4.6变为八节点四边形等参单元，通过修改书中的源程序进行计算并做对比分析。

4.9　受内压的厚壁圆筒如图4.26所示，其内半径为 50 mm，外半径为 200 mm，厚度取1.0，材料的弹性模量 $E=1000$，泊松比 $\mu=0.3$，受内压为 $P=1.0$ MPa。由于厚壁圆筒具有对称性，只需将1/4区域离散成9个八节点四边形等参单元。修改书中的有限元源程序，计算求解受内压的厚壁圆筒的有限元解。

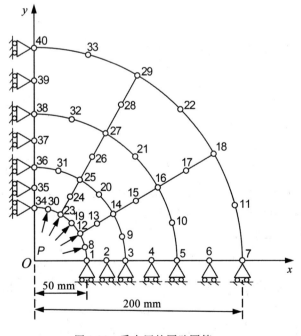

图 4.26　受内压的厚壁圆筒

第5章 空间轴对称及三维问题有限元

【内容】

在工程中,实际几何问题均是空间物体问题,轴对称问题是弹性力学空间问题的一种特殊情况。空间问题有限元和平面问题有限元的原理和求解思路类似,只是离散化是在三维空间进行的,基本变量均是空间的三维变量。

【目的】

本章主要介绍三角形单元的一种自然坐标——面积坐标,用虚功原理导出弹性力学轴对称问题的有限元方程,并简要介绍空间问题有限元的基本公式和基本单元形式。

5.1 三节点三角形环状单元

5.1.1 轴对称问题

【课程思政】

从古至今,中国人一直追求着造物里的对称美,在许许多多中国的文化国粹中,我们都能看到对称元素的应用,建筑、绘画、诗歌、瓷器、楹联、图章、书法等都讲究对称,反映着中国人独有的阴阳平衡观念。

所谓对称,是以一个点或一条线为中心,两边的形状和大小是一致且对称的,事物的色彩、影调、结构都是统一、和谐的。对称的事物能给人一种"安静"的严肃感,蕴含着平衡、稳定之美。

在中国古代的陶瓷装饰艺术中,对称作为一种装饰方法得到了广泛的运用。到了陶瓷发展重要阶段的隋唐宋时期,出现了具有独创性的装饰品种,如河南的花釉与绞胎瓷、唐三彩、宋三彩以及刻花青瓷等;经过元代的发展,到了明清时期,青花瓷器是当时瓷器生产的主流,其次是釉彩缤纷的彩瓷。青花瓷以釉下装饰图案,新彩、粉彩等以釉上装饰图案深受人们的珍视和喜爱。在这琳琅满目的陶瓷装饰图案和纹样中,大量采用了对称的表现形式。

中国古典建筑最大的特色便是以中轴对称为骨架,承托起"整齐严肃、有条不紊"的视觉感受。中轴对称建筑最早发端于商周时期,但最典型的代表却是明清两代的皇家宫殿。

更进一步说,大自然的物质结构是用对称语言写成的。诺贝尔物理学奖获得者杨振宁回忆他的大学生活时说:"对我后来的工作有决定性影响的一个领域叫作对称原理。"1957年,李政道和杨振宁获诺贝尔奖,他们发现的"宇称不守恒"定律,就和对称密切相关。此外,为杨振宁赢得更高声誉的"杨-米尔斯规范场",更是研究"规范对称"的直接结果。

当物体几何形状、约束及外力都对称于某一轴线时,物体的位移、应变、应力也都对称于这一轴线,这种问题称为"轴对称问题",如图5.1所示。

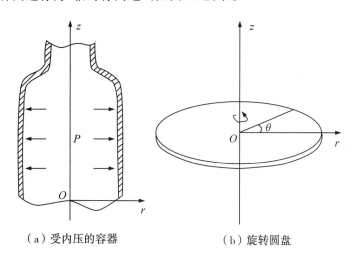

(a)受内压的容器 (b)旋转圆盘

图5.1 轴对称问题

由于轴对称性,可知总共有四个应力分量和四个应变分量,表示如下:

$$\boldsymbol{\sigma} = \begin{bmatrix} \sigma_r \\ \sigma_\theta \\ \sigma_z \\ \tau_{zr} \end{bmatrix}, \quad \boldsymbol{\varepsilon} = \begin{bmatrix} \varepsilon_r \\ \varepsilon_\theta \\ \varepsilon_z \\ \gamma_{zr} \end{bmatrix} \tag{5.1}$$

式中,r 表示径向分量;θ 表示环向分量;z 表示垂直于 $r\theta$ 平面的分量。因此 σ_r 为径向正应力,σ_θ 为环向正应力,σ_z 为 z 向正应力,而 τ_{zr} 为垂直于 z 轴的平面上沿 z 方向作用的剪应力。

5.1.2 单元分析

在轴对称问题中,总是以对称轴为 z 轴,以任一对称面为 rOz 面。用有限单元法求解时,采用的单元是轴对称的整圆环。它们的横截面(与 rOz 面相交的截面)一般是三角形,各个单元之间用圆形的铰互相连接,而每一个铰与 rOz 面的交点就是节点,这样各单元将在 rOz 面上形成三角形网络,就像平面问题中各三角形单元在 xOy 平面上形成的网络一样,如图5.2所示。

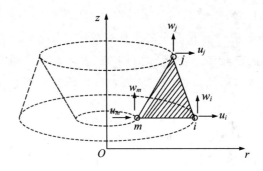

图5.2 rOz 平面三角形网格

5.1.2.1 位 移 函 数

仿照平面问题,轴对称问题的位移函数仍采用线性函数,即

$$\begin{cases} u = \alpha_1 + \alpha_2 r + \alpha_3 z \\ w = \alpha_4 + \alpha_5 r + \alpha_6 z \end{cases} \tag{5.2}$$

和平面问题完全类似,可得

$$\begin{cases} u = N_i u_i + N_j u_j + N_m u_m \\ w = N_i w_i + N_j w_j + N_m w_m \end{cases} \tag{5.3}$$

式中,

$$N_i = \frac{1}{2A}(a_i + b_i r + c_i z) \tag{5.4}$$

其中,$A = \dfrac{1}{2}\begin{bmatrix} 1 & r_i & z_i \\ 1 & r_j & z_j \\ 1 & r_m & z_m \end{bmatrix}$,$a_i = r_j z_m - r_m z_j$,$b_i = z_j - z_m$,$c_i = r_m - r_j$。

替换下标,$i \rightarrow j \rightarrow m \rightarrow i$,就可得 N_j, N_m, a_j, b_j, c_j 和 a_m, b_m, c_m 的表达式。同样,式(5.2)可用矩阵形式写为

$$u^e = \begin{bmatrix} u \\ w \end{bmatrix} = N^e \delta^e = \begin{bmatrix} IN_i & IN_j & IN_m \end{bmatrix} \begin{bmatrix} u_i \\ w_i \\ u_j \\ w_j \\ u_m \\ w_m \end{bmatrix} \tag{5.5}$$

式中，I 为二阶单位阵，

$$\delta^e = \begin{bmatrix} \delta_i^{eT} & \delta_j^{eT} & \delta_m^{eT} \end{bmatrix}^T = \begin{bmatrix} u_i & w_i & u_j & w_j & u_m & w_m \end{bmatrix}^T \tag{5.6}$$

与平面问题相同，上述位移函数可以保证解答的收敛性。

5.1.2.2　应变

把位移函数代入轴对称问题的几何方程，可以得到节点位移单元的应变表达式，即

$$\varepsilon^e = \begin{bmatrix} \varepsilon_r \\ \varepsilon_\theta \\ \varepsilon_z \\ \gamma_{zr} \end{bmatrix} = \begin{bmatrix} \dfrac{\partial u}{\partial r} \\[2mm] \dfrac{u}{r} \\[2mm] \dfrac{\partial w}{\partial z} \\[2mm] \dfrac{\partial w}{\partial r} + \dfrac{\partial u}{\partial z} \end{bmatrix} = B^e \delta^e = \begin{bmatrix} B_i & B_j & B_m \end{bmatrix} \delta^e \tag{5.7}$$

式中，

$$B^e = \frac{1}{2A} \begin{bmatrix} b_i & 0 & b_j & 0 & b_m & 0 \\ f_i & 0 & f_j & 0 & f_m & 0 \\ 0 & c_i & 0 & c_j & 0 & c_m \\ c_i & b_i & c_j & b_j & c_m & b_m \end{bmatrix}, \quad B_i = \frac{1}{2A} \begin{bmatrix} b_i & 0 \\ f_i & 0 \\ 0 & c_i \\ c_i & b_i \end{bmatrix} \tag{5.8}$$

其中，$f_i = \dfrac{a_i}{r} + b_i + \dfrac{c_i z}{r} \overrightarrow{(i, j, m)}$。

由式(5.8)可知，应变分量 $\varepsilon_r, \varepsilon_z, \gamma_{zr}$ 在单元中是常量，但环向应变 ε_θ 不是常量，因为它与 f_i, f_j, f_m 有关，而 f_i, f_j, f_m 是坐标 r 和 z 的函数。也就是说，应变转换矩阵 B^e 不像平面问题中那样是常数阵，而是与坐标 r, z 有关。

5.1.2.3　应力

轴对称问题的单元应力为

$$\sigma^e = \begin{bmatrix} \sigma_r & \sigma_\theta & \sigma_z & \tau_{rz} \end{bmatrix}^T = D\varepsilon^e = DB^e \delta^e = S^e \delta^e = \begin{bmatrix} S_i & S_j & S_m \end{bmatrix} \delta^e \tag{5.9}$$

式中，S^e 称为应力转换矩阵，也简称为应力矩阵，$S^e = DB^e = \begin{bmatrix} S_i & S_j & S_m \end{bmatrix}$。

代入 D, B^e 的表达式，并进行矩阵运算得

$$S_i = \frac{E(1-\mu)}{2(1+\mu)(1-2\mu)A} \begin{bmatrix} b_i + A_1 f_i & A_1 c_i \\ A_1 b_i + f_i & A_1 c_i \\ A_1(b_i + f_i) & c_i \\ A_2 c_i & A_2 b_i \end{bmatrix} \left(\overrightarrow{i,j,m}\right) \tag{5.10}$$

式中，$A_1 = \dfrac{\mu}{1-\mu}, A_2 = \dfrac{1-2\mu}{2(1-\mu)}$。

显然，只有应力分量 τ_{rz} 在单元中为常量，其余三个正应力在单元中都不是常量。

在实际应用中，为了避免复杂的积分，并且消除对称轴上节点处 $r=0$ 所引起的奇异性，常把单元中的 r,z 近似地当作常量，并用单元中心点的坐标代替，即

$$\begin{cases} r = \bar{r} = \dfrac{1}{3}(r_i + r_j + r_m) \\ z = \bar{z} = \dfrac{1}{3}(z_i + z_j + z_m) \end{cases} \tag{5.11}$$

于是，$f_i \approx \bar{f}_i = \dfrac{a_i}{\bar{r}} + b_i + \dfrac{c_i \bar{z}}{\bar{r}} \left(\overrightarrow{i,j,m}\right)$。

这样就可以把各单元近似地当作常应变单元。实践证明，只要三角形网格划分得足够细，所引起的误差就很小。于是，每个单元中的应变及应力可以近似看作常量。

5.2 单元刚度矩阵

下面介绍运用虚功原理求导轴对称结构上任意单元的刚度矩阵 K^e。取微元体(见图5.3)，由虚功原理知，三角形断面的环形单元体积所吸收的虚变形能等于单元节点力所做的虚功，即

$$\boldsymbol{\delta}^{*eT} \boldsymbol{F}^e = \iiint \boldsymbol{\varepsilon}^{*T} \boldsymbol{\sigma}^e r \mathrm{d}\theta \mathrm{d}r\mathrm{d}z = 2\pi \iint \boldsymbol{\varepsilon}^{*T} \boldsymbol{\sigma}^e r \mathrm{d}r\mathrm{d}z \tag{5.12}$$

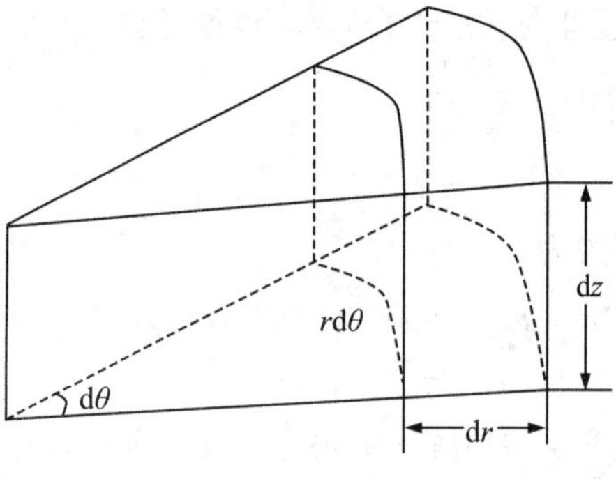

图5.3 微元体示意图

轴对称问题与 θ 无关（被积函数与 θ 无关），把 $\boldsymbol{\sigma}^e = \boldsymbol{D}\boldsymbol{B}^e \boldsymbol{\delta}^e$ 及 $\boldsymbol{\varepsilon}^* = \boldsymbol{B}^e \boldsymbol{\delta}^{*e}$ 代入式

（5.12）。虚位移 $\boldsymbol{\delta}^{*e}$ 是任意的，可放到积分号外面，节点位移矢量 $\boldsymbol{\delta}^{e}$ 是常量，由此可得

$$F^{e} = 2\pi \iint \boldsymbol{B}^{eT} \boldsymbol{D} \boldsymbol{B}^{e} r\mathrm{d}r\mathrm{d}z \boldsymbol{\delta}^{e} \tag{5.13}$$

刚度矩阵为

$$\boldsymbol{K}^{e} = 2\pi \iint \boldsymbol{B}^{eT} \boldsymbol{D} \boldsymbol{B}^{e} r\mathrm{d}r\mathrm{d}z \tag{5.14}$$

因为 $\boldsymbol{B}^{e}$ 是变矩阵，直接求积分是困难的。为了避免非常复杂的积分运算，一般用数值积分方法计算。在工程上我们可以把 $\boldsymbol{B}^{e}$ 处理成为一个常矩阵，这样轴对称问题的单元刚度矩阵变为

$$\boldsymbol{K}^{e} = \int_{V^{e}} \boldsymbol{B}^{eT} \boldsymbol{D} \boldsymbol{B}^{e} \mathrm{d}v = 2\pi \bar{r} A \boldsymbol{B}^{eT} \boldsymbol{D} \boldsymbol{B}^{e} \tag{5.15}$$

将单元刚度矩阵写成分块形式，即

$$\boldsymbol{K}^{e} = \begin{bmatrix} \boldsymbol{K}_{ii} & \boldsymbol{K}_{ij} & \boldsymbol{K}_{im} \\ \boldsymbol{K}_{ji} & \boldsymbol{K}_{jj} & \boldsymbol{K}_{jm} \\ \boldsymbol{K}_{mi} & \boldsymbol{K}_{mj} & \boldsymbol{K}_{mm} \end{bmatrix} \tag{5.16}$$

式中，子矩阵为

$$\begin{aligned} \boldsymbol{K}_{rs} = {}& \frac{\pi E(1-\mu)\bar{r}}{2(1+\mu)(1-2\mu)A} \\ & \times \begin{bmatrix} b_r b_s + f_r f_s + A_1(b_r f_s + f_r b_s) + A_2 c_r c_s & A_1(b_r c_s + f_r c_s) + A_2 c_r b_s \\ A_1(c_r b_s + c_r f_s) + A_2 b_r c_s & c_r c_s + A_2 b_r b_s \end{bmatrix} \end{aligned} \tag{5.17}$$

其中，$r = \left(\overrightarrow{i,j,m}\right)$，$s = \left(\overrightarrow{i,j,m}\right)$。

对于整体刚度矩阵，如果弹性体被划分为 NE 个单元和 n 个节点，就可得到 NE 个形如式（5.13）的方程组。然后，把各单元的 $\boldsymbol{\delta}^{e}$，$\boldsymbol{F}^{e}$，$\boldsymbol{K}^{e}$ 等扩大到整个结构的自由度的维数，再叠加得到下式：

$$\sum_{n=1}^{NE} F^{ne} = \left(\sum_{n=1}^{NE} 2\pi \iint \boldsymbol{B}^{neT} \boldsymbol{D} \boldsymbol{B}^{ne} r\mathrm{d}r\mathrm{d}z \right) \boldsymbol{\delta} \tag{5.18}$$

整体刚度矩阵为

$$\boldsymbol{K} = \sum_{n=1}^{NE} \boldsymbol{K}^{ne} = \sum_{n=1}^{NE} 2\pi \iint \boldsymbol{B}^{neT} \boldsymbol{D} \boldsymbol{B}^{ne} r\mathrm{d}r\mathrm{d}z \tag{5.19}$$

于是式（5.18）便可以写成与平面问题相同的标准形式

$$\boldsymbol{K}\boldsymbol{\delta} = \boldsymbol{F} \tag{5.20}$$

荷载阵列为

$$F^{ne} = \sum_{n=1}^{NE} F^{ne} \tag{5.21}$$

这就是求解节点位移的平衡方程组。整体刚度矩阵也可以写成分块形式，即

$$K = \begin{bmatrix} K_{11} & \cdots & K_{1i} & \cdots & K_{1j} & \cdots & K_{1m} & \cdots & K_{1n} \\ \vdots & & \vdots & & \vdots & & \vdots & & \vdots \\ K_{i1} & \cdots & K_{ii} & \cdots & K_{ij} & \cdots & K_{im} & \cdots & K_{in} \\ \vdots & & \vdots & & \vdots & & \vdots & & \vdots \\ K_{j1} & \cdots & K_{ji} & \cdots & K_{jj} & \cdots & K_{jm} & \cdots & K_{jn} \\ \vdots & & \vdots & & \vdots & & \vdots & & \vdots \\ K_{m1} & \cdots & K_{mi} & \cdots & K_{mj} & \cdots & K_{mm} & \cdots & K_{mn} \\ \vdots & & \vdots & & \vdots & & \vdots & & \vdots \\ K_{n1} & \cdots & K_{ni} & \cdots & K_{nj} & \cdots & K_{nm} & \cdots & K_{nn} \end{bmatrix} \tag{5.22}$$

式中,子矩阵为

$$K_{rs} = \sum_{n=1}^{NE} K_{rs} \quad (r, s = 1, 2, \cdots, n) \tag{5.23}$$

和平面问题一样,整体刚度矩阵 K 是对称的带状稀疏矩阵,在消除刚体位移后,它是正定的。

5.3 等效节点力、荷载阵列

式(5.20)右边的荷载阵列展开形式为

$$F = \sum_{n=1}^{NE} F^{ne} = \begin{bmatrix} F_1^{\mathrm{T}} & F_2^{\mathrm{T}} & \cdots & F_{NP}^{\mathrm{T}} \end{bmatrix}^{\mathrm{T}} \tag{5.24}$$

式中,

$$F_i = \begin{bmatrix} F_{ir} & F_{iz} \end{bmatrix}^{\mathrm{T}} \quad (i = 1, 2, \cdots, NP) \tag{5.25}$$

与平面问题一样,等效节点力也是由作用在环形单元上的集中力 F_c、表面力 F_s 和体积力 F_b 分别移置到节点上而得到的。移置的原则也是根据这些力和等效节点力在任意虚位移上所做的虚功相等,即

$$\boldsymbol{\delta}^{*\mathrm{eT}} \boldsymbol{F}^{\mathrm{e}} = \boldsymbol{u}^{*\mathrm{eT}} 2\pi r_c \boldsymbol{F}_c + \iint \boldsymbol{u}^{*\mathrm{eT}} \boldsymbol{F}_s r\mathrm{d}\theta\mathrm{d}s + \iiint \boldsymbol{u}^{*\mathrm{eT}} \boldsymbol{F}_b r\mathrm{d}\theta\mathrm{d}r\mathrm{d}z \tag{5.26}$$

式中, r_c 为集中力 F_c 作用点的径向坐标。将式(5.25)代入式(5.26),可得

$$\boldsymbol{F}^{\mathrm{e}} = 2\pi r_c \boldsymbol{N}^{\mathrm{eT}} \boldsymbol{F}_c + 2\pi \int \boldsymbol{N}^{\mathrm{eT}} \boldsymbol{F}_s r\mathrm{d}s + 2\pi \iint \boldsymbol{N}^{\mathrm{eT}} \boldsymbol{F}_b r\mathrm{d}r\mathrm{d}z \tag{5.27}$$

式中,右边第一项为环形单元上的集中力 F_c 移置到节点上的等效节点力;第二项为环形单元上的表面力 F_s 的等效节点力;第三项为环形单元体积力 F_b 的等效节点力。

集中力的等效节点力为

$$\boldsymbol{F}_c^{\mathrm{e}} = 2\pi r_c \boldsymbol{N}^{\mathrm{eT}} \boldsymbol{F}_c \tag{5.28}$$

表面力的等效节点力为

$$\boldsymbol{F}_s^{\mathrm{e}} = 2\pi \int \boldsymbol{N}^{\mathrm{eT}} \boldsymbol{F}_s r\mathrm{d}s \tag{5.29}$$

体积力的等效节点力为

$$F_b^e = 2\pi \iint N^{eT} F_b r dr dz \tag{5.30}$$

式(5.27)可以写成

$$F^e = F_c^e + F_s^e + F_b^e \tag{5.31}$$

将式(5.27)代入式(5.24),等效荷载列阵可写成

$$F = \sum_{n=1}^{NE} \left(F_c^{ne} + F_s^{ne} + F_b^{ne} \right) \tag{5.32}$$

比较可知,在轴对称情况下积分号后的被积函数比平面问题的多一个变量 r。虽然轴对称问题也是采用线性位移模式,但是不能像解决平面问题那样利用刚体的静力等效原则求得节点等效力。

5.3.1　集中荷载

对于集中荷载 $F_c = \begin{bmatrix} F_{cr} & F_{cz} \end{bmatrix}^T$,单元节点荷载列阵为

$$F_c^e = \begin{bmatrix} F_{cir} & F_{ciz} & F_{cjr} & F_{cjz} & F_{cmr} & F_{cmz} \end{bmatrix}^T = N^{eT} F_c \tag{5.33}$$

5.3.2　分布体力

对于分布体力 $F_b = \begin{bmatrix} F_{br} & F_{bz} \end{bmatrix}^T$,由式(5.27)可得相应的单元节点荷载列阵为

$$F^e = \int_{V^e} N^{eT} F_b dv = 2\pi \iint_A N^{eT} F_b r dr dz \tag{5.34}$$

例如,在体力为自重的情况下,有 $F_{br} = 0, F_{bz} = -\rho$,其中 ρ 为容重,则 $F_b = \begin{bmatrix} 0 & -\rho \end{bmatrix}^T$。于是有

$$\begin{aligned}
F^e &= 2\pi \iint_A \begin{bmatrix} N_i & 0 & N_j & 0 & N_m & 0 \\ 0 & N_i & 0 & N_j & 0 & N_m \end{bmatrix}^T \begin{bmatrix} 0 \\ -\rho \end{bmatrix} r dr dz \\
&= -2\pi\rho \iint_A \begin{bmatrix} 0 & N_i & 0 & N_j & 0 & N_m \end{bmatrix}^T r dr dz
\end{aligned} \tag{5.35}$$

与平面问题一样,可以利用面积坐标并建立关系式,即

$$r = r_i L_i + r_j L_j + r_m L_m \tag{5.36}$$

这样就得到

$$\iint_A N_i r dr dz = \iint_A L_i (r_i L_i + r_j L_j + r_m L_m) dr dz \tag{5.37}$$

由积分公式得到

$$\iint_A N_i r dr dz = r_i \frac{A}{6} + r_j \frac{A}{12} + r_m \frac{A}{12} = \frac{A}{12} (2r_i + r_j + r_m) \quad \overleftrightarrow{(i, j, m)} \tag{5.38}$$

代入式(5.35)可得

$$F^{\mathrm{e}} = -\frac{\pi \rho A}{6} \begin{bmatrix} 0 & 2r_i + r_j + r_m & 0 & 2r_j + r_m + r_i & 0 & 2r_m + r_i + r_j \end{bmatrix}^{\mathrm{T}} \quad (5.39)$$

如果单元离对称轴较远,可以认为 r_i, r_j, r_m 大致相等,即 $r_i = r_j = r_m$,则由式(5.39)可得简单结果,即将 1/3 质量 W 移置到每一个节点,如图 5.4 所示。

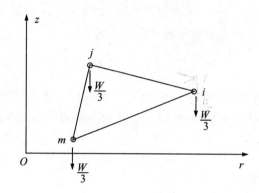

图 5.4　重量移置

5.3.3　分布面力

对于分布面力 $F_s = \begin{bmatrix} F_{sr} & F_{sz} \end{bmatrix}^{\mathrm{T}}$,由式(5.33)积分可得

$$F^{\mathrm{e}} = \int_{S^{\mathrm{e}}} N^{\mathrm{eT}} F_s \mathrm{d}A = 2\pi \int_A N^{\mathrm{eT}} F_s r \mathrm{d}s \quad (5.40)$$

式中,$\mathrm{d}s$ 为三角形 ijm 受面力的边界上的微分长度。

例如,设有线性变化径向面力,在 i 为 q 而在 j 为 0(见图 5.7),则有 $F_{sr} = qL_i$,而 $F_{sz} = 0$,于是得

$$\begin{aligned} F^{\mathrm{e}} &= 2\pi \int_l \begin{bmatrix} N_i & 0 & N_j & 0 & N_m & 0 \\ 0 & N_i & 0 & N_j & 0 & N_m \end{bmatrix}^{\mathrm{T}} \begin{bmatrix} qL_i \\ 0 \end{bmatrix} r \mathrm{d}s \\ &= 2\pi q \int_l \begin{bmatrix} N_i & 0 & N_j & 0 & N_m & 0 \end{bmatrix}^{\mathrm{T}} L_i r \mathrm{d}s \\ &= 2\pi q \int_l \begin{bmatrix} L_i & 0 & L_j & 0 & L_m & 0 \end{bmatrix}^{\mathrm{T}} L_i r \mathrm{d}s \end{aligned} \quad (5.41)$$

将式(5.36)代入式(5.41),并注意在 ij 的边上有 $L_m = 0$,则可得

$$F^{\mathrm{e}} = 2\pi q \int_l \begin{bmatrix} r_i L_i^3 + r_j L_i^2 L_j & 0 & r_i L_i^2 L_j + r_j L_i L_j^2 & 0 & 0 & 0 \end{bmatrix}^{\mathrm{T}} \mathrm{d}s \quad (5.42)$$

应用积分公式可得

$$F^{\mathrm{e}} = \frac{\pi q l}{6} \begin{bmatrix} 3r_i + r_j & 0 & r_i + r_j & 0 & 0 & 0 \end{bmatrix}^{\mathrm{T}} \quad (5.43)$$

如果单元离对称轴较远,可以认为 r_i 与 r_j 大致相等,则可由式(5.43)得出简单结果,即将面力合力的 2/3 移置到节点 i 上,面力合力的 1/3 移置到节点 j 上,如图 5.5 所示。

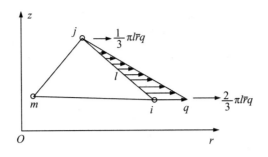

图5.5 面力移置

5.4 弹性力学空间问题与体单元

5.4.1 空间问题的基本描述

5.4.1.1 基本变量

前面几章主要讨论了平面问题和轴对称问题的有限元计算方法,这些均可以看作是二维问题。在实际工程中,几何物体均是空间的物体,而物体所受力系均为空间力系,所谓平面问题只是实际结构在某些特定情况下的近似。本部分简要介绍空间问题有限元的基本公式和基本单元形式。

空间问题的有限单元法与平面问题的有限单元法的原理和求解思路类似,只是空间问题的离散化是在三维空间中进行的,基本变量均是空间的三维变量。

已知,空间物体上某一点的位移矢量在空间直角坐标系中记为

$$\boldsymbol{u} = [u \quad v \quad w]^{\mathrm{T}}$$

空间物体上某一点的工程应变有6个独立分量,其应变列阵为

$$\boldsymbol{\varepsilon} = \begin{bmatrix} \varepsilon_x & \varepsilon_y & \varepsilon_z & \gamma_{xy} & \gamma_{yz} & \gamma_{zx} \end{bmatrix}^{\mathrm{T}}$$

空间物体上某一点的应力列阵为

$$\boldsymbol{\sigma} = \begin{bmatrix} \sigma_x & \sigma_y & \sigma_z & \tau_{xy} & \tau_{yz} & \tau_{zx} \end{bmatrix}^{\mathrm{T}}$$

5.4.1.2 几何方程

在小变形条件之下,描述应变场与位移场关系的几何方程如下:

$$\varepsilon = \begin{bmatrix} \dfrac{\partial}{\partial x} & 0 & 0 \\[2mm] 0 & \dfrac{\partial}{\partial y} & 0 \\[2mm] 0 & 0 & \dfrac{\partial}{\partial z} \\[2mm] \dfrac{\partial}{\partial y} & \dfrac{\partial}{\partial x} & 0 \\[2mm] 0 & \dfrac{\partial}{\partial z} & \dfrac{\partial}{\partial y} \\[2mm] \dfrac{\partial}{\partial z} & 0 & \dfrac{\partial}{\partial x} \end{bmatrix} u \tag{5.44a}$$

简记为

$$\varepsilon = Lu \tag{5.44b}$$

式中,L 为三维微分算子矩阵。

5.4.1.3 物理方程

对于无初应力、无初应变的各向同性线弹性体,应力和应变间存在比例关系,即广义胡克定律,一般记为

$$\begin{bmatrix} \varepsilon_x \\ \varepsilon_y \\ \varepsilon_z \\ \gamma_{xy} \\ \gamma_{yz} \\ \gamma_{zx} \end{bmatrix} = \frac{1}{E} \begin{bmatrix} 1 & -\mu & -\mu & 0 & 0 & 0 \\ -\mu & 1 & -\mu & 0 & 0 & 0 \\ -\mu & -\mu & 1 & 0 & 0 & 0 \\ 0 & 0 & 0 & 2(1+\mu) & 0 & 0 \\ 0 & 0 & 0 & 0 & 2(1+\mu) & 0 \\ 0 & 0 & 0 & 0 & 0 & 2(1+\mu) \end{bmatrix} \begin{bmatrix} \sigma_x \\ \sigma_y \\ \sigma_z \\ \tau_{xy} \\ \tau_{yz} \\ \tau_{zx} \end{bmatrix} \tag{5.45a}$$

或

$$\varepsilon = \frac{1}{E} \begin{bmatrix} 1 & -\mu & -\mu & 0 & 0 & 0 \\ -\mu & 1 & -\mu & 0 & 0 & 0 \\ -\mu & -\mu & 1 & 0 & 0 & 0 \\ 0 & 0 & 0 & 2(1+\mu) & 0 & 0 \\ 0 & 0 & 0 & 0 & 2(1+\mu) & 0 \\ 0 & 0 & 0 & 0 & 0 & 2(1+\mu) \end{bmatrix} \sigma \tag{5.45b}$$

若用应变的线性组合表示应力,则有

$$\boldsymbol{\sigma} = \frac{E(1-\mu)}{(1+\mu)(1-2\mu)} \begin{bmatrix} 1 & \dfrac{\mu}{1-\mu} & \dfrac{\mu}{1-\mu} & 0 & 0 & 0 \\ 0 & 1 & \dfrac{\mu}{1-\mu} & 0 & 0 & 0 \\ 0 & 0 & 1 & 0 & 0 & 0 \\ 0 & 0 & 0 & \dfrac{1-2\mu}{2(1-\mu)} & 0 & 0 \\ 0 & 0 & 0 & 0 & \dfrac{1-2\mu}{2(1-\mu)} & 0 \\ 0 & 0 & 0 & 0 & 0 & \dfrac{1-2\mu}{2(1-\mu)} \end{bmatrix} \boldsymbol{\varepsilon} \quad (5.45c)$$

引入弹性矩阵 $\boldsymbol{D}$,则式（5.45c）缩写为

$$\boldsymbol{\sigma} = \boldsymbol{D}\boldsymbol{\varepsilon} \quad (5.45d)$$

其中

$$\boldsymbol{D} = \frac{E(1-\mu)}{(1+\mu)(1-2\mu)} \begin{bmatrix} 1 & \dfrac{\mu}{1-\mu} & \dfrac{\mu}{1-\mu} & 0 & 0 & 0 \\ 0 & 1 & \dfrac{\mu}{1-\mu} & 0 & 0 & 0 \\ 0 & 0 & 1 & 0 & 0 & 0 \\ 0 & 0 & 0 & \dfrac{1-2\mu}{2(1-\mu)} & 0 & 0 \\ 0 & 0 & 0 & 0 & \dfrac{1-2\mu}{2(1-\mu)} & 0 \\ 0 & 0 & 0 & 0 & 0 & \dfrac{1-2\mu}{2(1-\mu)} \end{bmatrix}$$

5.4.1.4　平衡方程

记作用在物体内的体力矢量为

$$\boldsymbol{F}_{\mathrm{b}} = \begin{bmatrix} F_{\mathrm{b}x} & F_{\mathrm{b}y} & F_{\mathrm{b}z} \end{bmatrix}^{\mathrm{T}} \quad (5.46)$$

对于空间问题,通过 5.1 节的分析,可导出描述应力与体力之间关系的静力学平衡微分方程

$$\begin{cases} \dfrac{\partial \sigma_x}{\partial x} + \dfrac{\partial \tau_{yx}}{\partial y} + \dfrac{\partial \tau_{zx}}{\partial z} + F_{\mathrm{b}x} = 0 \\[2mm] \dfrac{\partial \tau_{xy}}{\partial x} + \dfrac{\partial \sigma_y}{\partial y} + \dfrac{\partial \tau_{zy}}{\partial z} + F_{\mathrm{b}y} = 0 \\[2mm] \dfrac{\partial \tau_{xz}}{\partial x} + \dfrac{\partial \tau_{yz}}{\partial y} + \dfrac{\partial \sigma_z}{\partial z} + F_{\mathrm{b}z} = 0 \end{cases} \quad (5.47a)$$

简记为

$$L^{\mathrm{T}}\boldsymbol{\sigma} + F_{\mathrm{b}} = 0 \qquad (5.47\mathrm{b})$$

其中，

$$L^{\mathrm{T}} = \begin{bmatrix} \dfrac{\partial}{\partial x} & 0 & 0 & \dfrac{\partial}{\partial y} & 0 & \dfrac{\partial}{\partial z} \\[2mm] 0 & \dfrac{\partial}{\partial y} & 0 & \dfrac{\partial}{\partial x} & \dfrac{\partial}{\partial z} & 0 \\[2mm] 0 & 0 & \dfrac{\partial}{\partial z} & 0 & \dfrac{\partial}{\partial y} & \dfrac{\partial}{\partial x} \end{bmatrix}$$

将式(5.44b)代入式(5.45d)，结果再代入式(5.47b)，得到以位移为未知函数的平衡方程

$$L^{\mathrm{T}}DLu + F_{\mathrm{b}} = 0 \qquad (5.47\mathrm{c})$$

5.4.1.5 最小势能原理

空间物体的应变能密度可表示为

$$W = \frac{1}{2}\boldsymbol{\varepsilon}^{\mathrm{T}}\boldsymbol{\sigma} = \frac{1}{2}\boldsymbol{\varepsilon}^{\mathrm{T}}D\boldsymbol{\varepsilon} \qquad (5.48)$$

作用在物体表面的面力矢量为

$$F_{\mathrm{s}} = [\ F_{\mathrm{s}x} \quad F_{\mathrm{s}y} \quad F_{\mathrm{s}z}\ ]^{\mathrm{T}} \qquad (5.49)$$

定义物体系统的总势能为

$$E_p = \int_V W\,\mathrm{d}V - \int_V F_{\mathrm{b}}^{\mathrm{T}}u\,\mathrm{d}V - \int_{S^{\mathrm{s}}} F_{\mathrm{s}}^{\mathrm{T}}u\,\mathrm{d}S = \frac{1}{2}\int_V \boldsymbol{\varepsilon}^{\mathrm{T}}D\boldsymbol{\varepsilon}\,\mathrm{d}V - \int_V F_{\mathrm{b}}^{\mathrm{T}}u\,\mathrm{d}V - \int_{S^{\mathrm{s}}} F_{\mathrm{s}}^{\mathrm{T}}u\,\mathrm{d}S$$

$$(5.50)$$

式中，V 为空间物体的体积；S^{s} 为物体受面力作用的边界表面积。

空间弹性力学的真解使 E_p 取最小值。同平面问题对比，空间问题的位置坐标、位移分量、力分量分别增加为三个，应力、应变分量分别增加为六个，这仅仅增加了对问题描述和求解的复杂性，但各变量之间的关系不变。

5.4.2 有限元公式

一般空间问题有限元离散化形成的单元为三维体单元。将空间问题有限元离散的第 i 个节点位移记为

$$\boldsymbol{\delta}_i = [\ u_i \quad v_i \quad w_i\ ]^{\mathrm{T}} \qquad (5.51)$$

若单元有 m 个节点，则单元节点位移列阵为

$$\boldsymbol{\delta}^{e} = \begin{bmatrix} \delta_1 \\ \vdots \\ \delta_r \\ \vdots \\ \delta_m \end{bmatrix}_{3m \times 1} \tag{5.52}$$

注意:式(5.52)中单元内点节号 $r \in [1 \sim m]$ 与总节点号 i 不同。

单元内任意一点的位移由下式定义:

$$\boldsymbol{u}^{e} = \boldsymbol{N}^{e} \boldsymbol{\delta}^{e} \tag{5.53}$$

式中, $\boldsymbol{N}^{e}$ 为单元形函数矩阵。

则根据式(5.44b),单元内应变为

$$\boldsymbol{\varepsilon}^{e} = \boldsymbol{L}\boldsymbol{u}^{e} = \boldsymbol{B}^{e} \boldsymbol{\delta}^{e} \tag{5.54}$$

式(5.54)表示了空间单元内各点应变与节点位移的关系。将式(5.54)代入式(5.45d)得

$$\boldsymbol{\sigma}^{e} = \boldsymbol{D} = \boldsymbol{D}\boldsymbol{B}^{e} \boldsymbol{\delta}^{e} \tag{5.55}$$

即得到了用单元节点位移表示的单元应力。

为建立有限元计算公式,设单元在节点上受的单元节点力为

$$\boldsymbol{F}^{e} = \begin{bmatrix} F_1 \\ \vdots \\ F_r \\ \vdots \\ F_m \end{bmatrix} \tag{5.56}$$

对于空间问题,每个节点力有三个分量,其中第 i 个节点的节点力为

$$F_i = \begin{bmatrix} F_{ix} & F_{iy} & F_{iz} \end{bmatrix}^{T} \tag{5.57}$$

为了得到单元刚度矩阵,将势能原理用于一个单元,此时设单元上只受单元节点力,根据式(5.50)、式(5.54)和式(5.55),单元的总势能为

$$E_p = \frac{1}{2} \int_{V_e} \boldsymbol{\delta}^{eT} \boldsymbol{B}^{eT} \boldsymbol{D} \boldsymbol{B}^{e} \boldsymbol{\delta}^{e} \, \mathrm{d}V - \boldsymbol{\delta}^{eT} \boldsymbol{F}^{e} = \frac{1}{2} \boldsymbol{\delta}^{eT} \int_{V_e} \boldsymbol{B}^{eT} \boldsymbol{D} \boldsymbol{B}^{e} \, \mathrm{d}V \boldsymbol{\delta}^{e} - \boldsymbol{\delta}^{eT} \boldsymbol{F}^{e}$$

式中, V_e 为单元的体积。

由最小势能原理可知,真解使总势能 E_p 取最小值。由 $\dfrac{\partial E_p}{\partial \boldsymbol{\delta}^{e}} = 0$,得

$$\int_{V_e} \boldsymbol{B}^{eT} \boldsymbol{D} \boldsymbol{B}^{e} \, \mathrm{d}V \boldsymbol{\delta}^{e} = \boldsymbol{F}^{e} \tag{5.58}$$

即

$$\boldsymbol{K}^{e} \boldsymbol{\delta}^{e} = \boldsymbol{F}^{e} \tag{5.59}$$

式中, $\boldsymbol{K}^{e}$ 为单元刚度矩阵,有

$$\boldsymbol{K}^{e} = \int_{V_e} \boldsymbol{B}^{eT} \boldsymbol{D} \boldsymbol{B}^{e} \, \mathrm{d}V \tag{5.60}$$

当单元受体力 F_b、面力 F_s 作用时,由虚功相等的等效原则得体力的等效节点力公式为

$$F_b^e = \int_{V_e} N^{eT} F_b dV \tag{5.61}$$

面力的等效节点力公式为

$$F_s^e = \int_{S_e^e} N^{eT} F_s dS \tag{5.62}$$

式中,S_e^e 为单元的力边界。

此时单元节点荷载列阵为

$$F^e = F_b^e + F_s^e \tag{5.63}$$

5.4.3 常应变四面体单元

四节点四面体单元是最简单的空间单元,如图 5.6 所示,四个角点为节点,分别以 i, j, k 和 m 表示,各节点的坐标分别为 $x_i, y_i, z_i \left(\overrightarrow{i, j, k, m}\right)$。节点的编号规定如下:在右手坐标系中,当右手螺旋按照 $i \to j \to k$ 转向时,拇指指向 m 节点。空间单元中的每个节点有三个节点位移分量,记为

$$\delta_i = \begin{bmatrix} u_i & v_i & w_i \end{bmatrix}^T$$

单元节点位移列阵为

$$\delta^e = \begin{bmatrix} \delta_i \\ \delta_j \\ \delta_k \\ \delta_m \end{bmatrix} \tag{5.64}$$

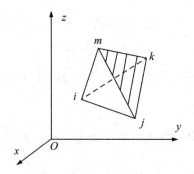

图 5.6 常应变四面体单元

5.4.3.1 位移函数

单元变形时,单元内各点有三个位移分量,分别为 u, v, w,各个位移分量一般为坐标 x, y, z 的函数。对于四节点四面体单元,假设单元内部位移为坐标的线性函数,即

$$\begin{cases} u = \alpha_1 + \alpha_2 x + \alpha_3 y + \alpha_4 z \\ v = \alpha_5 + \alpha_6 x + \alpha_7 y + \alpha_8 z \\ w = \alpha_9 + \alpha_{10} x + \alpha_{11} y + \alpha_{12} z \end{cases} \tag{5.65}$$

位移函数中的 12 个待定常数可用单元的节点位移来表示。把各节点的坐标分别代入式(5.65)的第 1 个式子,有

$$\begin{cases} u_i = \alpha_1 + \alpha_2 x_i + \alpha_3 y_i + \alpha_4 z_i \\ u_j = \alpha_1 + \alpha_2 x_j + \alpha_3 y_j + \alpha_4 z_j \\ u_k = \alpha_1 + \alpha_2 x_k + \alpha_3 y_k + \alpha_4 z_k \\ u_m = \alpha_1 + \alpha_2 x_m + \alpha_3 y_m + \alpha_4 z_m \end{cases} \tag{5.66}$$

将式(5.66)改写为矩阵形式,可得

$$\begin{bmatrix} u_i \\ u_j \\ u_k \\ u_m \end{bmatrix} = \begin{bmatrix} 1 & x_i & y_i & z_i \\ 1 & x_j & y_j & z_j \\ 1 & x_k & y_k & z_k \\ 1 & x_m & y_m & z_m \end{bmatrix} \begin{bmatrix} \alpha_1 \\ \alpha_2 \\ \alpha_3 \\ \alpha_4 \end{bmatrix} \tag{5.67}$$

引入

$$T = \begin{bmatrix} 1 & x_i & y_i & z_i \\ 1 & x_j & y_j & z_j \\ 1 & x_k & y_k & z_k \\ 1 & x_m & y_m & z_m \end{bmatrix} \tag{5.68}$$

可得

$$\begin{bmatrix} \alpha_1 \\ \alpha_2 \\ \alpha_3 \\ \alpha_4 \end{bmatrix} = T^{-1} \begin{bmatrix} u_i \\ u_j \\ u_k \\ u_m \end{bmatrix} = \frac{1}{|T|} \begin{bmatrix} a_i & a_j & a_k & a_m \\ b_i & b_j & b_k & b_m \\ c_i & c_j & c_k & c_m \\ d_i & d_j & d_k & d_m \end{bmatrix} \begin{bmatrix} u_i \\ u_j \\ u_k \\ u_m \end{bmatrix} \tag{5.69}$$

其中 $|A| = 6V$,V 是四面体单元体积。四面体单元体积的矩阵表达式为

$$V = \frac{1}{6} \begin{bmatrix} 1 & x_i & y_i & z_i \\ 1 & x_j & y_j & z_j \\ 1 & x_k & y_k & z_k \\ 1 & x_m & y_m & z_m \end{bmatrix} \tag{5.70}$$

$$u = \begin{bmatrix} 1 & x & y & z \end{bmatrix} \begin{bmatrix} \alpha_1 \\ \alpha_2 \\ \alpha_3 \\ \alpha_4 \end{bmatrix}$$

$$= \begin{bmatrix} 1 & x & y & z \end{bmatrix} \frac{1}{6V} \begin{bmatrix} a_i & a_j & a_k & a_m \\ b_i & b_j & b_k & b_m \\ c_i & c_j & c_k & c_m \\ d_i & d_j & d_k & d_m \end{bmatrix} \begin{bmatrix} u_i \\ u_j \\ u_k \\ u_m \end{bmatrix} \tag{5.71a}$$

$$= \begin{bmatrix} N_i & N_j & N_k & N_m \end{bmatrix} \begin{bmatrix} u_i \\ u_j \\ u_k \\ u_m \end{bmatrix}$$

即

$$u = N_i u_i + N_j u_j + N_k u_k + N_m u_m \tag{5.71b}$$

式中，N_i, N_j, N_k, N_m 为各节点的形状函数，统一写为

$$N_i = \frac{a_i + b_i x + c_i y + d_i z}{6V} \quad \left(\overleftrightarrow{i, j, k, m} \right) \tag{5.72}$$

$$v = N_i v_i + N_j v_j + N_k v_k + N_m v_m \tag{5.73}$$

$$w = N_i w_i + N_j w_j + N_k w_k + N_m w_m \tag{5.74}$$

式(5.71b)、式(5.73)和式(5.74)可以统一写为矩阵形式，即

$$u^e = \begin{bmatrix} u \\ v \\ w \end{bmatrix} = \begin{bmatrix} N_i & 0 & 0 & N_j & 0 & 0 & N_k & 0 & 0 & N_m & 0 & 0 \\ 0 & N_i & 0 & 0 & N_j & 0 & 0 & N_k & 0 & 0 & N_m & 0 \\ 0 & 0 & N_i & 0 & 0 & N_j & 0 & 0 & N_k & 0 & 0 & N_m \end{bmatrix} \delta^e$$

简记为

$$u^e = N^e \delta^e \tag{5.75}$$

其中 N^e 为形函数矩阵，可另表示为

$$N^e = \begin{bmatrix} N_i I & N_j I & N_k I & N_m I \end{bmatrix}$$

式中，I 为三阶单位矩阵。

由于位移函数是线性的，在相邻单元的接触面上，位移显然是连续的，因此四面体单元是协调元。

5.4.3.2　单元应变

对于空间问题，某一点的六个应变分量和位移场的关系可用式(5.44a)来描述。当给定单元位移场后，把式(5.75)代入式(5.44a)，可得单元内任意一点的应变

$$\varepsilon^e = \begin{bmatrix} B_i^e & B_j^e & B_k^e & B_m^e \end{bmatrix} = B^e \delta^e \tag{5.76}$$

式中，B^e 为单元应变转换矩阵，其子块 $B_i^e, B_j^e, B_k^e, B_m^e$ 为 6×3 阶矩阵，即

$$B_i^e = \frac{1}{6V}\begin{bmatrix} b_i & 0 & 0 \\ 0 & c_i & 0 \\ 0 & 0 & d_i \\ c_i & b_i & 0 \\ 0 & d_i & c_i \\ d_i & 0 & b_i \end{bmatrix} \qquad \overleftrightarrow{(i,j,k,m)} \tag{5.77}$$

由式(5.77)可知,单元应变转换矩阵中的所有元素均是与坐标 x,y,z 无关的常数,这说明该单元内各点的应变都是一样的,即该四节点四面体单元为常应变单元,称之为"常应变四面体单元"。事实上,由于单元位移场假定为线性函数,且应变仅与位移的一阶导数有关,因此单元内任意一点的应变即为常数,这与平面问题中三节点三角形单元是类似的。

5.4.3.3　单元应力

把用节点位移表示的应变代入空间问题的物理方程(5.45c)中,可得单元内任意一点的应力为

$$\boldsymbol{\sigma}^e = \begin{bmatrix} \boldsymbol{S}_i^e & \boldsymbol{S}_j^e & \boldsymbol{S}_k^e & \boldsymbol{S}_m^e \end{bmatrix}\boldsymbol{\delta}^e = \boldsymbol{S}^e\boldsymbol{\delta}^e \tag{5.78}$$

式中 $\boldsymbol{S}^e$ 为常应变四面体单元的应力转换矩阵,子矩阵 $\boldsymbol{S}_i^e,\boldsymbol{S}_j^e,\boldsymbol{S}_k^e,\boldsymbol{S}_m^e$ 为 6×3 阶矩阵,即

$$\boldsymbol{S}_i^e = \frac{E(1-\mu)}{6V(1+\mu)(1-2\mu)}\begin{bmatrix} b_i & \dfrac{c_{i\mu}}{1-\mu} & \dfrac{d_{i\mu}}{1-\mu} \\[2mm] \dfrac{b_i\mu}{1-\mu} & c_i & \dfrac{d_{i\mu}}{1-\mu} \\[2mm] \dfrac{b_{i\mu}}{1-\mu} & \dfrac{c_{i\mu}\mu}{1-\mu} & d_i \\[2mm] \dfrac{c_i(1-2\mu)}{2(1-\mu)} & \dfrac{b_i(1-2\mu)}{2(1-\mu)} & 0 \\[2mm] 0 & \dfrac{d_i(1-2\mu)}{2(1-\mu)} & \dfrac{c_i(1-2\mu)}{2(1-\mu)} \\[2mm] \dfrac{d_i(1-2\mu)}{2(1-\mu)} & 0 & \dfrac{b_i(1-2\mu)}{2(1-\mu)} \end{bmatrix} \overleftrightarrow{(i,j,k,m)} \tag{5.79}$$

同样,通过分析 $\boldsymbol{S}_i^e$ 可以看出,一旦单元确定了, $\boldsymbol{S}_i^e$ 也就确定了,此时单元内的应力仅依赖于节点位移。对这种单元,由于各点应变 $\boldsymbol{\varepsilon}^e$ 为常数,相应应力 $\boldsymbol{\sigma}^e$ 也是常数,因此四节点四面体单元也为常应力单元。

5.4.3.4　单元刚度矩阵

当得到单元应变矩阵 $\boldsymbol{B}^e$ 和单元应力矩阵 $\boldsymbol{S}^e$ 后,可计算出常应变四面体单元的单元刚度矩阵 $\boldsymbol{K}^e$。$\boldsymbol{K}^e$ 为 12×12 阶矩阵,即

$$K^e = \int_{V_e} B^{eT} DB^e dV = \int_{V_e} B^{eT} S^e dV$$

由于矩阵 B^e 和 S^e 为常量阵，则有

$$K^e = B^{eT} DB^e V = B^{eT} S^e V \tag{5.80}$$

单元刚度矩阵 K^e 的节点分块形式为

$$K^e = \begin{bmatrix} K_{ii} & K_{ij} & K_{ik} & K_{im} \\ K_{ji} & K_{jj} & K_{jk} & K_{jm} \\ K_{ki} & K_{kj} & K_{kk} & K_{km} \\ K_{mi} & K_{mj} & K_{mk} & K_{mm} \end{bmatrix} \tag{5.81}$$

令 $g_1 = \dfrac{\mu}{1-\mu}$ 和 $g_2 = \dfrac{1-2\mu}{2(1-\mu)}$，式(5.81)中各分块为

$$K_{rs} = B_r^{eT} DB_s^e V = B_r^{eT} S_i^e V$$

$$= \frac{E(1-\mu)}{36V_e(1+\mu)(1-2\mu)} \begin{bmatrix} K_1 & K_2 & K_3 \\ K_4 & K_5 & K_6 \\ K_7 & K_8 & K_9 \end{bmatrix} \quad (r,s=i,j,k,m) \tag{5.82}$$

其中

$$K_1 = b_r b_s + g_2(c_r c_s + d_r d_s)$$
$$K_2 = g_1 b_r c_s + g_2 c_r b_s$$
$$K_3 = g_1 b_r d_s + g_2 d_r b_s$$
$$K_4 = g_1 c_r b_s + g_2 b_r c_s$$
$$K_5 = c_r c_s + g_2(b_r b_s + d_r d_s)$$
$$K_6 = g_1 c_r d_s + g_2 d_r c_s$$
$$K_7 = g_1 d_r b_s + g_2 b_r d_s$$
$$K_8 = g_1 d_r c_s + g_2 c_r d_s$$
$$K_9 = d_r d_s + g_2(b_r b_s + c_r c_s)$$

式中，$r,s=\overrightarrow{(i,j,k,m)}$，可由式(5.61)和式(5.62)计算出单元等效节点的荷载，而单元刚度矩阵的组装过程同平面问题是类似的，此处不再赘述。

对于具体的荷载，可由式(5.61)和式(5.62)计算出单元等效节点荷载，而单元刚度矩阵的组装过程同平面问题类似，在此不再赘述。

5.4.4　空间等参单元

因空间等参单元的精度更高、边界适应性更好，在实际使用中应用最广，下面以最常见的八节点六面体空间等参单元为例进行介绍。

对于直角坐标系下的任意一个空间八节点六面体子单元，利用坐标变换，可将其转换为局部自然坐标系下的标准母单元，如图5.7所示。在这个新坐标系中，原来任意形状的六面体单元变为标准的直边体母单元，其母单元的节点坐标分量均为 −1 或 1，即边长

为2的立方体。

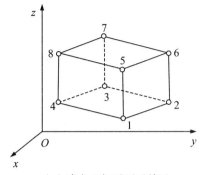 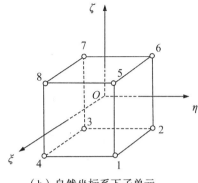

（a）直角坐标系下子单元　　　　　（b）自然坐标系下子单元

图5.7　八节点六面体空间等参单元

5.4.4.1　母单元形函数

根据平面等参单元的知识,由图5.7(b)可知,母单元形函数的普遍表达式如下:

$$N_i = \frac{1}{8}(1+\xi_0)(1+\eta_0)(1+\zeta_0) \tag{5.83}$$

式中,$\xi_0 = \xi\xi_i$,$\eta_0 = \eta\eta_i$,$\zeta_0 = \zeta\zeta_i$,其中$\xi_i = \dfrac{\xi}{|\xi|}$,$\eta_i = \dfrac{\eta}{|\eta|}$,$\zeta_i = \dfrac{\zeta}{|\zeta|}$。

5.4.4.2　坐标变换

母单元中任意一点$P(\xi,\eta,\zeta)$对应于子单元中的一点$P(x,y,z)$,其坐标x,y,z可以根据子单元中各个节点的坐标x_i,y_i,z_i进行插值计算,即

$$\begin{cases} x = \sum_{i=1}^{8} N_i(\xi,\eta,\zeta)x_i \\ y = \sum_{i=1}^{8} N_i(\xi,\eta,\zeta)y_i \\ z = \sum_{i=1}^{8} N_i(\xi,\eta,\zeta)z_i \end{cases} \tag{5.84}$$

5.4.4.3　位移插值

若已知单元节点i的位移矢量为$\delta_i = \begin{bmatrix} u_i & v_i & w_i \end{bmatrix}^{\mathrm{T}}$,$i = 1,2,\cdots,8$,则单元中任意点$P$的位移矢量可根据节点位移分量进行插值计算,即

$$\begin{cases} u = \sum_{i=1}^{8} N_i(\xi, \eta, \zeta) u_i \\ v = \sum_{i=1}^{8} N_i(\xi, \eta, \zeta) v_i \\ w = \sum_{i=1}^{8} N_i(\xi, \eta, \zeta) w_i \end{cases} \tag{5.85}$$

5.4.4.4 应变矩阵

单元中应力点(高斯点)的应变矢量与节点位移矢量间的关系为

$$\boldsymbol{\varepsilon} = \boldsymbol{B}^{e} \boldsymbol{\delta}^{e} \tag{5.86}$$

式中,

$$\boldsymbol{\varepsilon} = \begin{bmatrix} \varepsilon_x & \varepsilon_y & \varepsilon_z & \gamma_{yz} & \gamma_{zx} & \gamma_{xy} \end{bmatrix}^{T}$$

$$\boldsymbol{\delta}^{e} = \begin{bmatrix} u_1 & v_1 & w_1 & u_2 & v_2 & w_2 & \cdots & w_8 \end{bmatrix}^{T}$$

$$\boldsymbol{B}^{e} = \begin{bmatrix} B_1 & B_2 & \cdots & B_8 \end{bmatrix}$$

其中对应于每个节点有

$$B_i = \begin{bmatrix} \dfrac{\partial N_i}{\partial x} & 0 & 0 \\[2mm] 0 & \dfrac{\partial N_i}{\partial y} & 0 \\[2mm] 0 & 0 & \dfrac{\partial N_i}{\partial z} \\[2mm] 0 & \dfrac{\partial N_i}{\partial z} & \dfrac{\partial N_i}{\partial y} \\[2mm] \dfrac{\partial N_i}{\partial z} & 0 & \dfrac{\partial N_i}{\partial x} \\[2mm] \dfrac{\partial N_i}{\partial y} & \dfrac{\partial N_i}{\partial x} & 0 \end{bmatrix} \tag{5.87}$$

由于形函数 $N_i(\xi, \eta, \zeta)$ 是由自然坐标下母单元坐标给出的,根据多元函数偏微分方法可知

$$\frac{\partial N_i}{\partial \xi} = \frac{\partial N_i}{\partial x} \cdot \frac{\partial x}{\partial \xi} + \frac{\partial N_i}{\partial y} \cdot \frac{\partial y}{\partial \xi} + \frac{\partial N_i}{\partial z} \cdot \frac{\partial z}{\partial \xi} \tag{5.88}$$

同理写出 $\dfrac{\partial N_i}{\partial \eta}$, $\dfrac{\partial N_i}{\partial \xi}$,集合成矩阵有

$$\begin{bmatrix} \dfrac{\partial N_i}{\partial \xi} \\[2mm] \dfrac{\partial N_i}{\partial \eta} \\[2mm] \dfrac{\partial N_i}{\partial \zeta} \end{bmatrix} = \begin{bmatrix} \dfrac{\partial x}{\partial \xi} & \dfrac{\partial y}{\partial \xi} & \dfrac{\partial z}{\partial \xi} \\[2mm] \dfrac{\partial x}{\partial \eta} & \dfrac{\partial y}{\partial \eta} & \dfrac{\partial z}{\partial \eta} \\[2mm] \dfrac{\partial x}{\partial \zeta} & \dfrac{\partial y}{\partial \zeta} & \dfrac{\partial z}{\partial \zeta} \end{bmatrix} \begin{bmatrix} \dfrac{\partial N_i}{\partial x} \\[2mm] \dfrac{\partial N_i}{\partial y} \\[2mm] \dfrac{\partial N_i}{\partial z} \end{bmatrix} = J \begin{bmatrix} \dfrac{\partial N_i}{\partial x} \\[2mm] \dfrac{\partial N_i}{\partial y} \\[2mm] \dfrac{\partial N_i}{\partial z} \end{bmatrix} \tag{5.89}$$

式中,J 为雅可比矩阵,它可由坐标变换公式算出

$$J = \begin{bmatrix} \dfrac{\partial x}{\partial \xi} & \dfrac{\partial y}{\partial \xi} & \dfrac{\partial z}{\partial \xi} \\[2mm] \dfrac{\partial x}{\partial \eta} & \dfrac{\partial y}{\partial \eta} & \dfrac{\partial z}{\partial \eta} \\[2mm] \dfrac{\partial x}{\partial \zeta} & \dfrac{\partial y}{\partial \zeta} & \dfrac{\partial z}{\partial \zeta} \end{bmatrix} = \begin{bmatrix} \sum \dfrac{\partial N_i}{\partial \xi} x_i & \sum \dfrac{\partial N_i}{\partial \xi} y_i & \sum \dfrac{\partial N_i}{\partial \xi} z_i \\[2mm] \sum \dfrac{\partial N_i}{\partial \eta} x_i & \sum \dfrac{\partial N_i}{\partial \eta} y_i & \sum \dfrac{\partial N_i}{\partial \eta} z_i \\[2mm] \sum \dfrac{\partial N_i}{\partial \zeta} x_i & \sum \dfrac{\partial N_i}{\partial \zeta} y_i & \sum \dfrac{\partial N_i}{\partial \zeta} z_i \end{bmatrix}$$
$$= \begin{bmatrix} \sum \dfrac{\partial N_1}{\partial \xi} & \sum \dfrac{\partial N_2}{\partial \xi} & \cdots & \sum \dfrac{\partial N_m}{\partial \xi} \\[2mm] \sum \dfrac{\partial N_1}{\partial \eta} & \sum \dfrac{\partial N_2}{\partial \eta} & \cdots & \sum \dfrac{\partial N_m}{\partial \eta} \\[2mm] \sum \dfrac{\partial N_1}{\partial \zeta} & \sum \dfrac{\partial N_2}{\partial \zeta} & \cdots & \sum \dfrac{\partial N_m}{\partial \zeta} \end{bmatrix} \begin{bmatrix} x_1 & y_1 & z_1 \\ x_2 & y_2 & z_2 \\ \vdots & \vdots & \vdots \\ x_m & y_m & z_m \end{bmatrix} \tag{5.90}$$

求得雅可比矩阵后,求逆便得到 J^{-1},然后按照式(5.89)计算形函数在整体坐标系中的导数

$$\begin{bmatrix} \dfrac{\partial N_i}{\partial x} \\[2mm] \dfrac{\partial N_i}{\partial y} \\[2mm] \dfrac{\partial N_i}{\partial z} \end{bmatrix} = J^{-1} \begin{bmatrix} \dfrac{\partial N_i}{\partial \xi} \\[2mm] \dfrac{\partial N_i}{\partial \eta} \\[2mm] \dfrac{\partial N_i}{\partial \zeta} \end{bmatrix} \tag{5.91}$$

其中

$$\begin{cases} \dfrac{\partial N_i}{\partial \xi} = \dfrac{1}{8} \xi_i (1 + \eta \eta_i + \zeta \zeta_i + \eta \eta_i \zeta \zeta_i) \\[3mm] \dfrac{\partial N_i}{\partial \eta} = \dfrac{1}{8} \eta_i (1 + \xi \xi_i + \zeta \zeta_i + \xi \xi_i \zeta \zeta_i) \\[3mm] \dfrac{\partial N_i}{\partial \xi} = \dfrac{1}{8} \zeta_i (1 + \xi \xi_i + \eta \eta_i + \xi \xi_i \eta \eta_i) \end{cases}$$

5.4.4.5　单元刚度矩阵

对于三维空间八节点六面体子单元,根据最小位能原理或虚功原理,可以推导出单元刚度矩阵的表达式

$$K^e = \int_V B^T DB \mathrm{d}V$$
$$= \iiint B^T DB \mathrm{d}x \mathrm{d}y \mathrm{d}z \tag{5.92}$$

其中连接节点 i, j 的子矩阵为

$$K_{ij}^e = \iiint B_i^T DB_j \mathrm{d}x \mathrm{d}y \mathrm{d}z \tag{5.93}$$

根据坐标变换,右端积分可以在母单元中进行,则

$$K_{ij}^e = \int_{-1}^{1} \int_{-1}^{1} \int_{-1}^{1} B_i^T DB_j |J| \mathrm{d}\xi \mathrm{d}\eta \mathrm{d}\zeta \tag{5.94}$$

而 $\mathrm{d}V = \mathrm{d}x \mathrm{d}y \mathrm{d}z = |J| \mathrm{d}\varepsilon \mathrm{d}\eta \mathrm{d}\xi$。

对于简单几何形状的子单元(正六面体),式(5.94)可以直接进行积分运算。但由于实际子单元具有形状的任意性,难以用显式计算,因此必须采用数值积分,其计算步骤如下:

(1)把节点坐标代入式(5.90),得到 $|J|$,求逆,得 $|J|^{-1}$;

(2)由式(5.91)计算 $\left[\dfrac{\partial N_i}{\partial x} \quad \dfrac{\partial N_i}{\partial y} \quad \dfrac{\partial N_i}{\partial z} \right]$;

(3)由式(5.87)计算 B_i^e;

(4)由式(5.94)计算 K_{ij}^e。

根据第4章数值积分的知识,用高斯-勒让德数值积分可得

$$K^e = \sum_{i=1}^{n} \sum_{j=1}^{n} \sum_{k=1}^{n} (B^T DB |J|) W_i W_j W_k \tag{5.95}$$

式中,n 为高斯点的个数,通常取 $n \leqslant 4$,W_i, W_j, W_k 为对应于积分点的权系数,如表4.1所示。

课后习题

5.1 空间轴对称问题中每个点有几个位移分量? 三节点三角形环状单元是不是常应变单元? 为什么?

5.2 三节点三角形环状单元一般采用近似方法计算刚度矩阵,具体如何操作?

5.3 与平面问题相比,有限单元法求解空间轴对称问题有何异同之处?

5.4 在有限元分析中,如何考虑轴对称位移边界条件? 试举例说明。

5.5 参考第3章平面三节点三角形单元有限元程序,将其修改为空间轴对称三节点三角形环状单元的有限元程序,并用程序计算图5.8所示的外缘简支圆平板的中心挠度和应力分布。外缘简支圆平板的半径 $R = 1\ \mathrm{m}$,厚 $h = 100\ \mathrm{mm}$,均布荷载集度 $q_0 = 2000\ \mathrm{N/m^2}$,材料参数 $E = 2.1 \times 10^{11}\ \mathrm{Pa}$,泊松比 $\mu = 0.25$。

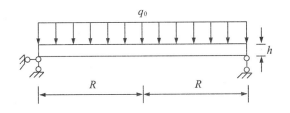

图 5.8　外缘简支圆平板受力示意图

5.6　厚壁圆筒受力示意图如图 5.9 所示,圆筒内径为 50 mm,外径为 200 mm,高 600 mm,材料的弹性模量 $E=1000$,泊松比 $\mu=0.3$,受内压为 10 MPa。取某一子午面建立模型,模型上下边界沿 r 轴的各节点竖向约束,离散成 8 个三节点三角形环状单元,修改第 3 章的三节点三角形单元有限元源程序,计算受内压情况下厚壁圆筒的变形和应力。

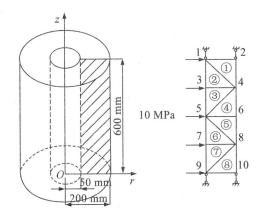

图 5.9　厚壁圆筒受力示意图

对于空间 20 节点单元,采用 $2\times2\times2$ 个高斯积分点的应力插值外推,得到与式 (4.116) 类似的结果。

第6章　有限元软件ANSYS及应用算例

【内容】

　　本章简要介绍国际上流行的有限元分析软件ANSYS。为便于理解,本章的写法更接近ANSYS的操作手册。

【目的】

　　通过本章的学习,读者可以对ANSYS有初步的了解,能够进行简单的操作。ANSYS的版本在不断更新,新的功能或算法不断增加,本章只是基础的入门介绍,要想熟练掌握ANSYS软件还需要进一步学习,具体可参考更详细的教科书或软件操作指南。

6.1　ANSYS简介

　　ANSYS是英文"Analysis System"的缩写,是一种广泛性的商业套装工程分析软件。ANSYS公司于1970年成立,创始人是斯旺森(J. Swanson)博士,总部位于美国宾夕法尼亚州匹兹堡市。该软件从1971年的2.0版本发展至现在的2024R2版本,已有50多年的历史,已经非常成熟,是目前世界上公认的较好的有限元分析软件之一。ANSYS软件是第一个通过ISO9001质量认证的大型分析设计类软件,是美国机械工程师协会(ASME)、美国核安全局(NQA)等近20个专业技术协会或组织认证的标准分析软件。目前已有许多国际化的大公司将ANSYS的分析结果作为其应用标准,在我国其第一个通过了中国压力容器标准化技术委员会认证并推广使用。

　　ANSYS的主要发展历程如表6.1所示,其版本号的第1个数字表示软件本身的重大改进及更新,第2个数字表示有小幅度改进与更新。

表6.1　ANSYS的主要发展历程

版本	年份	版本	年份	版本	年份
2.0	1971	5.5	1999	14.5	2012
3.0	1976	5.7	2001	15.0	2013
4.0	1982	6.0	2001	16.0	2015
4.1	1983	6.1	2002	17.0	2016
4.2	1985	7.0	2002	18.0	2017
4.3	1987	8.0	2004	19.0	2018
4.4	1989	9.0	2004	2019R1	2019
5.0	1992	10.0	2006	2019R2	2019
5.1	1995	11.0	2008	2020R1	2020
5.2	1996	12.0	2009	2020R2	2020
5.3	1996	13.0	2010	2021R1	2021
5.4	1997	14.0	2011	2021R2	2021

ANSYS软件是集结构、传热、流体、电场、磁场、声场分析于一体的大型通用有限元分析软件。它能与多数CAD软件接口连接,实现数据的共享和交换,如Pro/E、PATRAN、I-DEAS、AutoCAD等,是现代产品设计中的高级CAD工具之一。ANSYS可以安装于多种操作系统平台。ANSYS的最低硬件配置要求:

(1)64位Intel或AMD系统,运行Windows 10;

(2)内存为8 GB;

(3)具有最新驱动程序和至少1 GB视频RAM的专用显卡,能够支持OpenGL 4.5和DirectX 11或更高版本。

上述要求是ANSYS进行有限元分析的最低要求。求解大型有限元问题对于内存和处理器速度的要求更高。因此,尽量选用配置更高、速度更快的计算机。为了获得较好的视觉效果,建议使用17 in(1 in＝2.54 cm)以上屏幕的显示器。

ANSYS主要包括三个部分:前处理模块、求解计算模块和后处理模块。前处理模块提供了一个强大的实体建模及网格划分工具,用户可以很方便地构造有限元模型。求解计算模块包括结构分析(可进行线性分析、非线性分析)、流体动力学分析、电磁场分析、声场分析、压电分析以及多物理场的耦合分析,可模拟多种物理介质的相互作用,具有灵敏度分析及优化分析能力。后处理模块是对计算结果进行处理的模块,用彩色等值线显示、梯度显示、矢量显示、粒子流迹显示、立体切片显示、透明及半透明显示(可看到结构内部)等显示方式将计算结果显示出来,也可将计算结果以图片、表格等形式显示或输出。

ANSYS 提供了 150 多种的单元类型,用来模拟工程中的各种结构和材料。该软件有多种不同版本,可以运行在从个人机到大型机的多种计算机设备上。

ANSYS 在高等学校、科研院所、设计和生产单位等得到了广泛应用,范围涉及航空航天、国防军工、核工业、铁路、造船、汽车、石油化工、能源、机械制造、水利水电、建筑、桥梁、土木工程、生物医学、地矿、电子、电力、通信、日用家电和家具等多个领域。

6.1.1 ANSYS 的基本功能

ANSYS 有以下几个基本功能:

(1)结构静力分析:用于求解外荷载作用下引起的位移和应力,这种分析类型广泛应用于机械工程和土木结构工程。结构静力分析不仅可以满足胡克定律,还可以满足小变形条件的线性问题,也可以分析多种非线性问题,如塑性、屈曲、蠕变、膨胀、大变形、大应变及接触问题等。对于非线性静力分析,ANSYS 通常通过逐渐施加荷载完成。

(2)结构动力学分析:用于求解结构的动力特性以及随时间变化的荷载对结构或部件的影响,这些荷载包括交变荷载、爆轰等作用产生的冲击、随机荷载(如地震荷载)等。ANSYS 可求解动力学分析问题,如模态分析、瞬态动力分析、谱响应及随机振动响应分析等。

(3)热分析:用于对热传导、热对流和热辐射进行稳态和瞬态、线性和非线性分析,得到所期望的温度场或温度分布。热分析还具有模拟材料固化和熔解过程的相变分析能力、模拟热与结构应力之间的热-结构耦合分析能力。

(4)电磁场分析:用于分析稳态和瞬态电磁场相关的问题,如电感、电容、磁通量密度、涡流、电场分析、磁力线分布、运动效应、电路和能量损失等。可以用于螺线管、调制器、发电机、磁体、加速器、电解槽等电子电气仪器设备的设计和分析领域。

(5)计算流体动力学(CFD)分析:CFD 分析可以对层流和湍流、压缩和不可压缩流体、对流传热等进行数值模拟,分析类型可以是瞬态或稳态流场。CFD 分析还可以用于多种复杂流场的分析及计算。

(6)声场分析:用于研究在含有流体的介质中声波的传播,或分析浸在流体中的固体结构的动态特性,这些研究与分析可以用来确定音响、话筒的频率响应,研究音乐大厅的声场强度分布或预测水对振动船体的阻尼效应等。

(7)压电分析:用于分析二维或三维压电材料结构对交流(AC)、直流(DC)或随时间任意变化的电流或机械荷载的响应特性,用于振荡器、谐振器、话筒等部件及其他电子设备的结构动态性能分析。

6.1.2 ANSYS 的高级功能

ANSYS 还有以下几个高级功能:

(1)多物理场耦合分析:考虑两个或多个物理场之间的相互作用。如果两个物理场之间相互影响,单独求解一个物理场不可能得到正确结果。例如在压电分析中,需要同时求解电压分布(电场分析)和应变(结构分析)。耦合场分析适用于下列几种相互作用分析:热-结构分析、热-电分析、热-流体分析、磁-热分析(感应加热)、磁-结构分析、感应振荡分析、电磁-电路分析、电-结构分析、电-磁分析、电-磁-热分析、电-磁-热结构分析、压力-结构分析、速度-温度-压力分析、稳态-流体-固体分析。

(2)优化设计:优化设计是一种寻找最优方案的技术,设计方案的任何方面都是可以优化的,如尺寸(厚度)、形状(如过渡圆角的大小)、支撑位置、制造费用、结构的固有频率和材料属性等。实际上,所有可以参数化的ANSYS选项均可进行优化。

(3)单元生死:如果在模型中加入(或删除)材料,则其中相应的单元就"存在"或"消亡"。单元生死选项用于在某种情况下"杀死"或"重新激活"单元,该功能主要用于钻孔(如开矿和挖隧道等)、建筑物施工(如桥梁的建筑过程)及顺序组装(如分层的计算机芯片组装)等。

(4)可扩展功能(UPF):ANSYS的开放结构允许连接自己的FORTRAN程序和子过程。

6.1.3　ANSYS的优越性

以ANSYS为代表的有限元分析软件,不断汲取计算方法和计算机技术的最新发展成果,将有限元分析、计算机图形学和优化技术相结合,逐渐成为解决现代工程问题必不可少的有力工具。ANSYS的功能非常强大,主要体现在前、后处理模块上,使得ANSYS在功能、性能、易用性、可靠性以及对运行环境的适应性方面,基本上满足了用户的需求,能帮助用户解决成千上万个工程实际问题,同时也为科研尽心服务。ANSYS软件的优势体现在以下几个方面:

(1)与CAD软件的无缝集成:为了满足工程师快速解决工程问题的要求,ANSYS开发公司开发了与CAD软件(如Pro/E、Unigraphics、SolidEdge、SolidWorks、I-DEAS和AutoCAD等)交互的数据接口,实现了双向数据交换。用户在用CAD软件完成部件和零件的模型设计后,能直接将模型传送到CAE软件中进行有限元网格离散划分和分析计算,也可以及时调整设计方案,有效地提高分析效率。

(2)强大的网格处理能力:有限单元法求解问题的基本过程主要包括分析对象的离散化、有限元求解、计算结果的后处理三部分。结构离散后的网格质量直接影响求解时间及求解结果。复杂的空间模型需要非常精确的六面体网格才能得到有效的分析结果。另外,由于在许多工程问题求解过程中,模型的某个区域产生极大的应变,单元畸变严重,如果不进行网格重新划分将导致求解中止或结果不正确。ANSYS凭借其对体单元精确的处理能力和网格划分自适应技术,使其在实际工程应用方面具有很大的优势,受

有限单元法基础与编程

到越来越多用户的欢迎。

(3)高精度非线性问题求解：随着科学技术的发展，线性理论已经远远不能满足设计的要求，许多工程问题(如材料的破坏与失效、裂纹扩展等)仅靠线性理论根本不能解决，必须进行非线性分析求解。例如，薄板成形就要求同时考虑结构的大位移、大应变(几何非线性原理)和塑性(材料非线性原理)，而对塑料、橡胶、陶瓷、混凝土及岩土等材料进行分析或者考虑材料的塑性、蠕变效应时则必须考虑材料非线性原理。众所周知，非线性问题的求解是很复杂的，它不仅涉及很多专业的数学问题，还需要一定的理论知识和求解技巧，学习起来也较为困难。为此，ANSYS中集成了适用于非线性求解的求解器，以满足用户高精度非线性分析的需求。

(4)强大的耦合场求解能力：有限单元法最早应用于航空航天领域，主要用来求解线性结构问题，实践证明这是一种非常有效的数值分析方法。而且从理论上也已经证明，只要用于离散求解对象的单元足够小，所得的数值解就可无限逼近于精确值。现在用于求解结构线性问题的有限单元法和相关软件已经比较成熟，其主要的发展方向是结构非线性问题、流体动力学问题和耦合场问题的求解。例如由于接触摩擦而产生的热问题、金属成形时由于塑性功而产生的热问题，这需要结构应力场和温度场的有限元分析结果交叉迭代求解，这就是热力耦合问题；当流体在弯管中流动时，流体压力会使弯管产生变形，而管的变形又反过来影响流体的流动，这就需要对结构场和流场的有限元分析结果交叉迭代求解，这就是流固耦合问题。由于有限单元法的应用越来越广泛，人们关注的问题也越来越复杂，耦合场问题的求解成为用户的迫切需求，而ANSYS是能够较好进行耦合场分析的有限元分析软件之一。

(5)程序面向用户的开放性：ANSYS为用户提供了一个开放的环境，允许用户根据自己的实际情况对软件进行扩充，包括自定义单元特性、自定义材料本构(结构本构、热本构、流体本构)、自定义流场边界条件、自定义结构断裂判据和裂纹扩展规律等。同时，ANSYS为用户进行二次开发提供了多种实用工具，如宏(Macro)、参数设计语言(APDL)、用户界面语言(UIDL)等。ANSYS的二次开发环境可以满足不同用户的需求。

本章简要介绍ANSYS的结构静力分析的功能，学生通过本章可进一步学习有限单元法的基本理论，初步掌握ANSYS的简单操作过程，了解其基本分析方法。

【课程思政】

"学好专业知识，服务国家社会"。对于有限元软件来说尤其如此，有限元软件在国家重难点工程建设中发挥了巨大作用。

"鸟巢"是2008年北京奥运会的主体育场，承担奥运会开/闭幕式与田径比赛举办任务。2021年10月28日，国家体育场"鸟巢"改造工程正式完工，2022年承担了北京冬奥会、冬残奥会开/闭幕式任务举办，"鸟巢"成为全球第一个"双奥体育场"。

由于"鸟巢"的结构十分复杂,要在图纸上精确绘制出数以万计的异形空间曲面,给出精确的施工尺寸,进而对这些异形构件组成的空间结构进行计算,需要用到参数化设计的方法。设计公司采用当时十分先进的三维设计软件CATIA、有限元分析软件ANSYS等,通过"高技"的方法将"鸟巢"从概念设计变成一张张精确的设计图纸。"鸟巢"工程于2003年12月24日开工建设,2008年6月27日竣工。

6.2　ANSYS的启动与GUI环境

6.2.1　ANSYS运行环境的配置

ANSYS运行环境的配置主要是设定求解器类型、工作目录(working directory)和初始工作文件名(job name)。单击开始→程序→ANSYS组名→Configure ANSYS Products,进入配置界面。

(1)求解器类型:求解器类型即仿真环境,默认为ANSYS/Multiphysics。ANSYS包括以下几种产品:①ANSYS/Mechanical产品,能够进行所有的结构和热力学分析,但是不能进行电磁学、流体动力学和显式动力学分析。②ANSYS/Multiphysics产品,应用于各个工程领域中的一个强大的多用途有限元程序。它能够进行结构、热力学、电磁学和流体动力学分析,但是不能进行显式动力学分析。③ANSYS/Structural产品,能够进行各种结构分析,但是不能进行热力学、电磁学流体和显式动力学分析。

此外,ANSYS还包括一系列其他能够进行特殊情况分析的产品,具体可查阅ANSYS在线手册。

(2)工作目录:ANSYS所有运行生成的文件都会写在工作目录下。

6.2.2　启动步骤

ANSYS运行环境的配置完成后,在Windows操作系统中按照图6.1所示路径启动ANSYS程序。

图6.1　ANSYS的启动

(1)单击打开,弹出ANSYS总控制启动对话框,进行ANSYS运行环境的综合设置与选择,如图6.2所示。具体设置选项介绍如下:

①Simuation Environment:选择启动的产品类型。ANSYS指经典的ANSYS产品,ANSYS Batch指ANSYS批处理产品。

②License:选择授权类型,即针对所使用的ANSYS选择授权类型,这里选择ANSYS Mechanical Enterprise选项。ANSYS Mechanical Enterprise是一款功能全面的通用结构力学仿真分析软件,其中包括线性和非线性分析、静力学分析、隐式动力学分析、显式动力学分析、多刚体和刚柔混合动力学分析、多体水动力学分析、复合材料分析、疲劳分析、优化分析等结构分析功能。

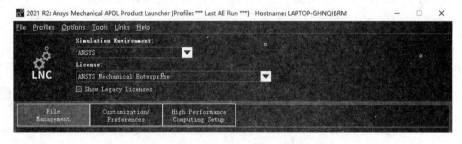

图6.2　ANSYS Launch 选项

(2)选择File Management选项卡,设置相关选项,具体如图6.3所示。

①Working Directory:用于指定工作目录,ANSYS程序生成的所有文件的读写和存储都发生在该目录下。

②Job Name:用于指定工作文件名,ANSYS进程中所有文件都将使用这个名称,该

文件名最多64个字符。

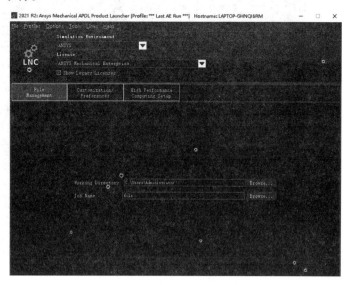

图6.3　File Management选项

（3）选择Customization/Preferences选项卡，设置相关选项，具体如图6.4所示。

①Use custom memory settings：默认为程序自动管理内存，选中后则需用户自己指定内存分配，并设置下列选项：

a.Total Workspace(MB)：用于释放总内存空间，解决ANSYS内存不足的问题。一般情况下建议尽量使用较大的内存，这样减少计算机读写硬盘的次数，提高求解速度。一般建议计算机配置512 MB以上的物理内存，并将物理内存的数目设置为总内存空间。

b.Database(MB)：分配给ANSYS数据库的内存，它是将分配给ANSYS的总内存划分出一部分再分配给ANSYS数据库使用，默认为32 MB，可以根据总内存大小适当提高。

②Custom ANSYS.exe：用于执行用户自定义的ANSYS程序。

③Additional Parameters：设置启动参数和参数赋值，格式为"-parl(参数名)vall(参数值)-par2 val2…"。例如"-width＝200-lwnfth＝300"，用于定义两个启动变量。

④ANSYS Language：设置环境语言，一般仅提供英文环境，即en-us。

⑤Graphics Device Name：设置计算机支持的图形设备，即显卡类型，Windows操作系统默认为Win32。如果用户的计算机显卡具有3D功能则选择3D，此时ANSYS图形可进行连续3D图形变换。

⑥Read START. ANS file at start-up：设置是否在启动之前读取start. ans文件。该文件是ANSYS的启动文件，其中包含大量的启动设置命令，可完成ANSYS启动时的运行环境设置。

设置完成后，单击Run，进入ANSYS交互运行界面环境。

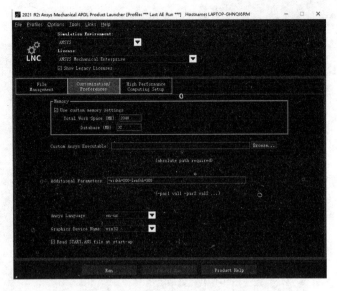

图 6.4 Customization/ Preferences 设置

6.2.3 ANSYS 的运行界面和文件系统

ANSYS 交互图形界面环境包含多个子区域的主窗口和输出窗口,如图 6.5 所示。各部分名称及其主要功能如下。

6.2.3.1 交互界面主环境窗口

(1)工具菜单(Utility Menu)包含文件管理(File)、选择(Select)、列表(List)、绘图(Plot)、图形控制(PlotCtrls)、工作平面(WorkPlane)、参数(Parameters)、宏(Macro)、菜单控制(MenuCtrls)以及帮助系统(Help)等子菜单。

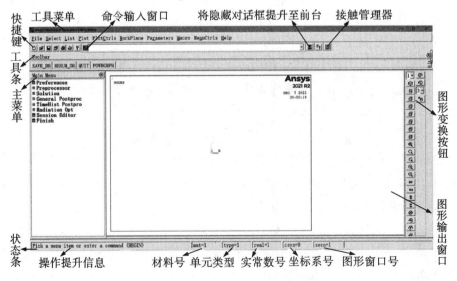

图 6.5 ANSYS 交互运行界面

（2）主菜单（Main Menu）包含 ANSYS 有限元分析操作处理菜单，前处理器（Preprocessor，建立有限元模型）、求解器（Solution，执行各种分析求解）、通用后处理器（General Postproc，结果处理）、时间历程后处理器（TimeHist Postpro，一定时间范围内结果分析处理）等主要处理器。另外，还有拓扑设计、优化设计、概率设计等专用处理器。

（3）命令输入窗口（Input Window）包含 ANSYS 命令输入、命令提示信息、其他提示信息以及下拉式运行命令记录列表等，用户可以直接选取下拉式运行命令记录列表中的命令行，然后双击重新执行该命令行。

（4）图形输出窗口（Graphics Window）是指 ANSYS 各种图形的输出显示窗口，如几何图形显示、节点与单元模型显示、结果显示等。

（5）状态条（Status）用于显示当前系统的基本状态信息，包括当前操作提示信息、当前材料号、单元类型号、实常数号、坐标系号和窗口号等。

（6）工具条（Toolbar）常用于操作缩写按钮，以方便随时单击执行缩写命令或者宏文件等，依次为存储DB（数据库文件）、恢复DB（数据库文件）、退出 ANSYS 和图形显示模式切换等按钮。

（7）快捷键功能按钮包含基本的快捷操作按钮，依次为新建分析文件、打开分析数据库文件、存储分析数据库文件、弹出Pan-Zoom-Rotate图形变换对话框、打印、自动生成报告和打开帮助系统等。

（8）图形变换按钮组可实现与菜单路径 Utility Menu\PlotCtrls\Pan Zoom \Rotate对应的所有功能，包括窗口号选择，各方向视图和图形的放大、缩小、平移、旋转、单次旋转角度等快捷按钮。

（9）对话框隐藏与提升按钮可将对话框隐藏到后台，或者将后台隐藏对话框显示到前台。

（10）接触管理器按钮用于显示接触管理器。

（11）输出窗口（Output Window）用于显示 ANSYS 程序运行过程中的输出文本信息。该窗口一般位于交互界面主环境窗口的后面，需要查看时可单击操作系统状态条上的 Output Window 图标。

6.2.3.2　鼠标键的使用方法

（1）左键：拾取（或取消）距离鼠标点最近的图元或坐标。按住左键进行拖拽，可以预览被拾取的图元或坐标。

（2）中键（对于两键鼠标，可以用Shift加鼠标右键代替）：相当于拾取图形菜单中的 APPLY。

（3）右键：可在拾取和取消之间切换。

在主菜单中选择带"＋"号的菜单，将会弹出图形拾取菜单。按住鼠标右键，移动鼠标，模型将绕X轴和Y轴旋转。按住鼠标中键，左右移动鼠标，则模型绕着Z轴旋转。按住鼠标中键,向上移动鼠标,则放大模型;向下移动鼠标,则缩小模型。按住鼠标左键,移动鼠标,模型将随鼠标而平移。

6.2.3.3 ANSYS 的输出文件

ANSYS广泛采用文件来存储和恢复数据,这些文件被命名为filename.ext,这里的文件名filename默认为最开始进入ANSYS软件时设定的文件名。.ext表示文件名是在进入ANSYS软件时设定的,也可以在进入ANSYS后指定(在命令输入窗口中输入/FILENAME命令或实用菜单中的File\Change Jobname命令)。

6.2.3.4 ANSYS 的数据库

ANSYS运行时,在内存中维护着一个数据库,这个数据库包括模型数据、有限元网格数据、荷载数据、结果数据等所有ANSYS支持的对象的数据信息。在任意的处理器中,ANSYS使用和维护同一个数据库,用户所做的一切操作,其结果都会被存入数据库中。由于该数据库包括了所有的输入数据,因此有必要经常保存以备出错时恢复。在保存与恢复数据时,文件名并不改变,因此建议进行如下操作:

(1)针对每一个问题设置不同的文件名和工作目录。

(2)在分析求解过程中,每隔一段时间存储一次数据库文件。

(3)存储数据库文件时,从实用菜单中单击File→Save as;从当前备份的某个数据库文件中恢复时,单击File→Resume from。

单击File→Clear & Start New可以清除内存中ANSYS正在使用的数据库,从而开始一个新任务。

6.2.3.5 ANSYS 中的 log 文件

ANSYS中的log文件是在ANSYS运行过程中自动生成的名为Jobname.log的文件,它记录了从ANSYS运行以来所执行的一切命令,包括GUI界面操作和输入窗口直接输入的合法命令。

用户的指令可以通过单击菜单项选取和执行,也可以在命令输入窗口用键盘输入。命令一经执行,该命令就会在log文件中列出,打开输出窗口可以看到log文件的内容。如果软件运行过程中出现问题,查看log文件中的命令流及其错误提示,将有助于快速发现问题的根源。log文件的内容可以略作修改并存到一个批处理文件中,在以后进行同样工作时,由ANSYS自动读入并执行,这是ANSYS软件的一种命令输入方式。这种命令输入方式在进行某些重复性较高的工作时,能有效地提高工作效率。

log文件是文本文件,能够再现同一个分析过程,可以通过编辑得到分析过程的命令流。这对ANSYS初学者掌握命令流的写法有重要的参考价值。在命令流中改变一些命令的参数,即可实现简单意义上的参数化分析和建模;单击File→Read Input from,可以读入命令流。

6.2.3.6 ANSYS的输出文件类型

结构分析中常用的输出文件如表6.2所示。

表6.2 ANSYS结构分析中常用的输出文件

文件后缀	类型	文件说明	文件后缀	类型	文件说明
.DB	二进制	数据库文件	.MODE	二进制	模态矩阵文件
.ELEM	二进制	单元定义文件	.MP	文本	材料属性定义文件
.EMAT	二进制	单元矩阵文件	.NODE	文本	节点定义文件
.ESAV	二进制	单元数据存储文件	.OUT	文本	ANSYS输出文件
.FULL	二进制	组集的整体刚度矩阵和质量矩阵文件	.RST	二进制	结构和耦合场分析的结果文件
.Lnn	二进制	荷载工况文件	.RTH	二进制	温度场分析的结果文件
.Log	文本	日志文件	.Snn	文本	荷载步文件

6.3 用ANSYS求解结构问题的步骤及操作方式

6.3.1 ANSYS有限元分析过程的一般步骤

6.3.1.1 ANSYS分析前的准备工作

在ANSYS分析前,要做好以下工作:

(1)清空数据库并开始一个新的分析。

(2)指定新的工作文件名。

(3)指定新标题(title)。

(4)指定新的工作目录。

6.3.1.2 建立模型(前处理器)

建立模型的步骤如下:

(1)选择定义单元类型。

(2)定义单元实常数。

(3)定义材料属性数据。

(4)创建或读入几何模型。

(5)划分单元网格模型(节点及单元)。

（6）检查模型。

（7）检查存储。

6.3.1.3　加载求解（求解器）

加载求解的步骤如下：

（1）选择分析类型并设置分析选项。

（2）施加荷载。

（3）设置荷载步选项。

（4）执行求解。

6.3.1.4　查看分析结果（后处理器）

查看分析结果步骤如下：

（1）查看分析结果。

（2）分析处理并评估结果。

上述操作步骤和过程只是一般过程，并非每一步都要执行。针对不同的问题及采用的方法，用户可以自行省略其中一些步骤，但大多数步骤是必需的。

6.3.2　ANSYS的操作方式

ANSYS的操作方式有以下几种：

（1）GUI方式：图形界面交互方式，是ANSYS操作方法中最容易、最常用的方法，主要通过鼠标在图形界面中直接进行操作。

（2）Command方式：命令方式，通过在命令输入窗口中逐条输入ANSYS命令，进行每一步的操作。

（3）命令流方式：将要完成的任务写成ANSYS命令，存入文本文件中。只要读入该文件，程序就可以按文件中的命令流自动完成全部操作。

6.4　ANSYS应用实例

6.4.1　悬臂梁受集中力作用

例6.1　悬臂梁长 $l=1\,\text{m}$，高 $h=10\,\text{cm}$，横截面为矩形，自由端受 $5\,\text{kN}$ 的集中力作用，如图6.6所示。悬臂梁的弹性模量 $E=2.0\times10^{11}\,\text{Pa}$，泊松比为0.3，试用ANSYS的平面单元分析梁的应力和位移，并同材料力学分析结果进行对比。

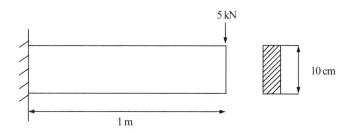

图6.6　悬臂梁受集中力作用

6.4.1.1　GUI方式

GUI方式的具体操作步骤如下：

(1)定义工作文件名和工作标题,关闭三角坐标号。

定义工作文件名：依次单击 Utility Menu→File→Change Jobname,在弹出的 Change Jobname 对话框(见图6.7)中输入 ansys_work l,选择 New log and error files 复选框,单击 OK 按钮。

定义工作标题：依次单击 Utility Menu→File→Change Title,在弹出的 Change Title 对话框(见图6.8)中输入 The Stress calculating of beam,单击 OK 按钮。

关闭三角坐标号：依次单击 Utility Menu→PlotCtrls→Window controls→Window Options,弹出 Window Options 对话框(见图6.9)。在 Location of triad 下拉列表中选择 Not shown 选项,单击 OK 按钮。

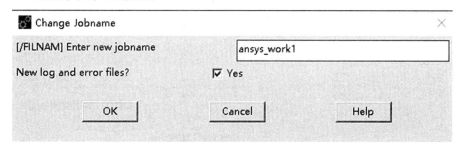

图6.7　Change Jobname 对话框

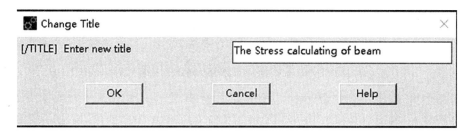

图6.8　Change Title 对话框

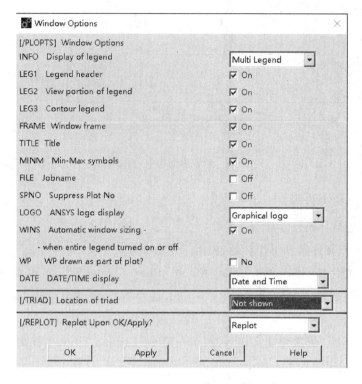

图6.9 Window Options对话框

（2）定义单元类型，设置单元选项及材料属性。

定义单元类型：依次单击 Main Menu→Preprocessor→Element Type→Add→Edit→Delete，弹出 Library of Element Type对话框（见图6.10），下拉列表中选择 Structural Solid 和 Quad 8 node 183（平面八节点四边形单元），单击OK按钮。

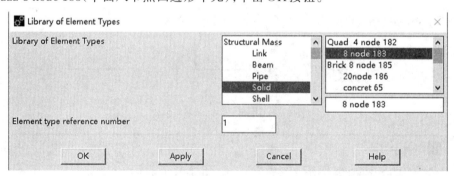

图6.10 Library of Element Type对话框

设置单元选项：单击 Element Type 对话框中的 Option 按钮，弹出 PLANE183 element type options 对话框（见图6.11），在 K3 的下拉列表中选择 Plane stress，单击 OK 按钮。

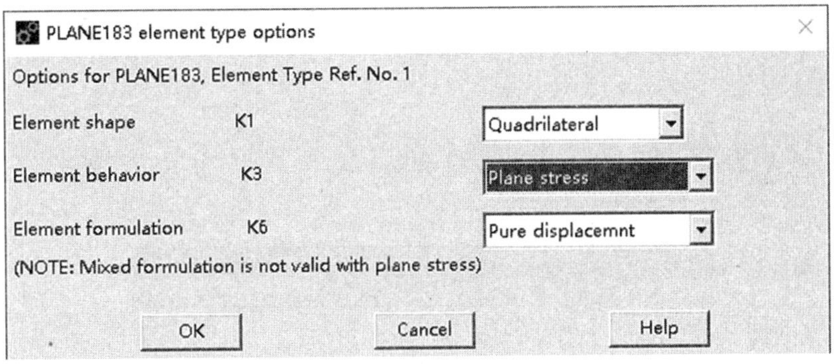

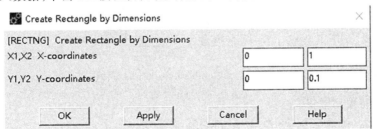

图 6.11　PLANE183 element type options 对话框

设置材料属性：依次单击 Main Menu→Preprocessor→Material Props→Material Models，弹出 Define Material Models Behavior 窗口。然后，双击 Material Models Available 下拉列表中的 Structural、Linear\Elastic\Isotropic 选项，弹出 Linear Isotropic Properties for Material Number 1对话框（见图6.12）。EX框中输入2e11，PRXY框中输入0.3，单击OK按钮。最后，单击Material→Exit，完成材料属性的设置。

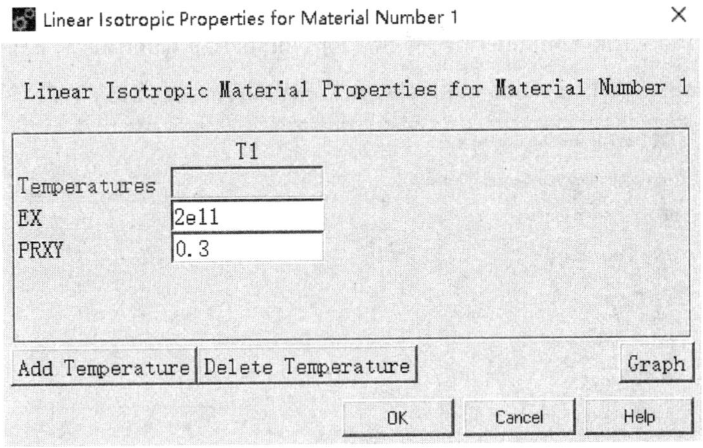

图 6.12　Linear Isotropic Properties for Material Number 1对话框

(3)建立几何模型。

生成一个矩形：依次单击 Main Menu→Preprocessor→Modeling→Create→Areas→Rectangle→By Dimensions，弹出 Create Rectangle by Dimensions 对话框（见图 6.13）。按照图6.13输入数据，单击OK按钮，得到悬臂梁的几何模型（见图6.14）。

图 6.13　Create Rectangle by Dimensions 对话框

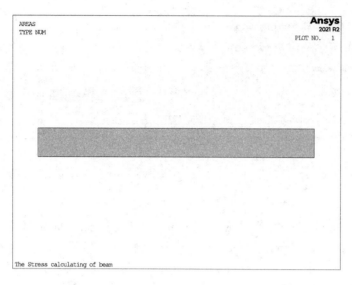

图6.14 悬臂梁的几何模型

打开点、线、面的编号显示(可以在图形中显示关键点号、线号和面号):依次单击 Utility Menu→PlotCtrls→Numbering,弹出 Plot Numbering Controls 对话框(见图 6.15), 然后勾选 Keypoint numbers、Line numbers 和 Area numbers 复选框,单击 OK 按钮。

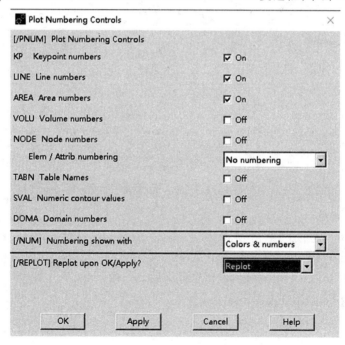

图6.15 Plot Numbering Controls 对话框

(4)划分有限元网格。

设置单元尺寸:依次单击 Main Menu→Preprocessor→Meshing→Size Cntrls→

Manual Size→Global→Size，弹出 Global Element Sizes 对话框（见图 6.16），在 Element edge length框中输入0.02，单击OK按钮。

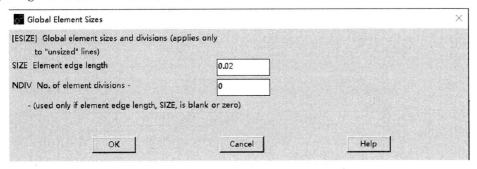

图 6.16　Global Element Sizes 对话框

划分网格：依次单击Main Menu→Preprocessor→Meshing→Mesh→Areas→Mapped→3 or 4 sided，弹出 Mesh Areas 对话框，鼠标选取矩形面，然后单击OK按钮，得到有限元网格图（见图 6.17）。

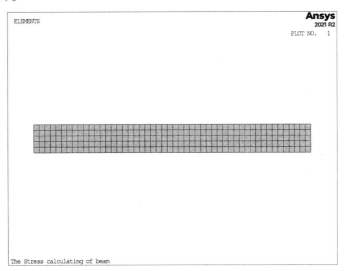

图 6.17　有限元网格图

保存有限元网格结果：依次单击 Utility Menu→File→Save as，弹出 Save DataBase 对话框，在Save Database to T下拉列表中选择mesh_beam，db，单击OK按钮。

（5）施加约束、荷载并求解。

在梁的左侧约束所有位移：依次单击 Main Menu→Solution→Define Loads→Apply→Structural→Displacement→On Lines，弹出 Apply U，ROT on Lines 对话框（见图 6.18），选取模型左端竖线，单击OK按钮。DoFs to be constrained框中选择 ALL DOF 选项（约束所有自由度），单击OK按钮。

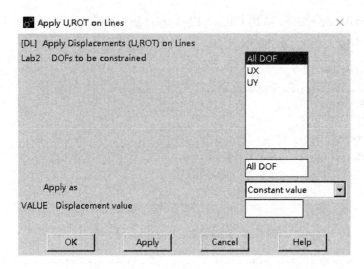

图 6.18   Apply U，ROT on Lines 对话框

在梁的右端施加集中荷载：依次单击Main Menu→Solution→Define Loads→Apply→Structural→Force→Moment→on Nodes 命令，弹出 Apply F/M on Nodes 对话框（见图6.19），选取右上角的节点，单击OK按钮。在 Direction of force/mom 框中选择 FY，在 Force/moment value 框中输入－5000，单击OK按钮，得到施加荷载与约束的有限元模型（见图6.20）。

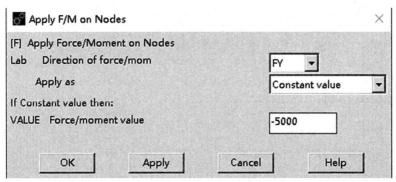

图 6.19   Apply F/M on Nodes 对话框

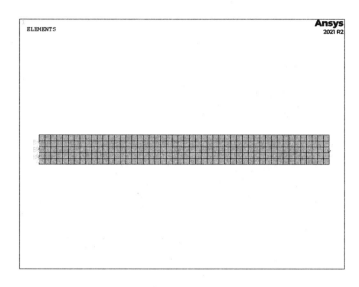

图6.20　施加荷载与约束的有限元模型

求解:依次单击 Main Menu→Solution→Solve→Current LS,弹出 /STATUS Command 对话框和 Solve Current Load Step 对话框(见图6.21)。先单击 STATUS Command 对话框中的 File,出现下拉菜单,再单击 Close 退出,然后单击 OK 按钮开始计算。计算完毕会出现提示语 Solution is Done!,单击 Close 即可。

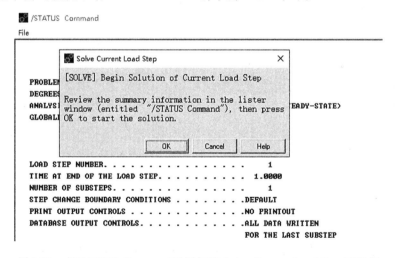

图6.21　/STATUS Command 对话框和 Solve Current Load Step 对话框

(6)读取结果。

显示节点应力强度云图:依次单击 Main Menu→General Postproc→Plot Results→Contour Plot→Nodal Solu,弹出 Contour Nodal Solution Data 对话框(见图6.22),然后依次选择 Nodal Solution→Stress→X-Component of stress,最后单击 OK 按钮,得到悬臂梁 X 轴方向正应力云图(见图6.23)。

图 6.22　Contour Nodal Solution Data 对话框

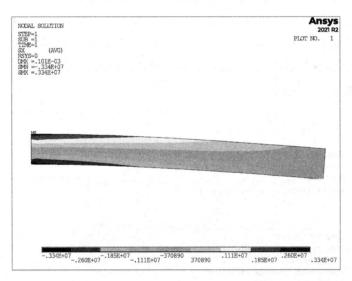

图 6.23　悬臂梁 *X* 轴方向正应力云图

　　显示节点位移云图：依次单击 Main Menu→General Postproc→Plot Results→
Contour Plot→Nodal Solu，弹出 Contour Nodal Solution Data 对话框（见图 6.22），然后依
次选择 Nodal Solution→DOF Solution→Y-Component of displacement，最后单击 OK 按
钮，得到悬臂梁的挠度分布云图（见图 6.24）。

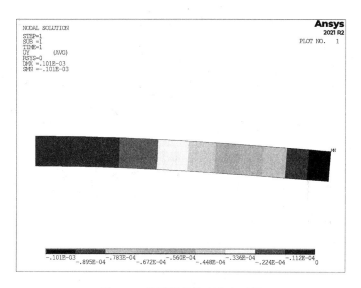

图6.24 悬臂梁的挠度分布云图

6.4.1.2 结果分析

从图6.23中可以看出,该悬臂梁的最大应力发生在梁的固定端,梁的上表面受拉应力,下表面受压应力,大小均为3.34 MPa,应力分布与材料力学中梁的应力分布相同。材料力学弯曲梁的正应力 σ 为

$$\sigma = \frac{M}{W} = 3\,\text{MPa}$$

其中, $M = 5\,\text{kN} \cdot \text{m}$, $W = \frac{bh^3}{6} = \frac{1}{6} \times 10^{-2}\,\text{m}^3$, b 为悬梁臂的宽度, h 为悬梁臂的高度。

应力的有限元解与材料力学解的相对误差 Δ 为

$$\Delta = \frac{3.34 - 3}{3} \times 100\% \approx 11\%$$

根据图6.24,悬臂梁的最大位移发生在梁的自由端,大小为0.101 mm;材料力学中,悬臂梁受集中力的最大挠度 y 为:

$$y = \frac{Fl^3}{3EI} = \frac{5 \times 10^3 \times 1^3 \times 12}{3 \times 2 \times 10^{11} \times 0.1^3}\ \text{m} = 0.1\,\text{mm}$$

其中, I 为悬臂梁的惯性矩。

位移的有限元解与材料力学解的相对误差 Δ 为

$$\Delta = \frac{0.101 - 0.1}{0.1} \times 100\% = 1\%$$

显然,有限元位移解的精度要高于应力解,这在数值上论证了第3章中有关解的收敛性问题。读者可尝试其他划分网格或网格加密的方法提高应力解的精度。

6.4.1.3 命令流方式

命令流方式具体代码如下(源程序可扫描二维码下载):

```
/FILENAME, ansys-workl              !指定工作文件名
/TITLE, The Stress calculating of beam  !指定工作标题
/PREP7                    !进入前处理
ET,1,PLANE82              !选择单元类型
MP,EX,1,2e11              !设置材料属性
MP,PRXY,1,0.3
RECTNG, ,1, ,0.1,         !生成矩形面
ESIZE,0.02,0,             !设定单元尺寸
MSHAPE,0,2D
MSHKEY,1
AMESH,1                   !划分网格
/SOL                      !进入求解器
DL,4,, ALL                !施加全约束边界条件
F,102,FY, -5000,          !施加集中力
ALLSEL, ALL               !选择所有单元
SOLVE            !求解
FINISH
/POST1           !进入后处理程序
PLNSOL, S,X, 0,1.0         !显示节点应力
PLNSOL, U, Y, 0,1.0        !显示节点位移
FINISH
/EXIT, ALL
```

6.4.2 用梁单元计算受集中力作用的悬臂梁

例6.2 用ANSYS中的梁单元计算6.4.1节中的悬臂梁,横截面仍为矩形,将宽改为2 cm,其余参数不变(请读者分析如此改动的原因),试用梁单元计算悬臂梁所受集中力作用。

6.4.2.1 GUI方式

GUI方式的具体操作步骤如下:

(1)定义工作文件名和工作标题。

定义工作文件名:依次单击 Utility Menu→File→Change Jobname,在弹出的 Change Jobname 对话框中输入 ansys_work2,选择 New log and error files 复选框,单击 OK 按钮。

定义工作标题:依次单击 Utility Menu→File→Change Title,在弹出的对话框中输入 The Stress calculating of beam,单击 OK 按钮。

（2）定义单元类型，设置材料属性和截面形状。

设置单元类型：依次单击 Main Menu→Preprocessor→Element type→Add→Edit→Delete，弹出 Element Type 对话框，单击 Add 按钮，弹出 Library of Element Type 对话框（见图6.25），选择 Structural Mass 栏中的 Beam 选项，然后选择 3D finite strain 栏中的 2 node 188 选项（即两节点三维梁单元），单击 OK 按钮。

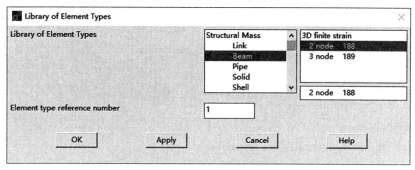

图6.25　单元类型对话框

设置材料属性：依次单击 Main Menu→Preprocessor→Material Props→Material Models，弹出 Define Material Models Behavior 对话框；双击 Material Models Available 下拉列表中的 Structural→Linear→Elastic→Isotropic 选项，弹出 Linear Isotropic Properties for Material 对话框，输入材料的弹性模量 2e11、泊松比 0.3，单击 OK 按钮。然后单击 Material→Exit，完成材料属性的设置。

设置截面形状：依次单击 Main Menu→Preprocessor→Sections→Beam→Common Sections，弹出 Beam Tool 对话框（见图6.26），选择矩形截面形状，并且输入高度和宽度，单击 OK 按钮。

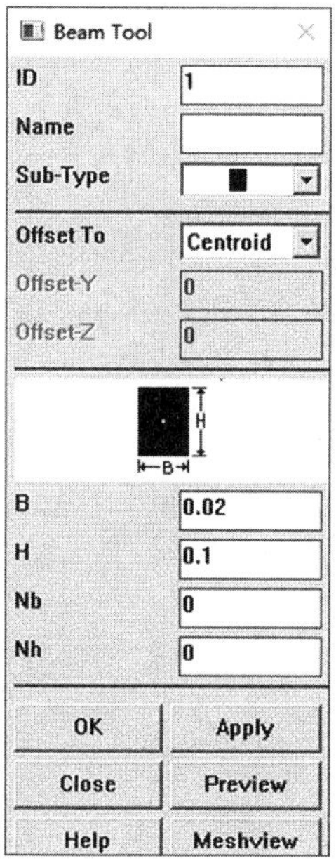

图6.26　Beam Tool 对话框

(3)建立几何模型。

生成关键点:依次单击 Main Menu→Preprocessor→Modeling→Create→Keypoints→ In Active CS,弹出 Create Keypoints in Active Coordinate System 对话框,输入图 6.27(a) 所示的数据,单击 Apply 按钮。然后再次输入图 6.27(b)所示的数据,单击 OK 按钮。

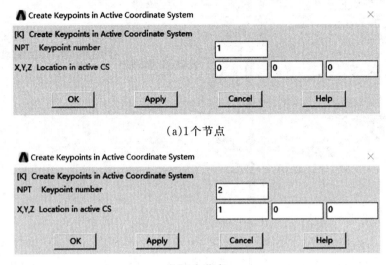

（a）1个节点

（b）2个节点

图 6.27　定义关键点

生成线:依次单击 Main Menu→Preprocessor→Modeling→Create→Lines→Lines→ Straight Line,弹出 Create Straighe Line 对话框(见图 6.28),然后用鼠标一次选取点 1、2, 单击 OK 按钮。

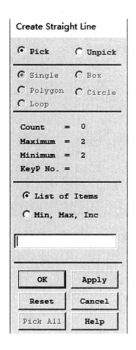

图 6.28　Create Straighe Line 对话框

(4)设置单元划分有限元网格。

设置单元尺寸:依次单击 Main Menu→Preprocessor→Meshing→Size Cntrls→Manual Size→Global→Size,弹出 Global Element Sizes 对话框,在 Element edge length 对话框中输入 0.05(共划分 20 个梁单元)。

划分有限元网格:依次单击 Main Menu→Preprocessor→Meshing→Mesh→Lines,弹出 Mesh Lines 对话框,用鼠标选取,单击 OK 按钮。

保存有限元网格划分结果:依次单击 Utility Menu→File→Save as,弹出 Save DataBase 对话框,在 Save Database to 下拉列表中输入 mesh_beaml. db,单击 OK 按钮。

(5)施加约束、荷载并求解。

在梁的左侧约束所有位移:依次单击 Main Menu→Solution→Define Loads→Apply→Structural→Displacement→On Nodes,弹出 Apply U,ROT on Nodes 对话框,用鼠标选取点 1,单击 OK 按钮。选择 ALL DOF 选项,单击 OK 按钮,如图 6.29 所示。

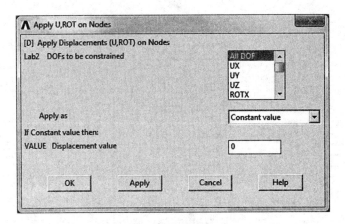

图6.29　约束位移对话框

在梁的右端施加集中荷载:依次单击 Main Menu→Solution→Define Loads→Apply→Structural→Force→Moment→On Nodes 命令,弹出 Apply F/M on Nodes 对话框,用鼠标选取悬梁臂右上角的节点2,单击 OK 按钮;在 Direction of force/mom 框(见图6.30)中选择 FZ(注意这与前例有所不同),在 Force/moment value 框中输入−5000,单击 OK 按钮。

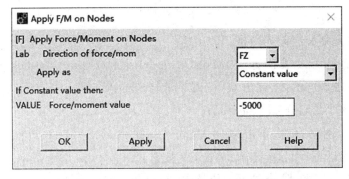

图6.30　荷载对话框

求解:依次单击 Main Menu→Solution→Solve→Current LS,弹出 Solve Current Load Step 对话框,单击 OK 按钮。

(6)读取结果。

显示梁的实际结构:依次单击 PlotCtrls→Style→Size and Shape,弹出 Size and Shape 对话框(见图6.31),在[/ESHAPE]一栏中单击选框,勾选 On 显示梁的实际结构。

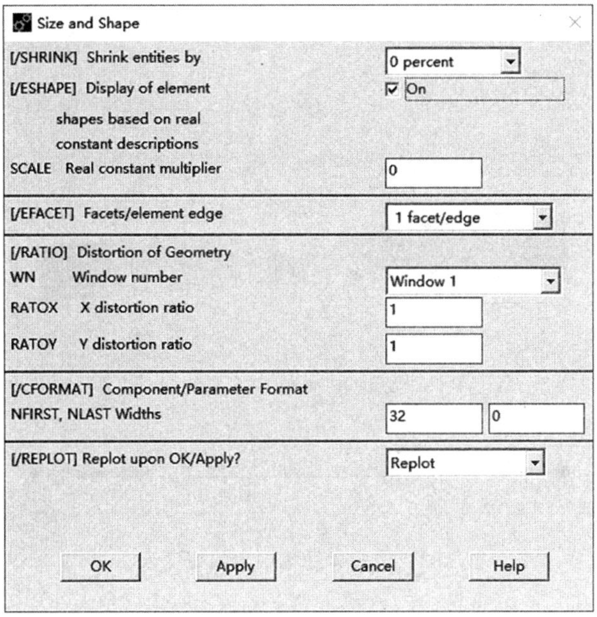

图6.31　Size and Shape对话框

转换视图方向：单击图形控制面板中的图形变换按钮Bottom View，转换视图方向。

显示节点X方向应力云图：依次单击Main Menu→General Postproc→Plot Results→Contour Plot→Nodal Solu，弹出 Contour Nodal Solution Data 对话框，选择 Nodal Solution→Stress→X-Component stress，单击OK按钮，得到沿X方向的计算应力云图（见图6.32）。

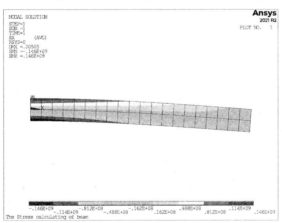

图6.32　沿X方向的计算应力云图

显示节点位移云图：依次单击 Main Menu→General Postproc→Plot Results→Contour Plot→Nodal Solu 命令，弹出 Contour Nodal Solution Data 对话框，选择 Nodal Solution→DOF Solution→Z-Component of displacement，单击 OK 按钮，得到悬臂梁受集中力的挠度云图（见图6.33）。

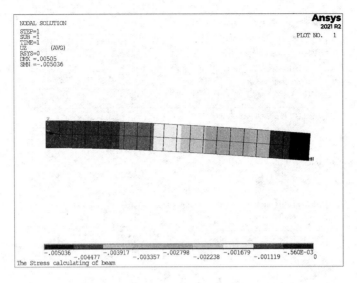

图 6.33　悬臂梁受集中力的挠度云图

6.4.2.2　结果分析

从图 6.32 中可以看出,该悬臂梁的最大应力发生在梁的固定端,其上表面受拉应力,下表面受压应力,大小均为 146 MPa,应力分布与材料力学中梁的应力分布相同。材料力学弯曲梁的正应力 σ 为

$$\sigma = \frac{M}{W} = 150 \text{ MPa}$$

其中,$M = 5 \text{ kN} \cdot \text{m}$,$W = \frac{bh^2}{6} = \frac{100}{3} \times 10^{-6} \text{ m}^2$。

应力的有限元解与材料力学解的相对误差 Δ 为

$$\Delta = \frac{150 - 146}{150} \times 100\% \approx 2.7\%$$

根据图 6.33,悬臂梁的最大位移发生在梁的自由端,大小为 5.026 mm;材料力学中,悬臂梁受集中力的最大挠度 y 为

$$y = \frac{Fl^3}{3EI} = \frac{5 \times 10^3 \times 1^3 \times 12}{3 \times 2 \times 10^{11} \times 0.1^3 \times 0.02} \text{ m} = 5 \text{ mm}$$

位移的有限元解与材料力学解的相对误差 Δ 为:

$$\Delta = \frac{5.026 - 5}{5} \times 100\% = 0.52\%$$

这进一步证明了有限元位移解的精度高于应力解。该例题也说明了对于具有梁几何特征的物体,采用梁单元进行计算不仅可以大大减少计算时间(单元数量或自由度大量减少),而且有较高的计算精度。有兴趣的读者可以分析本例题精度高于前例题精度的原因。

6.4.2.3　命令流方式

命令流方式具体代码如下(源程序可扫描二维码下载)：

```
/FILENAME,ansys_work3      !指定工作文件名
/TITLE,The Stress calculating of beam   !指定工作标题
/PREP7   !进入前处理
ET,1,BEAM188      !选择单元类型
MPTEMP,,,,,,,,
MPTEMP,1,0
MPDATA,EX,1,,2e11   !设置材料属性
MPDATA,PRXY,1,,0.3
SECTYPE, 1, BEAM, RECT,, 0      !设置截面形状和参数SECOFFSET,
   CENT
SECDATA,0.02,0.1,0,0,0,0,0,0,0,0
K,,,,   !生成点
K, ,1,,,
LSTR, 1, 2  !生成线
ESIZE,0.05,0,     !设定单元尺寸
LMESH, 1   !划分网格
FINISH
/SOL   !进入求解器
FLST,2,1,1,ORDE,1
FITEM,2,1
D, P51X, , , , , , ALL,,,,,      !施加全约束边界条件
FLST,2,1,1,ORDE,1
FITEM,2,2
F P51X FZ, −5000       !施加集中力
SOLVE   !求解
FINISH
/POST1     !进入后处理器
/SHRINK ,0
/ESHAPE, 1.0
/EFACET, 1
/RATIO, 1,1,1
```

```
/CFORMAT.32,0
/REPLOT        !显示真实形状
/VIEW.1,,−1
/ANG.l
/REP .FAST
/SHRINK, 0
/ESHAPE, 1.0
/EFACET, 1
/RATIO, 1,1,1
/CFORMAT,32,0
/REPLOT        !转换视图方向
PLNSOL, S,X, 0,1.0        !显示节点应力
PLNSOL, U,Z, 0,1.0        !显示节点位移
FINISH
/EXIT, ALL
```

6.4.3 受均匀拉力的开圆孔平板的应力集中

例6.3 中心开孔的平板两边受 1 MPa 的均布拉力,板长 20 cm,宽 10 cm,孔直径 1 cm,如图 6.34 所示。材料的弹性模量 $E=2.0\times10^{11}$ Pa,泊松比 $\mu=0.3$。简化的对称模型如图 6.35 所示,请用 ANSYS 计算孔边的应力,并确定应力集中因子。由于该模型和荷载具有对称性,因此可取其 1/4 部分进行分析。

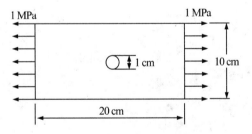

图6.34 受均匀拉力的开孔平板

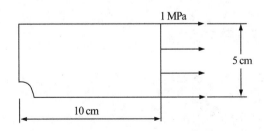

图6.35 简化的对称模型

6.4.3.1 GUI方式

GUI方式的具体操作步骤如下：

(1)定义工作文件名和工作标题。

定义工作文件名：依次单击 Utility Menu→File→Change Jobnam，在弹出的 Change Jobname 对话框中输入 ansys_work3，选择 New log and error files 复选框，单击 OK 按钮。

定义工作标题：依次单击 Utility Menu→File→Change Title，在弹出的对话框中输入 The Stress concentration of flat with a hole，单击 OK 按钮。

执行：依次单击 Utility Menu→PlotCtrls→Window Options，弹出 Windows Options 对话框。在 Location of triad 下拉列表中选择 Not Shown 选项，单击 OK 按钮。

(2)定义单元类型，设置单元选项及材料属性。

定义单元类型：依次单击 Main Menu→Preprocessor→Element type→Add→Edit→Delete，弹出 Element Type 对话框。单击 Add 按钮，弹出 Library of Element Type 对话框，选择 Structural Solid 和 8 node 183 选项，单击 OK 按钮。

设置单元选项：单击 Element Type 对话框中的 Option 按钮，弹出 PLANE82 element type options 对话框，设置 K3 为 Plane stress，单击 OK 按钮。

设置材料属性：依次单击 Main Menu→Preprocessor→Material Props→Material Models，弹出 Define Material Models Behavior 对话框。双击 Material Models Available 下拉列表中的 Structural→Linear→Elastic→Isotropic 选项，弹出 Linear Isotropic Properties for Material 对话框。输入相关数据，材料的弹性模量为 2e11，泊松比为 0.3，单击 OK 按钮。执行 Material Exit 命令，完成材料属性的设置。

(3)建立几何模型。

生成一个矩形：依次单击 Main Menu→Preprocessor→Modeling→Create→Areas→Rectangle→By Dimensions，弹出 Create Rectangle by Dimensions 对话框。按照图 6.36 输入相应数据，单击 OK 按钮。

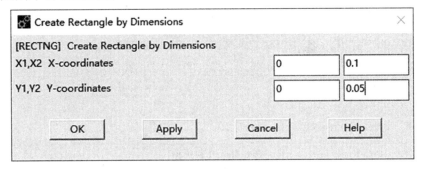

图 6.36 创建矩形

生成圆：依次单击 Main Menu→Preprocessor→Modeling→Create→Areas→Circle→

solid circle，弹出 Solid Circular Area 对话框。按照图 6.37 输入相应数据，单击 OK 按钮。

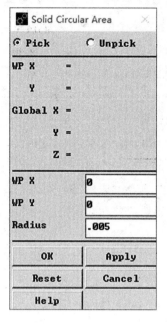

图 6.37　生成圆

打开点、线、面的编号显示：依次单击 Utility Menu→PlotCtrls→Numbering，弹出 Plot Numbering Controls 对话框。选择 Keypiont numbers、Line numbers 和 Area numbers 复选框，单击 OK 按钮，得到几何模型（见图 6.38）。

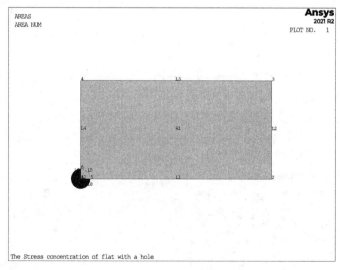

图 6.38　几何模型

布尔运算面相减操作：依次单击 Main Menu→Preprocessor→Modeling→Operate→Booleans→Subtract→Areas，弹出 Subtract Areas 对话框。在对话框中输入 1，单击 Apply 按钮；然后在对话框中输入 2，单击 OK 按钮（或用鼠标选取图 6.38 中的矩形面 A1，在对话框中单击 Apply 按钮；再用鼠标选取图 6.38 中的圆形面 A2，在对话框中单击 OK 按钮），得到几何模型（见图 6.39）。

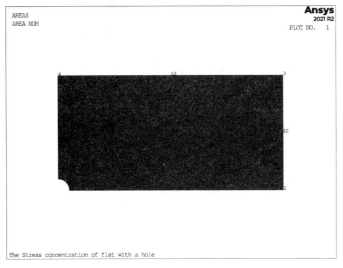

图 6.39　实际几何模型

（4）生成有限元网格。

设置单元尺寸：依次单击 Main Menu→Preprocessor→Meshing→SizeCntrls→Manual Size→Global→Size，弹出 Global Element Size 对话框，Element edge length 框中输入 0.002，单击 OK 按钮。

划分有限元网格：依次单击 Main Menu→Preprocessor→Meshing→Mesh→Areas→Free 命令，弹出 Mesh Areas 对话框，用鼠标选取面 A3，单击 OK 按钮，得到有限元网格（见图 6.40）。

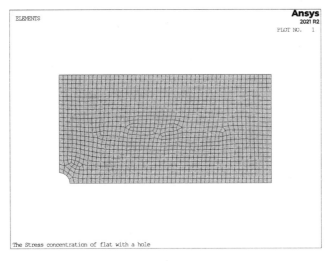

图 6.40　有限元网格图

保存有限元网格划分结果：依次单击 Utility Menu→File→Save as，弹出 Save DataBase 对话框，在 Save Database to 下拉列表中输入 mesh_flat.db，单击 OK。

（5）施加约束、荷载并求解。

在对称面上施加对称边界约束：依次单击 Main Menu→Solution→Define Loads→ Apply→Structural→Displacement→Symmetry B.C.→On Lines，弹出 Apply SYMM on Lines 对话框（见图6.41），鼠标选取图6.40中网格图形的左边界线及下边界线，单击OK 按钮后弹出 Load PRES value 对话框。

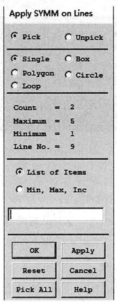

图6.41　Apply SYMM on Lines 对话框

施加均布荷载：依次单击 Main Menu→Solution→Define Loads→ Apply→Structural →Pressure on Lines，弹出 Apply PRES on Lines 对话框（见图6.42）；鼠标选取图形右边线，单击OK按钮，在弹出的 Load PRES value 框中输入－1e6，单击OK按钮。

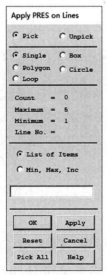

图6.42　Apply PRES on Lines 对话框

求解:依次单击 Main Menu→Solution→Solve→Current LS,弹出 Solve Current Load Step 对话框,单击 OK 按钮,程序开始求解。求解结束后,弹出 Solution is done 注解框,单击 Close 关闭即可。

(6)读取结果。

显示节点应力强度云图:依次单击 Main Menu→General Postproc→Plot Results→Contour Plot→Nodal Solu,弹出 Contour Nodal Solution Data 对话框,选择 Nodal Solution→Stress→X-Component of stress,单击 OK 按钮,得到应力计算结果云图(见图6.43)。

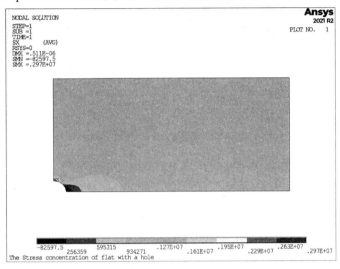

图6.43　应力计算结果云图

显示节点位移云图:依次单击 Main Menu→General Postproc→Plot Results→Contour Plot→Nodal Solution,弹出 Contour Nodal Solution Data 对话框,选择 NodalSolution→DOF Solution→Displacement vector sum,单击 OK 按钮,得到合位移计算结果云图(见图6.44)。

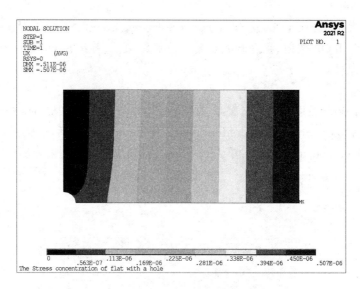

图 6.44　合位移计算结果云图

显示整体位移和应力分布：依次单击 Utility Menu→PlotCtrls→style→Symmetry Expansion→Periodic→Cyclic Symmetry 命令，弹出 Periodic\Cyclic Symmetry Expansion 对话框，选择 1\4 Dihedral Sym 选项，单击 OK 按钮，得到整体结构的应力分布云图（见图 6.45）、整体结构的应力分布云图（见图 6.46）。

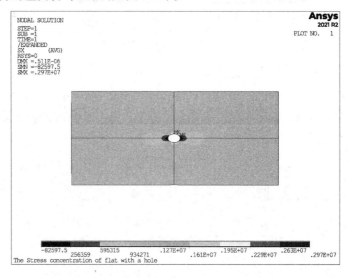

图 6.45　整体结构的应力分布云图

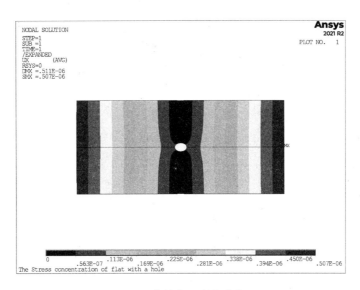

图6.46　整体结构的应力分布云图

6.4.3.2　结果分析

从图6.45所示的应力分布云图可知,最大应力发生在圆孔上、下两边,其最大值为2.97 MPa,平板的平均应力为1 MPa,显然应力集中因子 $\alpha = 2.97/1 = 2.97$。

用精确的弹性理论分析可计算出应力集中因子为3。由此可以看出,有限元的计算结果有非常高的精确度。如果将孔边的网格加密,可以得到更加精确的结果。

6.4.3.3　命令流方式

命令流方式具体代码如下(源程序可扫描二维码下载):

```
/FILENAME,ansys workl          !指定工作文件名
/TITLE, The Stress calculating of flat       !指定工作标题
/PREP7                   !进入前处理
ET,1,PLANE82               !选择单元类型
MP,EX,1,2e11             !设置材料属性
MP,PRXY,1,0.3
RECTNG,,0.1,,0.05              !生成矩形面
CYL4, , ,0.005          !生成圆面
/PNUM,KP,1            !显示编号
/PNUM,LINE,1
PNUM, AREA,1
ASBA,1,2            !面相减
```

```
ESIZE,0.002,0          !设定单元尺寸
MSHKEY,0
CM,_Y,AREA
ASEL,,,,3,,,
CM,_Y1,AREA
CHKMSH,'AREA'
CMSEL,S,_Y
AMESH,_Y1              !划分网格
/SOL              !进入求解器
FLST,2,2,4,ORDE,2        !施加对称边界条件
FITEM,2,9
FITEM,2,-10
DL,P51X,,SYMM
FLST,2,1,4,ORDE,1         !施加均布荷载
FITEM,2,2
SFL,P51X,PRES,-le6
ALLSEL,ALL             !选择所有单元
SOLVE! 求解
FINISH
/POST1    ! 进入后处理程序
PLNSOL,S,X,0,1.0              !显示节点应力强度
PLNSOL,U,SUM,0,1.0      !显示节点位移
/EXPAND,4,POLAR,HALF,,90  !显示整体位移
PLNSOL,S,X,0,1.0           !显示整体应力
FINISH
/EXIT,ALL
```

6.4.4 厚壁圆筒算例

例 6.4 厚壁圆筒受到均匀内压 $P=10$ MPa 的作用,厚壁圆筒内径 51 mm,外径 204 mm,高 1020 mm,圆筒材料的弹性模量 $E=200000$ MPa,泊松比 $\mu=0.3$。根据图 6.47 所示的模型尺寸,运用 ANSYS 分别建立平面应变和轴对称有限元计算模型。提取厚壁圆筒沿厚度方向由内向外的径向压力和位移,进行对比分析,并分别与弹性力学理论解进行对比分析。

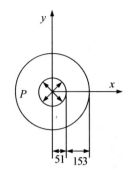 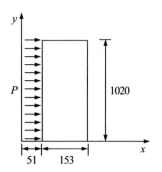

（a）俯视图（平面应变模型）　　（b）子午面剖视图（轴对称模型）

图6.47　计算模型图（单位:mm）

6.4.4.1　平面应变模型计算的GUI方式

对于平面应变模型,由于薄壁圆筒具有对称性,只需选用四分之一的圆环作为基本计算模型即可。模型的建立与求解过程如下:

(1)定义单元类型:本例题求解单元类型选用的是 Structural Solid Quad 8 node 183(八节点的实体面单元),如图6.48所示。

 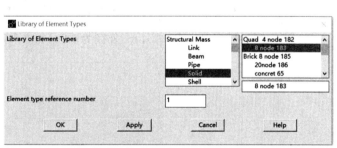

图6.48　定义单元类型对话框

(2)设置材料弹性参数:圆筒的弹性模量 $E=200000$ MPa,泊松比 $\mu=0.3$,可按照图6.49进行参数设置。

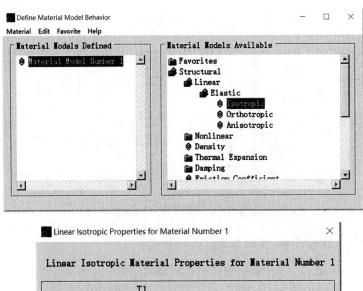

图 6.49　设置材料弹性参数对话框

（3）实体建模：模型内径为 0.051 m，外径为 0.204 m。参数与软件设置如图 6.50 所示。

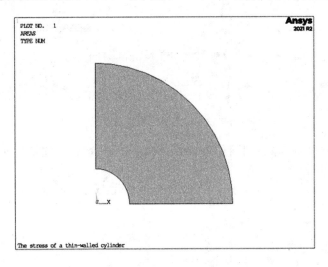

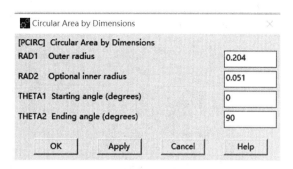

图6.50　实体建模参数设置对话框

（4）**模型网格划分**：通过Meshing工具定义网格划分的类型和单元长度等参数，单元边长取为0.008，具体设置如图6.51、图6.52所示。

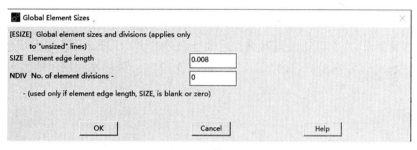

图6.51　定义单元长度对话框

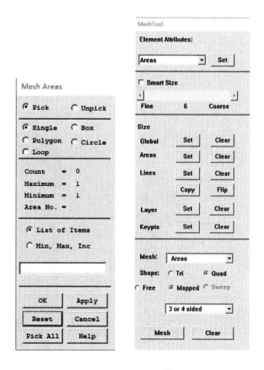

图6.52　定义网格划分类型对话框

网格划分后得到的结果如图6.53所示。

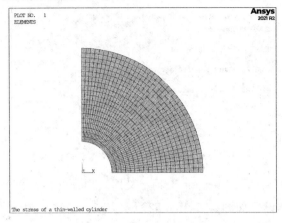

图6.53　网格划分结果图

（5）设置荷载和边界条件：当圆筒在内壁受向外的力时，圆筒的轴向截面之间表现为相互的拉力，对圆筒施加均匀内压，压力大小为10 MPa，两端加约束。施加荷载操作过程如图6.54所示，结果如图6.55所示。

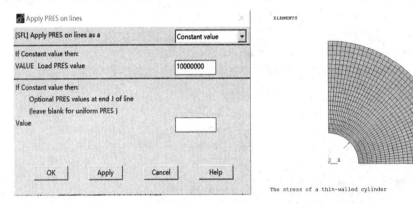

图6.54　施加荷载参数对话框　　　　　　　　　图6.55　荷载结果图

施加约束操作过程如图6.56所示（施加X方向约束），操作结果如图6.57所示。

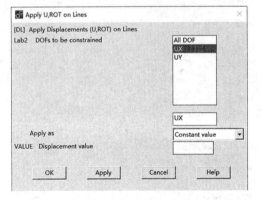
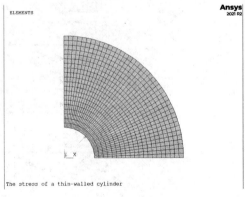

图6.56　约束操作对话框　　　　　　　　　　图6.57　约束结果图

(6)处理结果:处理结果如图6.58所示。

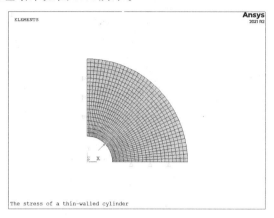

图6.58　处理结果图

(7)应力和位移云图:计算结果输出如图6.59～图6.66所示。

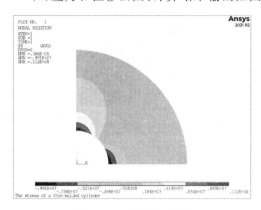

图6.59　X方向应力图

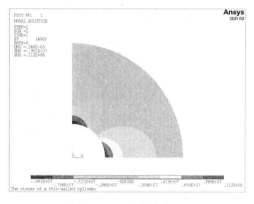

图6.60　Y方向应力图

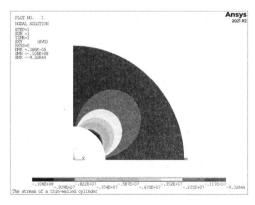

图6.61　XY方向切应力图

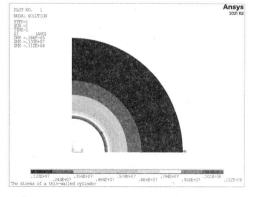

图6.62　最大主应力图

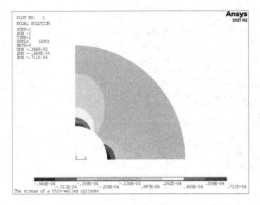

图 6.63　X 方向应变图

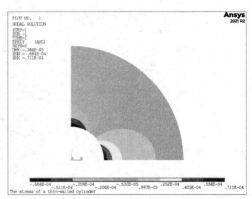

图 6.64　Y 方向应变图

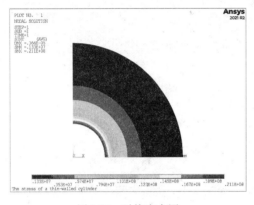

图 6.65　平均应力图

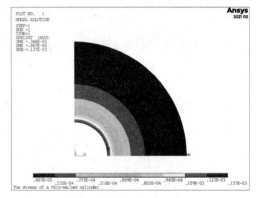

图 6.66　平均应变图

　　根据平面应变模型的应力云图和位移云图可得，最大径向应力为 $\sigma_{max} = -9.91\ \text{MPa}$，最大径向位移为 $u_{max} = 3.66 \times 10^{-6}\ \text{m}$。

　　(8)轴线上应力应变曲线图：通过选取两个节点，并给这个路径命名[如图 6.67(a)]，定义一个路径，并将数据映射到路径上[如图 6.67(b)]，进而选择该路径需要导出的项目[如图 6.67(c)]，结果如图 6.68～图 6.70 所示。

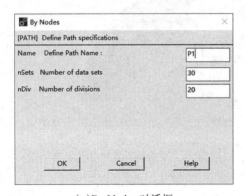

（a）By Nodes 对话框

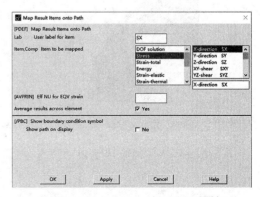

（b）Map Result Items onto Path 对话框

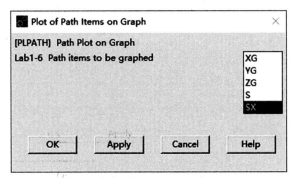

（c）Plot of Path Items on Graph对话框

图6.67　定义路径与参数

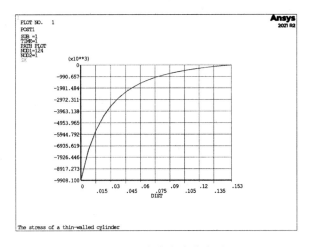

图6.68　X方向应力曲线图

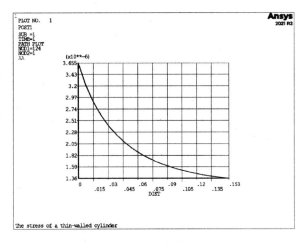

图6.69　X方向位移曲线图

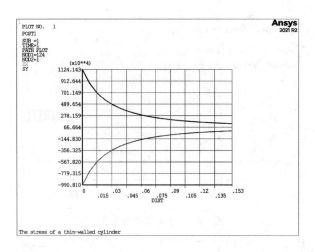

图 6.70　径向正应力切应力关系图

6.4.3.2　轴对称模型计算的 GUI 方式

轴对称模型为一个矩形截面,是厚壁圆筒沿着母线方向的截面。GUI 方式的操作步骤如下:

(1)定义单元类型:与平面应变模型操作基本一致,不过要注意将 Element Behavior 改为 Axisymmetric,如图 6.71 所示。

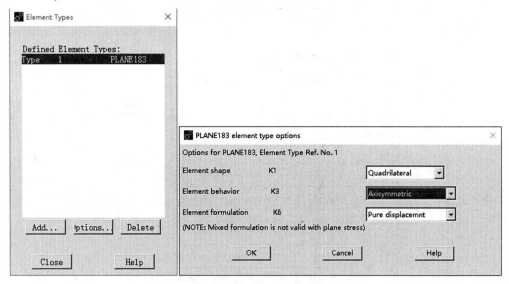

图 6.71　定义单元类型对话框

(2)设置材料弹性参数:与平面应变模型求解相同,设置材料弹性参数。

(3)实体建模:模型内径为 0.051 m,外径为 0.204 m,高度为 1.02 m,参数设置如图 6.72 所示,模型建立结果如图 6.73 所示。

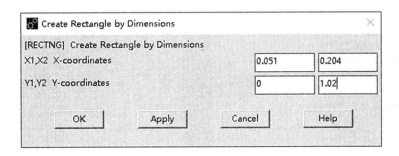

图6.72　参数设置

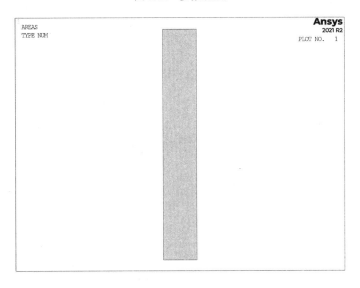

图6.73　模型图

(4)模型网格划分:使用Meshing工具对模型进行网格划分,具体操作与平面应变模型相同,定义单元长度操作如图6.74所示,定义网格划分类型页面如图6.75所示,划分结果如图6.76所示。

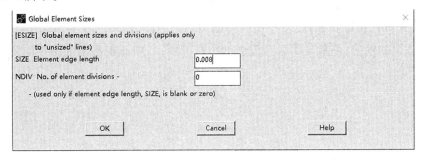

图6.74　定义单元长度

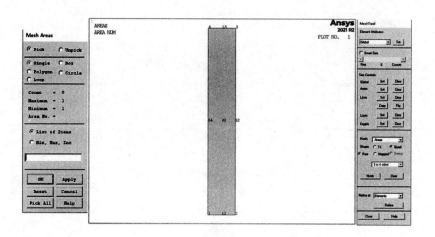

图6.75　定义网格划分类型

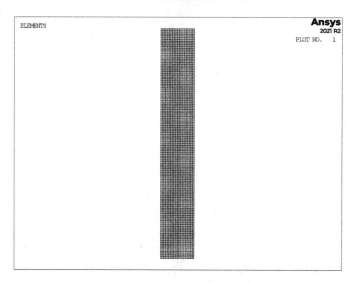

图6.76　网格划分图

（5）设置荷载和边界条件：对厚壁圆筒施加均匀内压，内压大小为10 MPa，在上下两端施加 Y 方向的约束，施加压力参数设置如图6.77所示，荷载模型图如图6.78所示。

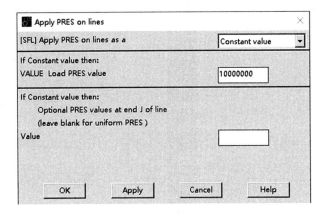

图 6.77　Apply PRES on lines对话框

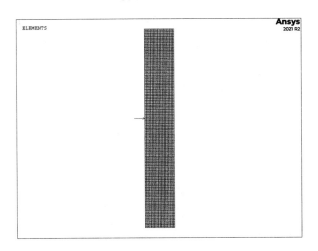

图 6.78　荷载模型图

施加约束参数设置如图 6.79所示,约束结果如图 6.80所示。

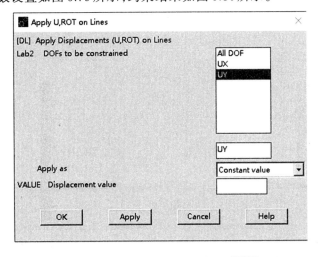

图 6.79　Apply U,ROT on lines对话框

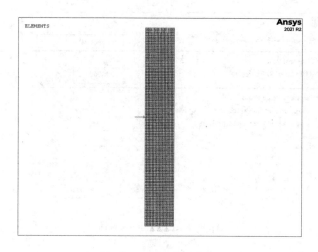

图 6.80　约束结果图

（6）完整处理结果如图 6.81 所示，然后进行求解。

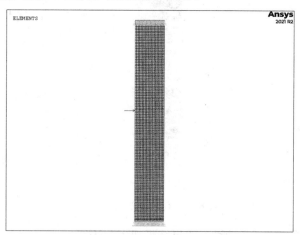

图 6.81　处理结果图

（7）求解得出的应力和位移的输出结果如图 6.82～图 6.89 所示。

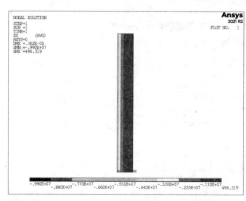

图 6.82　X 方向应力图

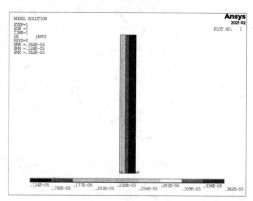

图 6.83　X 方向位移图

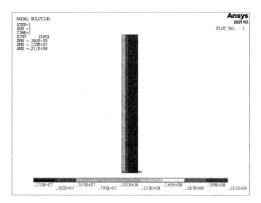

图6.84 平均应力图

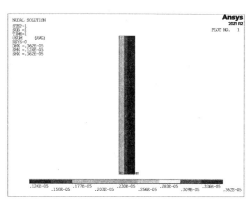

图6.85 平均位移图

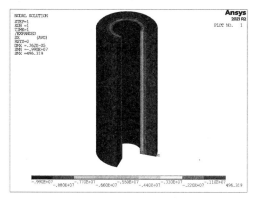

图6.86 X方向应力图

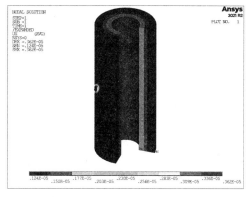

图6.87 X方向位移图

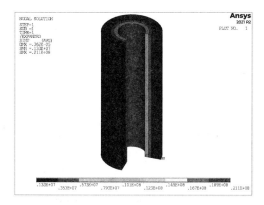

图6.88 平均应力图

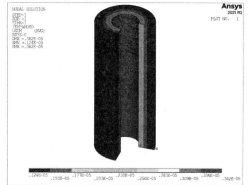

图6.89 平均位移图

根据平面应变模型的应力云图和位移云图可得,最大径向应力为$\sigma_{\max}=-9.9\ \mathrm{MPa}$,最大径向位移为$u_{\max}=3.62\times10^{-6}\ \mathrm{m}$。

(8)输出径向计算结果,径向应力曲线如图6.90所示,位移曲线如图6.91所示。

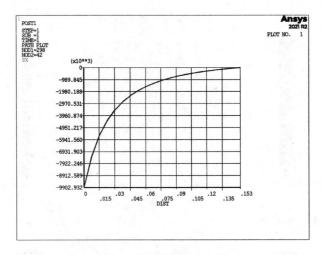

图 6.90　径向总体应力图

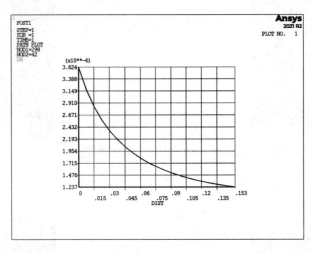

图 6.91　径向总体位移图

6.4.3.3　两种模型结果对比

具体数据对比如下：

（1）应力：平面应变模型的最大应力 $\sigma_{max}=-9.91$ MPa，轴对称模型的最大应力 $\sigma_{max}=-9.90$ MPa。

（2）位移：平面应变模型的最大径向位移 $u_{max}=3.66\times10^{-6}$ m，最小径向位移 $u_{min}=1.36\times10^{-6}$ m；轴对称模型的最大径向位移 $u_{max}=3.62\times10^{-6}$ m，最小径向位移 $u_{min}=1.24\times10^{-6}$ m。

由仿真结果可以看出，两种模型分别从平面应变和轴对称两个角度进行分析，在建立模型、划分单元、施加约束和荷载上都有所不同，从而得到的数据有所差别。平面应变模型采用平面的近似二维模型及系统默认的 XYZ 坐标系，而轴对称模型则采用了三维立体模型以及柱坐标系。在划分单元方面，平面应变模型是对整个圆环进行划分，属于平面划分；而柱坐标系则是对厚壁圆筒的一半圆筒体进行划分，属于三维立体划分。在施加约束和压力方面,平面应变模型将约束施加在模型的圆环上下两面,荷载施加在圆环的内径表面上;轴对称模型将约束施加在切割了一半的圆筒水平面上,荷载施加在圆筒内表面的圆弧面上。

上述两种模型的区别仅体现在模型的形式上,但是由于材料的属性、荷载性质与作用效果相同,从而只会引起计算结果的微小差别,并不会引起结果的本质改变,所以两种计算模型的结果近似。

6.4.3.4　弹性力学理论求解

在厚壁圆筒问题中,利用弹性力学求解切向和正径向的应力公式如下:

$$\sigma_\theta = \frac{p_1 a^2 - p_2 b^2}{b^2 - a^2} - \frac{(p_1 - p_2) a^2 b^2}{(b^2 - a^2)\theta^2} \tag{6.1}$$

$$\sigma_r = \frac{(p_1 a^2 - p_2 b^2)}{b^2 - a^2} + \frac{(p_1 - p_2) a^2 b^2}{(b^2 - a^2)\theta^2} \tag{6.2}$$

式中,a 为内半径;b 为外半径;p_1 为内压;p_2 为外压;θ 为切角;r 为半径。

根据题目要求可知,$a = 0.051$ m,$b = 0.204$ m,$p_1 = 10$ MPa。当厚壁圆筒只受内压时,$p_1 \neq 0, p_2 = 0$,式(6.1)和式(6.2)可简化为

$$\sigma_\theta = \frac{p_1 a^2}{b^2 - a^2} - \frac{p_1 a^2 b^2}{(b^2 - a^2)\theta^2} \tag{6.3}$$

$$\sigma_r = \frac{p_1 a^2}{b^2 - a^2} + \frac{p_1 a^2 b^2}{(b^2 - a^2)\theta^2} \tag{6.4}$$

$$\sigma_{\max} = \sqrt{\sigma_r^2 + \sigma_\theta^2} \tag{6.5}$$

根据式(6.3)～式(6.5),求得最大径向应力为 $\sigma_{\max} = -10$ MPa。

径向位移求解公式如下:

$$u = \frac{a^2 p_1}{E(b^2 - a^2)}\left[\frac{(1+\mu)b^2}{r} + (1-\mu)r\right] \tag{6.6}$$

则径向最大位移 $u_{\max} = 3.655 \times 10^{-6}$ m,径向最小位移 $u_{\min} = 1.36 \times 10^{-6}$ m。

6.4.3.5　弹性力学解与ANSYS计算结果对比分析

通过计算弹性力学解,验证ANSYS计算结果的准确性,两种方式的计算结果如表6.3所示。

表6.3　计算结果对比

类型	径向最大应力/MPa	径向最小应力/MPa	径向最大位移/m	径向最小位移/m
平面应力模型	-9.91	0	3.66×10^{-6}	1.36×10^{-6}
轴对称模型	-9.90	0	3.62×10^{-6}	1.24×10^{-6}
弹性力学解	-10	0	3.655×10^{-6}	1.36×10^{-6}

通过对比可知,ANSYS计算结果十分接近实际的弹性力学解。由于存在模型简化、网格划分、参数设置等方面的误差,以及近似网格内的材料应力、应变一致,ANSYS计算结果与弹性力学解之间存在偏差。但当划分的网格无限小时,就可以说ANSYS的实际解与弹性力学解无限接近。ANSYS具有其强大的结构离散功能,可以精确处理有限元,也就使得求解结果与理论结果十分接近。

从计算结果可以看出,平面应力模型和轴对称模型的ANSYS计算结果与弹性力学解之间存在一定的误差,会偏大或者偏小。误差来源主要有以下几个方面:

(1)基于ANSYS的有限元分析本身就是近似计算,用近似模型代替实际模型,计算结果与实际解一定存在差异,这种误差是不可消除的,只能通过各种措施和途径进行削弱。

(2)在建模的过程中,选择不同的模型会影响计算的精确度。

(3)在定义参数的过程中,不同参数也会影响计算的精确程度。当定义参数与实际的参数不同时,便产生了误差

(4)建模之后的划分网格过程、划分网格的大小也会影响计算精度。划分的网格太多会导致计算缓慢,太少会使误差变大,应该选择合适大小的网格。

【课程思政】

在新时代国家信息化、数字化建设的大背景下,国产基础硬件、软件的重要性日益凸显,其创新应用与自主可控是关系到国家安全与产业自主发展的基础。中国工程院院士倪光南曾表示:自主可控不等于安全,但不自主可控一定不安全。自主可控指的是依靠自身研发设计,全面掌握产品核心技术,实现硬件到软件的自主研发、生产、升级、维护的全程可控。简单说就是核心技术、关键零部件、各类软件全都国产化,自己开发、自己制造,不受制于人。

随着我国几代人的努力,部分软、硬件已实现了自主可控。例如,数值计算领域的CDEM软件,该软件的核心算法是基于连续介质的离散单元法(continuum-based discrete element method,CDEM),是中国科学院力学研究所非连续介质力学与工程灾害联合实验室提出的适用于模拟材料在静、动荷载作用下非连续变形及渐进破坏的一种数值算法,已经在岩土工程、采矿工程、结构工程及水利水电工程等多个领域广泛应用。CDEM将有限元与离散元进行耦合,在块体内部进行有限元计算,在块体边界进行离散元计算,不仅可以模拟材料在连续状态下及非连续状态下的变形、运动特性,而且可以模拟材料由连续体到非连续体的渐进破坏过程。CDEM走在了国际数值计算领域的最前列,并且拥有完全独立的自主知识产权,让中国与世界站在了同一起跑线上。

课后习题

6.1　平板尺寸如图6.92所示,已知弹性模量$E=200\,\text{GPa}$,泊松比$\mu=0.3$,受均布力$q_1=10\,\text{MPa}$,板长边$a=1\,\text{m}$,短边$b=0.6\,\text{m}$,中心孔直径$r=0.1\,\text{m}$,请用ANSYS计算平板中最大应力强度。

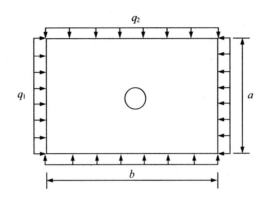

图6.92　带孔平板结构示意图

6.2　矩形横截面简支梁结构如图6.93所示,已知弹性模量$E=200\,\text{GPa}$,泊松比$\mu=0.3$,截面宽$b=10\,\text{cm}$,高$h=20\,\text{cm}$,梁长$l=2\,\text{m}$,分别受集中力$F=10\,\text{kN}$[见图6.93(a)],均布荷载$q=10\,\text{kN/m}$[见图6.93(b)]作用,用ANSYS中的梁单元计算梁的应力和位移,并同弹性力学解进行对比。

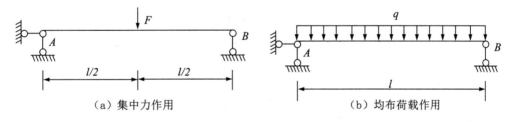

（a）集中力作用　　　　　　　　　　　（b）均布荷载作用

图6.93　矩形横截面简支梁结构

6.3　矩形截面简支梁如图6.94所示,矩形截面简支梁跨长$l=2\,\text{m}$,高$h=0.4\,\text{m}$,厚$b=0.05\,\text{m}$,受均布荷载作用。均布荷载$q=0.4\,\text{MPa}$,弹性模量$E=2\times10^4\,\text{MPa}$,泊松比$\mu=0.25$,试求梁下边缘中点挠度、弯曲正应力,并将所得结果与弹性力学解进行对比。

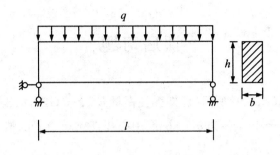

图 6.94　矩形截面简支梁

6.4　圆柱筒受径向剪力示意图如图 6.95 所示,已知筒长 $L=5\,\mathrm{m}$,内半径 $r=1\,\mathrm{m}$,筒厚 $t=100\,\mathrm{mm}$,在圆柱筒上部($L/2$)内受到 $p_o=5\,\mathrm{MPa}$ 均布压力作用,试用 ANSYS 计算圆柱筒的变形和应力,并用路径功能绘出沿圆柱筒垂直外壁的径向位移。

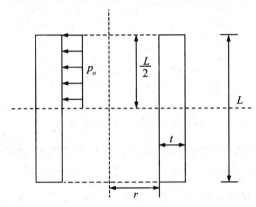

图 6.95　柱壳受径向剪力示意图

6.5　设 6.4 题中的圆柱筒内壁受沿垂直方向变化时梯形分布压力作用,受力示意图如图 6.96 所示,$p_i=10\,\mathrm{MPa}$,$p_o=5\,\mathrm{MPa}$,试用 ANSYS 计算圆柱筒的变形和压力,并用路径功能绘出沿圆柱筒垂直外壁的径向位移。

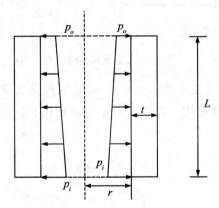

图 6.96　柱壳受均布弯矩示意图

6.6　**悬臂梁结构受力示意图如图 6.97 所示**,悬臂梁长 1 m,横截面为矩形,单位宽度,高为 10 cm,自由端受 5 kN 的集中力作用。材料的弹性模量 $E=2.0×10^{11}$ Pa,泊松比 $\mu=0.3$,用 ANSYS 的平面单元分析梁的应力和位移,并同弹性力学解进行对比(注意:在 Element Type options 对话框中设 K3 为 Plane Strls W/thk,并在 RealConstants 下设置单元厚度)。

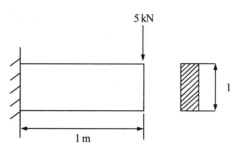

图 6.97　悬臂梁结构受力示意图

参考文献

[1] 田建辉.有限元分析及 ANSYS18.0 工程应用[M].北京：机械工业出版社，2019.

[2] 冷纪桐，赵军，张娅.有限元技术基础[M].北京：化学工业出版社，2007.

[3] 李宁.激光切割机床大臂机械特性分析[D].天津：天津大学，2008.

[4] 龚曙光，边炳传.有限元基本理论及应用[M].武汉：华中科技大学出版社，2020.

[5] 陈国荣.有限单元法原理及应用[M].北京：科学出版社，2009.

[6] o.c. ZIENKIEWICZ O C. The finite element methods, from intuition to generality [J]. Applied mechanics reviews, 1970, 23(2): 249-256.

[7] ZIENKIEWICZ O C, TAYLORRL RL.有限元方法[M].曾攀，等译.北京：清华大学出版社，2008.

[8] 王磊，王晓军.航空航天结构中有限元方法教学与实践研究[J].科教导刊(下旬)，2018(33): 109-110.

[9] 梅志恒，刘淑杰，邓威威.基于 ANSYS 的航空发动机涡轮叶片有限元仿真[J].机电工程技术，2021, 50(11): 33-36+62.

[10] 徐伟，段富海.折叠翼飞机有限元和流固耦合 ANSYS 分析[J].机电工程技术，2020,49(12):6-9+23.

[11] 何维均，陈泽军.有限元模拟技术在材料力学性能课程教学中的应用[J].中国现代教育装备，2022(1): 96-98.

[12] 袁秋，马一龙，孙汇彬.不同材料外推模型的闭挤式精冲有限元模拟比较[J].内燃机与配件，2022(3): 20-22.

[13] 樊维.有限元分析在机械设计制造中的应用[J].工程与试验，2021, 61(2): 86-89.

[14] 程计栋，邓继涛，石文.车身零件预装变形有限元虚拟评估分析[J].计算机辅

助工程，2021，30(4)：67-70＋72.

[15]金山，冯雨欣，王玥涵等.医学有限元仿真实验系统研究[J].软件，2020，41(9)：72-75.

[16]任东，朱晔，雷蕾等.矫形力加载肋骨施力区对胸椎段位移及旋转角度影响的有限元分析[J].中国组织工程研究，2022，26(18)：2812-2816.

[17]汤井田，任政勇，化希瑞.任意地球物理模型的三角形和四面体有限单元剖分[J].地球物理学进展，2006(4)：1272-1280.

[18]郭楚枫，张世晖，刘天佑.三维磁场有限元—无限元耦合数值模拟[J].物探与化探，2021，45(3)：726-736.

[19]郑留欢.有限元软件在土木工程中的运用[J].四川建材，2019，45(9)：65-66.

[20]符锴，温永坚，温四清等.某医疗建筑开大孔钢管混凝土柱—钢筋混凝土梁组合结构体系设计[J].建筑结构，2022，52(2)：87-91.

[21]向用发，卢玺，徐宇浩等.有限元数值模拟法基本原理及其在地质构造变形研究中的应用综述[J].四川地质学报，2019，39(4)：581-588.

[22]郑颖人.岩土数值极限分析方法的发展与应用[J].岩石力学与工程学报，2012，31(7)：1297-1316.

[23]邢宝革，陈名媛.有限单元法在水利工程中的应用与发展[J].智能城市，2016，2(6)：298.

[24]吴俊杰，马洪玉，袁磊.阿尔塔什水利枢纽工程坝体三维渗流有限元计算分析[J].水利规划与设计，2020(8)：128-133.

[25]沈冰.简述有限单元法在地表水文模拟中的应用[J].陕西水利，1986(5)：11-19.

[26]吴育君.基于有限元分析法的河道生态岸坡治理稳定性探析[J].黑龙江水利科技，2019，47(8)：74-77.

[27]赵阳升.有限单元法及其在采矿工程中的应用[M].北京：煤炭工业出版社，1994.

[28]王花平.某铁矿充填法开采的有限元分析[J].现代矿业，2019，35(1)：87-91.

[29]何辉，彭大华.三维建模与有限元分析在核电重点产品开发中的应用简析[J].上海大中型电机，2019(3)：1-4.

[30]周伯昌，李小军，李亚琦.高温气冷堆核电厂建筑结构采用不同有限元模型的模态分析对比研究[J].震灾防御技术，2020，15(3)：519-525.

[31]王家林，张俊波.有限元方法：基础理论[M].北京：人民交通出版社，2019.

[32]马钦，岳洋，屈吕虎.有限元单元法在工程问题上的求解思路分析[J].电工技术：下半月，2016(9)：2.

［33］宁连旺．ANSYS有限元分析理论与发展［J］.山西科技，2008(4)：65-66＋68.

［34］龚曙光，边炳传．有限元基本理论及应用［M］.武汉：华中科技大学出版社，2020.

［35］崔济东，沈雪龙．有限单元法：编程与软件应用［M］.北京：中国建筑工业出版社，2019.

［36］徐芝纶．弹性力学(上册)［M］.北京：人民教育出版社，1982.

［37］潘昌实．隧道力学数值方法［M］.北京：中国铁道出版社，1995.

［38］闫长斌，徐国元．基于突变理论深埋硬岩隧道的失稳分析［J］.工程地质学报，2006，14(4)：508-512.

［39］刘英，于立宏．Mohr-Coulomb屈服准则在岩土工程中的应用［J］.世界地质，2010，29(4)：633-639.

［40］刘金龙，栾茂田，许成顺等．Drucker-Prager准则参数特性分析［J］.岩石力学与工程学报，2006(S25)：4009-4015.

［41］左双英，肖明，陈俊涛．基于Zienkiewicz-Pande屈服准则的弹塑性本构模型在FLAC3D中的二次开发及应用［J］.岩土力学，2011，32(11)：3515-3520.

［42］曾攀．有限元基础教程［M］.北京：高等教育出版社，2009.

［43］杨桂通．弹性力学［M］.2版.北京：高等教育出版社，2011.

［44］杨绪灿，金建三．弹性力学［M］.北京：高等教育出版社，1987.

附录　主要符号表

符号	含义	符号	含义
F_b	体力矢量	σ_x, σ_y	正应力分量:作用于垂直于$x(y)$轴的面上,指向$x(y)$轴方向
F_s	面力矢量	τ_{xy}	剪应力分量:作用在垂直于x轴的面上、指向y轴方向的切应力
σ 或 σ_{ij}	应力张量	$\varepsilon_x, \varepsilon_y$	正应变分量:$x(y)$方向的正应变
ε 或 ε_{ij}	应变张量	γ_{xy}	剪应变分量:x-y方向夹角的剪切应变
σ_1, σ_2, σ_3	三个主应力	ε_1, ε_2, ε_3	三个主应变
x, y, z	直角坐标系的空间变量	u, v, w	x、y、z三个方向的位移
ξ, η, ζ	自然坐标系的空间变量	r, θ, z	柱坐标系的空间变量
E	弹性模量	D	弹性矩阵
G	剪切模量	μ	泊松比
δ^e	单元的节点位移列阵	δ^{*e}	单元的节点虚位移列阵
u^e	单元位移	u^{*e}	单元虚位移
σ^e	单元应力	$\delta\sigma_{ij}$	虚应力
ε^e	单元应变	ε^{*e}	单元虚位移
N^e 或 N	单元形函数矩阵	N_i	单元i节点的形函数
L	三维微分算子矩阵	L_i	面(体)积坐标表示的单元i节点的形函数
B^e 或 B	单元的应变转换矩阵(单元几何矩阵)	S^e 或 S	单元的应力矩阵转换矩阵
G^e	单元节点信息辅助矩阵	J	雅可比矩阵
F^e	单元节点荷载列阵	F_c^e	单元集中力等效节点力荷载列阵

符号	含义	符号	含义
F_b^e	单元体力等效节点荷载列阵	F_s^e	单元面力等效节点力荷载列阵
K^e	单元刚度矩阵	K	整体刚度矩阵或总刚矩阵
K^{ne}	第 n 个单元的单元刚度矩阵	F_{sx},F_{sy},F_{sz}	面力沿三个坐标轴分量
F_{bx},F_{by},F_{bz}	体力沿三个坐标轴分量	i,j,k	x,y,z 三个方向的矢量
i,j,k	三角形单元内部节点编号		